本书介绍了常见禽病毒分离鉴定的标准操作规程，适用于实验室诊断人员技术培训、病毒检测、操作指导以及实验参考。

禽病毒学诊断实验标准操作规程

吕化广◎主　编

李守军　鲍恩东◎副主编

中国农业出版社

北　京

图书在版编目（CIP）数据

禽病毒学诊断实验标准操作规程 / 吕化广主编. —
北京 ：中国农业出版社，2021.10
ISBN 978-7-109-26695-7

Ⅰ.①禽…　Ⅱ.①吕…　Ⅲ.①禽病—病毒学—诊断—
技术操作规程　Ⅳ.①S858.3-65

中国版本图书馆CIP数据核字(2020)第047552号

禽病毒学诊断实验标准操作规程

QINBINGDUXUE ZHENDUAN SHIYAN BIAOZHUN CAOZUO GUICHENG

中国农业出版社出版
地址：北京市朝阳区麦子店街18号楼
邮编：100125
责任编辑：刘　玮　弓建芳
责任校对：沙凯霖
印刷：北京通州皇家印刷厂
版次：2021年10月第 1 版
印次：2021年10月北京第 1 次印刷
发行：新华书店北京发行所
开本：700mm×1000mm 1/16
印张：17.75　　插页：4
字数：320千字
定价：128.00 元

编写人员

吕化广
美国宾夕法尼亚州立大学兽医与生物医学系
动物诊断禽病毒学实验室

李守军
天津瑞普生物技术股份有限公司

鲍恩东
南京农业大学动物医学院
天津瑞普生物技术股份有限公司研究院

王　栋
中国兽医药品监察所

序 言

禽病毒学是动物病毒学的一个重要分支，是发展迅速、极具活力的学科之一。伴随现代化养禽业的迅速发展，各种禽病毒病的频发给家禽养殖业带来的损失难以估量，也对公共卫生安全状况提出了挑战。如何及早、准确发现并提出防制措施是应对禽病危害的重要措施。然而，对于禽病毒病的检测和诊断，尽管世界各地的检测方法具有通用性，但不同的诊断实验室一般都具有自己独立的操作规程，从事禽病毒分离、鉴定、诊断的生物学研究专门实验室、技术操作人员始终按照认定的标准规程并依规开展着工作，客观上也使得对禽病毒病的诊断与研究产生和存在不同的评价标准，时常造成不必要的偏差或误判现象。建立科学完善的标准操作规程（Standard Operation Procedure，SOP）是确保病毒分离鉴定等研究结果获取均一、稳定及时效的一项重要措施。标准操作规程需不断实践、研究、发展和更新，书中所包括的各种禽病诊断标准规程都来自各种实验方法的不断发展、完善和标准化，并逐渐使其成为被公认的禽病毒学实验诊断的最新或最全面的技术，而这些标准操作规程也需要定期进行审阅更新、及时增加新的病毒诊断方法以提高实验室诊断新发病毒的能力。这是我们出版本书、规范实际操作规程的出发点之一。

《禽病毒学诊断实验标准操作规程》是以美国宾夕法尼亚州立大学动物疾病诊断禽病毒学实验室吕化广教授三十多年从事各种禽病毒分离、鉴定、诊断技术基础上而不断修订完善的禽病毒学诊断标准操作规程。书中所介绍的主要内容不仅是美国宾夕法尼亚州立大学动物疾病诊断禽病毒学实验室和天津瑞普生物技术股份有限公司日常应用的SOP，同时长期以来也是联合国粮农组织（FAO）为包括东南亚、中东地区和中国等多个国家进行禽病诊断项目的培训教材。在实际应用过程中，本书英文版为指导实践者发挥了重要和积极作用。为便于我国畜牧兽医科技人员能用母语阅读、避免英文版阅读的不便捷，也为了技术操作人员能够更加顺利地使用和推广应用，吕化广教授和天津瑞普生物技术股份有限公司组织对本书的英文本进行了5次修订并首次将其译著成中文版本。通读本书，可明显体会到其显著特点：

（1）实用性：本书针对目前国际上家禽养殖业中存在的几乎所有常发的禽病毒病病原的分离鉴定等进行了标准化操作的规范和详细介绍，对专门从事禽病研究的实验人员和技术操作人员具有重要指导和纠偏作用。

（2）系统性：本书对家禽所发病毒性疾病从病原分离、鉴定、诊断等方面进行了全过程相关内容的系统介绍，各部分相互连贯又独立成章，为实验操作人员提供了十分便捷的标准操作规程指导。

（3）专业性：本书并非一般意义上的标准化教科书，其面对的主要对象是标准的实验技术和操作人员，本书侧重介绍实验操作的具体要求、方法和判定标准，具有较强的专业性。

希望本书能给行业相关人员提供有益的参考与指导。

鲍恩东　教授
南京农业大学动物医学院
天津瑞普生物技术股份有限公司研究院

前 言

病毒学是一门不断发展的学科，变异病毒、新型病毒、新种病毒及未知病毒等是病毒学领域永不间断的研究课题。病毒学诊断标准操作规程（SOP）是在病毒学研究实践中研发制定的标准实验方法，及时审阅更新和增加新的诊断方法是病毒学研究的一项重要内容。建立健全禽病毒学诊断标准化规程是禽病诊断实验室建设的一项重要内容。SOP可保证其结果的均一性、稳定性和时效性，同时体现诊断实验和操作人员的技术水平。本书是首次以中文编著出版的禽病毒学诊断实验SOP。

书中所包括的全部标准操作规程都可用于国际合作咨询指导与实验室诊断人员培训。书中所列出的常见禽病毒实验诊断方法包括广泛应用的经典传统方法和最新研发应用的新技术，这些技术为各种禽病毒诊断提供了坚实的理论基础和规范的操作标准。

本书英文版最初写于2004年，是根据作者多年来从事各种禽病毒分离与鉴定诊断实验方法的研发与应用编撰而成的，用于试验技术指导与人员培训。当时正值H5N1高致病禽流感在东南亚地区暴发流行，作者受聘于联合国粮农组织（FAO）为禽流感专家顾问，多次赴老挝和柬埔寨执行高致病禽流感的检测和防控任务，同时负责禽流感和禽病毒实验室建设及人员培训。因此，本书英文版*Avian Virology Diagnostic Protocols and Procedures*，*Standard Operation Procedures – SOP* 作为2004年6月赴老挝和柬埔寨国家动物疫病诊断室中心的培训教材和诊断规程指导。此后，作者对该书稿进行多次补充审阅修订，用于多个国家的国际禽流感项目和禽病毒学诊断与科研培训教材，包括2004年11月和2005年6—7月执行FAO二期项目再赴老挝和柬埔寨，2006年4—5月在宾夕法尼亚州立大学执行FAO 委派任务，培训伊拉克家禽兽医工作人员，2006年和2007年执行美国国际开发署（USAID）在阿塞拜疆的禽流感项目，2007年FAO在约旦的禽流感项目，2008年FAO和美国农业部对沙特阿拉伯禽流感项目。自2009年以来，作者与中国多地兽医院校和兽医研究机构开展禽病合作研究，如广西壮族自治区兽医研究所、天津市农业科学院畜牧兽医研究所、山东省滨州畜牧兽医研究院、中国兽医药品监察所、大连市畜牧兽医研究所、华南农业大学、山东农业大学、以及北京、天津、广州、山东、辽宁等地区的家禽疫病诊断和防控事项咨询。

本书中文版写作计划始于2011年，由中国兽医药品监察所王栋研究员极力筹划建议，届时王栋研究员在美国宾夕法尼亚州立大学考察访问和学术交流。王栋研究员结束访问回国后，多年来继续积极筹划推动该书中文版的编著并建议建立具有国际先进水平的禽病诊断研究标准实验室，包括国家级、省市级、地区级和企业级。此项计划很快获得天津瑞普生物技术股份有限公司的全力支持与合作。近些年我们持续进行该书的编著审阅、禽病诊断研究标准实验室建设、SOP的建立与应用及人员培训等工作，目前这些工作均已取得积极成果。在此，作者真诚感谢王栋研究员筹划策划本书编著，真诚感谢天津瑞普生物技术股份有限公司李守军总裁和鲍恩东教授的精心指导并合作编著和审阅本书，以及以瑞普生物为示范而全面实施SOP标准实验室建设。同时，编委会真诚感谢参与本书中文译稿的年轻学者们的辛勤奉献，他们是鲍恩东教授指导的南京农业大学兽医病理学研究生团队和瑞普生物研究院检测中心的年轻科技人员（以姓氏拼音首字母为序）冯敬敬、郭传根、郭明丽、黄冠翔、霍苏馨、金娟、雷向东、李志要、梁晴、马立芳、牛登云、潘进喆、宋婷婷、孙晨、孙阳阳、王茹、武鸿、于雯、张晶晶、朱捷。翻译过程中，编委会与译者们多次讨论交流，作者和主审反复审阅修订中文书稿，最终完成定稿。同时，我们真诚感谢天津瑞普生物研究院给予我们工作的全面支持。在此，还要特别感谢山东农业大学唐熠教授为本书编著了第35、36章，专门论述呼肠弧病毒基因序列分析和病毒基因型鉴定SOP，这是应用NGS最新测序技术，基于病毒基因序列的病毒基因型鉴定方法。

最后借此机会，我们还要真诚感谢中国农业出版社对本书出版的热情支持。我们衷心希望本书能为禽病诊断专业人员、实验室技术人员、兽医院校师生、家禽养殖业同仁等行业从业者提供禽病诊断指南和业务参考。同时欢迎广大读者随时与我们联系，讨论和交流新发特殊病例以及书中各章内容、书中不足之处或疑难之处。让我们共同为家禽健康养殖和禽病监测防控而不懈努力！

教授，禽病毒学专家, 美国宾夕法尼亚州立大学
Huaguang Lu, Clinical Professor, Avian Virologist
Wiley Lab / Avian Virology, Animal Diagnostic Laboratory
Department of Veterinary and Biomedical Sciences
The Pennsylvania State University, University Park, PA 16802
Tel:（814）863-4369; Fax:（814）865-4717; Email: hxl15@psu.edu

目录

序言

前言

第1章　常见禽病毒的分离与鉴定现行方法综述 …… 1

第2章　鸡胚孵化 …… 7

第3章　鸡胚病毒接种与收获 …… 11

第4章　病毒血凝和血凝抑制试验 …… 20

第5章　琼脂凝胶免疫扩散试验 …… 29

第6章　鸡胚病毒滴度检测与中和试验 …… 34

第7章　鸡胚成纤维原代细胞的制备、培养和冻存 …… 41

第8章　鸡胚肾原代细胞的制备、培养和冻存 …… 49

第9章　鸡胚肝原代细胞的制备、培养和冻存 …… 57

第10章　鸡肝上皮瘤细胞的培养、传代和冻存 …… 65

第11章　细胞培养的病料接种和病毒分离 …… 72

第12章　细胞的冻存和复苏 …… 78

第13章　细胞传代培养 …… 84

第14章　家禽呼吸道病毒的分离与鉴定 …… 88

第15章　禽流感病毒的分离与鉴定 …… 95

第16章　禽流感病毒的Dot-ELISA快速检测程序 …… 103

第17章　禽呼肠孤病毒的分离与鉴定 …… 108

第18章　免疫荧光抗体染色法检测细胞分离培养的禽呼肠孤病毒 …… 115

第19章　副黏病毒的分离与鉴定 …… 119

第20章　副黏病毒的毒力测定 …… 124

第21章　禽传染性支气管炎病毒的分离与鉴定 …… 128

第22章　Dot-ELISA检测禽传染性支气管炎病毒 …… 133

第23章　间接免疫荧光抗体染色法检测禽传染性支气管炎病毒 …… 137

第24章 免疫过氧化物酶标记染色法检测禽传染性支气管炎病毒………… 140
第25章 RT-PCR检测传染性支气管炎病毒和鉴定毒株血清型 ………… 144
第26章 传染性喉气管炎病毒的分离与鉴定…………………………… 151
第27章 免疫荧光抗体染色法检测禽传染性喉气管炎病毒……………… 157
第28章 传染性法氏囊病病毒的分离与鉴定…………………………… 161
第29章 禽腺病毒的分离与鉴定………………………………………… 167
第30章 实时荧光PCR法检测禽腺病毒Ⅰ群毒株 ……………………… 174
第31章 禽肠道病毒的分离与鉴定……………………………………… 180
第32章 禽轮状病毒的分离与鉴定……………………………………… 187
第33章 常规RT-PCR检测禽呼肠孤病毒 ……………………………… 193
第34章 实时荧光rRT-PCR检测禽呼肠孤病毒和轮状病毒………………… 199
第35章 禽呼肠孤病毒临床分离毒株的*δC*基因序列分析和基因型鉴定 … 206
第36章 NGS测序技术分析和鉴定禽呼肠孤病毒变异株基因型 ………… 215
第37章 禽痘病毒的分离与鉴定………………………………………… 224
第38章 鹦鹉目与非鹦鹉目鸽疱疹病毒的分离与鉴定…………………… 229
第39章 免疫荧光抗体染色法检测细胞培养鸽疱疹病毒Ⅰ型毒株………… 235
第40章 火鸡病毒性肝炎病毒的分离与鉴定…………………………… 239
第41章 禽衣原体的分离与鉴定………………………………………… 244
第42章 禽脑脊髓炎病毒的分离与鉴定………………………………… 250
第43章 免疫荧光抗体染色法检测禽脑脊髓炎病毒……………………… 257
第44章 免疫荧光抗体染色法检测细胞培养中的病毒感染细胞病变……… 262
第45章 禽病毒实验室常规试剂配制表、注射器针头规格表、
离心转速（r/min）与离心力（*g*）转换表 ………………………… 266

第1章 常见禽病毒的分离与鉴定现行方法综述

1 禽流感病毒（Avian Influenza Virus，AIV）

1.1 病毒分离

SPF鸡胚，9～11日龄，尿囊腔接种，连续鸡胚传代，1～2代。

1.2 鉴定方法

1）血凝（HA）试验：所有AIV血清型皆具有HA活性，即HA阳性。

2）血凝抑制（HI）试验：分别应用AIV各血清型的参考阳性血清或标准阳性血清（如H9、H7、H5、H2等）进行HI试验。如样品中血凝活性被某型阳性血清抑制，即鉴定血凝阳性样品是与该AIV阳性血清相同的血清型。另外，基于禽流感单克隆抗体Dot-ELISA试验，可确定AIV组群及H5和H7亚型区分鉴定。

3）直接或间接免疫荧光抗体染色法：确定AIV组群及H5和H7亚型区分鉴定。

4）多重RT-PCR：确定AIV组群及H5和H7亚型区分鉴定。

5）荧光定量RT-PCR：确定AIV组群及H5和H7亚型区分鉴定。

2 新城疫病毒（Newcastle Disease Virus，NDV或PMV-1）

2.1 病毒分离

SPF鸡胚，9～11日龄，尿囊腔接种，连续鸡胚传代，1～2代或2代以上。

2.2 鉴定方法

1）血凝试验和血凝抑制试验（NDV阳性血清）鉴定NDV。

2）荧光定量RT-PCR鉴定PMV-1和vNDV。

3 传染性支气管炎病毒（Infectious Bronchitis Virus，IBV）

3.1 病毒分离

SPF鸡胚，9～11日龄，尿囊腔接种，连续鸡胚传代，3代或3代以上。

3.2 鉴定方法

1）Dot-ELISA：检测各型IBV或IBV组群确定检测，但不能区分血清型。

2）间接免疫荧光抗体（IFA）染色法：确定IBV组群，并鉴别各已知IBV血清型，即Mass、Conn、Ark。

3）RT-PCR：确定IBV组群，并鉴别各已知IBV血清型，即Mass、Conn、Ark、Del-072、PA97肾型或其他血清型。

4）IBV的*S1*基因测序：鉴定所有IBV血清型，已知和新发或未知血清型。

4 传染性喉气管炎病毒（Infectious Laryngotracheitis Virus，ILTV）

4.1 病毒分离

SPF鸡胚，10～11日龄，绒毛尿囊膜（CAM）接种，连续鸡胚传代，1～2代或2代以上。

4.2 鉴定方法

1）收CAM做冷冻切片，免疫荧光抗体（FA）染色法检测（需抗ILTV的FA试剂）。

2）收CAM，经10%福尔马林固定，H&E染色，镜检病毒包涵体。

5 传染性法氏囊病病毒（Infectious Bursa Disease Virus，IBDV）

5.1 病毒分离

1）SPF鸡胚，9～11日龄，绒毛尿囊膜（CAM）接种，连续鸡胚传代，1～2代或2代以上。

2）接种鸡胚肝（CEL）原代细胞或鸡肝上皮瘤（LMH）传代细胞，观察细胞病变（CPE）。

5.2 鉴定方法

1）琼脂凝胶免疫扩散（AGID）试验检测：制备CAM匀浆或收获CPE阳性细胞培养液为待检IBDV抗原，抗体为标准IBDV阳性血清。

2）PCR检测IBDV抗原。

6 禽腺病毒第1群组毒株（Fowl Adenovirus Type 1，FAV-1）

6.1 病毒分离

1）细胞培养，如鸡肝上皮瘤（LMH）细胞，鸡胚肝（CEL）原代细胞，鸡胚肾（CEK）细胞，连续细胞传代，2～3代，观察细胞病变（CPE）。

2）SPF鸡胚（6～7日龄）卵黄囊接种，连续鸡胚传代，1～2代或2代以上。

6.2 鉴定方法

1）AGID检测：自制或购买标准禽腺病毒抗原和抗血清。

2）PCR检测：设计或引用权威机构发表的FAV引物。

3）透射电子显微镜（TEM）观察鉴定：制备具有显著CPE的单层细胞培养，反复冻融3次，按电镜样品处理程序。

7 火鸡出血性肠炎病毒（Hemorrhagic Enteritis Virus，HEV）

7.1 病毒分离

目前无可行HEV培养常规方法。

7.2 鉴定方法

检测组织样品：

1）AGID检测组织样品中HEV抗原（需要HEV阳性血清）。

2）PCR检测HEV抗原、区分FAV-1群组或FAV-2群组。

8 禽疱疹病毒（Fowl Herpesvirus，FHV）

8.1 病毒分离

接种鸡胚成纤维（CEF）原代细胞，观察细胞病变（CPE）。

8.2 鉴定方法

1）免疫荧光抗体（FA）染色法，应用抗FHV的FA试剂直接检测FHV感染的CPE阳性细胞。

FA染色用CPE玻片制备简要步骤：

a. 收获1～1.5mL含CPE的细胞液。

b. 低速离心800r/min，离心10min。

c. 将上清液返回到原细胞瓶中，保留0.2～0.3mL或0.5mL（视CPE密度）细胞液和离心沉淀的CPE细胞。

d. 混匀CPE细胞悬浮液，涂玻片（均匀似小指甲面积），室温自然风干。

e. 用－20℃丙酮固定5～10min。

2）透射电子显微镜（TEM）观察：增殖15～20mL含病变细胞的培养液，反复冻融3次后收获，按电镜检测要求准备样品，供电镜观察，进行FHV形态鉴定。

9 禽痘病毒（Fowl Poxvirus，FPV）

9.1 病毒分离

SPF鸡胚，9～11日龄，绒毛尿囊膜（CAM）接种，连续鸡胚传代，1～2代或2代以上。

9.2 鉴定方法

1）CAM眼观病变，CAM组织镜检病变（病毒包涵体）。

2）AGID检测，制CAM匀浆为待检FPV抗原，抗体为标准痘病毒阳性血清。

10 禽多瘤病毒（Avian Polyomavirus，APMV）

10.1 病毒分离

目前无可行APMV培养常规方法。

10.2 鉴定方法

透射电子显微镜观察，用原始组织样品，按电镜检测要求准备样品，供电镜观察多瘤病毒形态。

11 禽呼肠孤病毒（Avian Reovirus，ARV）

11.1 病毒分离

1）接种鸡胚肾（CEK）原代细胞、鸡胚肝（CEL）原代细胞、鸡胚成纤维（CEF）原代细胞或鸡肝上皮瘤（LMH）细胞，连续细胞传代，1～2代或3～4代至出现典型细胞病变为止。

2）接种SPF鸡胚，6～7日龄，卵黄囊接种，连续鸡胚传代，1～2代或2代以上。

3）番鸭呼肠孤病毒分离用番鸭肾（DEK）原代细胞或鸡胚成纤维（CEF）原代细胞，或LMH细胞，连续细胞传代，1～2代或3～4代至出现典型病毒感染的病变细胞为止。

11.2 鉴定方法

1）免疫荧光抗体（FA）染色法，直接检测病毒感染的病变细胞。

注意事项：FA染色用CPE玻片制备简要步骤，同上述FHV的CPE玻片制备。

2）透射电子显微镜观察：增殖15～20mL含病变细胞的培养液，电镜样品准备同上述疱疹病毒方法。

12 禽轮状病毒（Avian Rotavirus，ARoV）或其他禽肠道病毒（Avian Enteric Viruses, AEnV）

12.1 病毒分离

1）SPF鸡胚，6～7日龄，卵黄囊接种，连续鸡胚传代，1～2代或2代以上。

2）接种CEL、CEF、CEK原代细胞，或LMH细胞；连续细胞传代，1～2代或2代以上。

12.2 鉴定方法

透射电子显微镜（TEM）观察：增殖15～20mL含细胞病变的细胞培养液；鸡胚接种收获尿囊液或有出血病变的鸡胚，电镜样品准备同上述FHV方法。

13 禽脑脊髓炎病毒（Avian Encephalitis Virus，AEV）

13.1 病毒分离

SPF鸡胚，6～7日龄，卵黄囊接种，每份样品接种24个鸡胚，其中12个用于观察鸡胚和病变死亡情况，另外12个用于观察孵化雏鸡后临床表现。

13.2 鉴定方法

1）FA免疫荧光染色法：制备鸡胚脑组织触片或涂片或冷冻切片，室温风干，－20℃丙醇固定，用AEV荧光抗体染色。

2）PCR检测：检测用样品可为原始病料脑组织或鸡胚脑组织。

3）透射电子显微镜（TEM）观察：原始病料脑组织或鸡胚脑组织。

14 鸭病毒性肠炎病毒（Duck Viral Enteritic Virus，DVEV）

14.1 病毒分离

番鸭胚肾（DEK）原代细胞、成纤维（DEF）原代细胞或鸡肝上皮瘤（LMH）细胞，连续细胞传代，1～2代或3～4代至出现典型细胞病变为止。

14.2 鉴定方法

1）透射电子显微镜（TEM）观察。

2）PCR检测。

15 番鸭细小病毒（Muscovy Duck Parvovirus，MDPV）

15.1 病毒分离

番鸭胚肾（DEK）原代细胞或成纤维（DEF）原代细胞，连续细胞传代，1～2代或3～4代至出现典型细胞病变为止。

15.2 鉴定方法

IFA，透射电子显微镜（TEM）观察。

16 禽肺病毒（Avian Pneumovirus，APV）

16.1 病毒分离

LMH或VERO细胞，连续细胞传代，1～2代或3～4代至出现典型细胞病变为止。

16.2 鉴定方法

1）透射电子显微镜（TEM）观察。

2）PCR检测。

第2章 鸡胚孵化

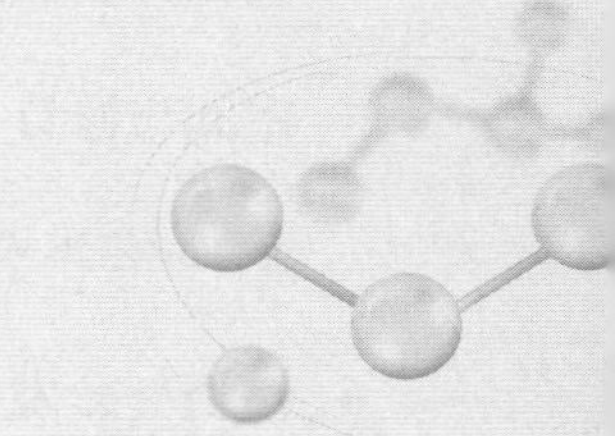

1 目的

应用孵化鸡胚蛋（Embryonating Chicken Eggs，ECE）接种病毒样品进行病毒分离、毒力滴定、中和试验。鸡胚孵化至特定日龄还用于制备原代鸡胚成纤维细胞（9日龄）、肝细胞（14日龄）和肾细胞（18日龄）。

2 范围

本SOP适用于禽病毒诊断或研究实验室从事禽病毒分离鉴定的技术人员。

3 安全须知

实验室工作人员或任何人处理种蛋和鸡胚时都要穿好实验室工作服，戴乳胶手套。若孵化器培养箱具有自动旋转功能，在调整孵化器或鸡胚托盘位置时要将此功能关闭，避免出现意外。当操作人员离开时，自动旋转开关应该打开。孵化器电源应与其他用电设备分开使用以避免超载断电。实验室安全规程其他事项可参考本书第3章的安全须知。有关化学物质、生物危害物品及储备材料的安全处理应参照生物实验室的国家标准或国际标准，严格制定和执行细胞实验室安全管理条例，如美国生物危害物质的详细信息可通过CDC网站（www.cdc.gov/od/biosfty/bmbl5/bmbl5toc.htm）中第五版微生物和生物医药的生物安全（BMBL）查询。

4 培训要求

本SOP内容包括：熟练掌握孵化前的鸡种蛋质量检查方法、孵化中的正常鸡胚发育状态观察、接种后死亡鸡胚的判定方法和检查程序；日常监测孵化器的温度、湿度。

5 审阅与修订

本SOP每年或定期审阅，如有程序调整要及时增补修订。

6 存档与分发

本SOP由实验室质量管理员归档并根据标准政策进行发放。本规程原始文件应由实验室的文件管理员存档保存，复印本发送给所有禽病诊断研究室的实验操作人员。

7 质量管理

孵化器需要保持清洁，孵化器和孵化室要进行定期消毒。鸡胚托盘每次使用后应对其彻底清洗消毒。

8 鸡胚孵化方法

8.1 材料与设备

- SPF鸡种蛋。
- 鸡胚孵化器。
- 照蛋器。
- HB 2号铅笔，记号笔。
- 纸质胶带（办公用品店）。
- 冰箱。
- 塑料鸡蛋托盘，规格5×6=30枚蛋。

8.2 SPF鸡种蛋来源

1）浙江立华农业科技有限公司

地址：浙江省余姚市凤山街道东郊工业园区

邮编：315400

电话：0574-62677578

传真：0574-62677544

2）济南赛斯家禽科技有限公司

地址：山东省济南市高新农业开发区

邮编：250316

电话：15552516662
传真：0531-87415478

8.3 SPF鸡种蛋存放

1）确保供应商提供的种蛋新鲜。

2）新鲜种蛋最多可以在冰箱（4～7℃）或10～15℃室温条件下存放7d（美国规定：存放于10～15℃条件下的种蛋于7d内入孵为好）。

3）孵育前6～12h，从冰箱中取出种蛋置于室温（10～20℃）存放；入孵时或收到种蛋时，全部待孵种蛋需放置到孵化器用塑料蛋托中，鸡蛋的气室端（较大的一端）向上放置。

8.4 鸡胚孵育

1）鸡胚孵育应选择小于7d的新鲜种蛋为宜。

2）检查待孵种蛋，去除破损或有裂缝的种蛋。

3）标明每个蛋托开始孵化的日期，放入孵化器内入孵的条件应包括湿度80%～90%，温度37℃及定时转动等信息。

注意事项：勿将新孵种蛋与接种后鸡胚蛋放在同一孵化器中。

4）孵化5d后可鉴别胚胎发育种蛋和白蛋（无受精蛋）。胚胎发育种蛋在照蛋灯下可见卵黄顶部已有胚胎形成和清晰的呈辐射状发育的血管。无清晰血管的种蛋为白蛋，此时可清除。

5）鸡的胚胎发育迅速，5d时约为0.1g，12d时超过5g。孵化至12d时，整个卵壳几乎布满了尿囊（胚胎肺）或胚胎呼吸的细血管网络。

6）在鸡胚孵育的前10d，每天至少翻蛋3次。若孵化器有自动旋转功能，可在孵育的前18d内将其设置为每小时3～4次。

7）孵化的前24h停止翻蛋，此时鸡胚一定要避免震动，防止损伤血岛分化出的血管。中断血管系统形成可能会提高幼胚的死亡率、降低胚胎的存活率。

8.5 鸡胚接种的胚龄选择

1）卵黄囊（Yolk Sac，YS）接种法：5～7d鸡胚。

2）尿囊腔（Allantoic Cavity，AC）接种法：9～11d鸡胚。

3）绒毛尿囊膜（Chorioallantoic Membrane，CAM）接种法：9～11d鸡胚。

4）静脉（Intravenously，Ⅳ）接种法：11～12d鸡胚。

5）接种前检查胚胎的发育情况（图2-1），如果是活胚，可看到胎动及清晰的血管。

8.6 细胞培养用的胚龄的选择

1）鸡胚成纤维（CEF）细胞培养：10～11d鸡胚。

2）鸡胚肝（CEL）细胞培养：14 ~ 15d鸡胚。

3）鸡胚肾（CEK）细胞培养：18 ~ 19d鸡胚。

4）接种前检查胚胎的发育情况（图2-1），如果是活胚，可看到胎动及清晰的血管。

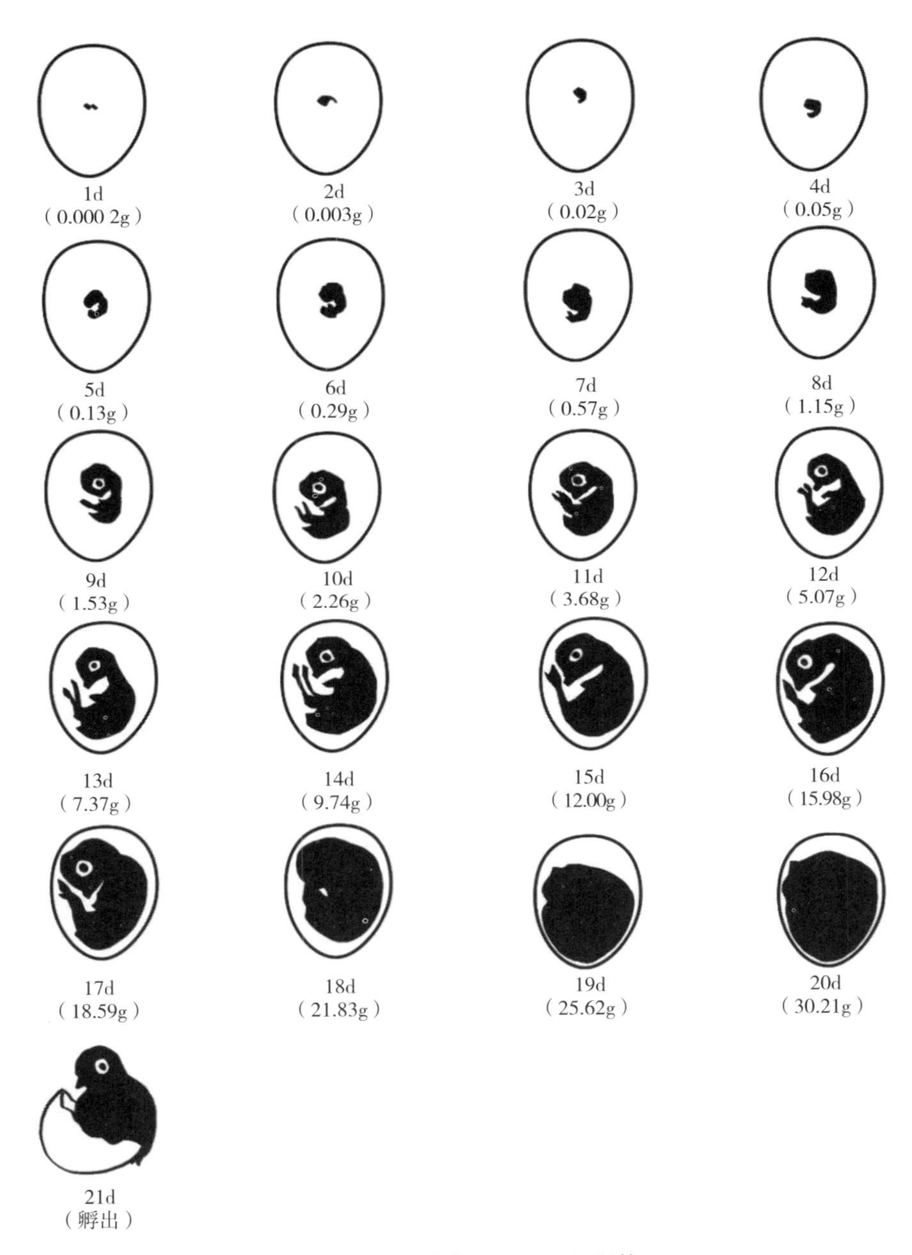

图2-1　鸡胚发育期（1 ~ 21d）胚体

第3章 鸡胚病毒接种与收获

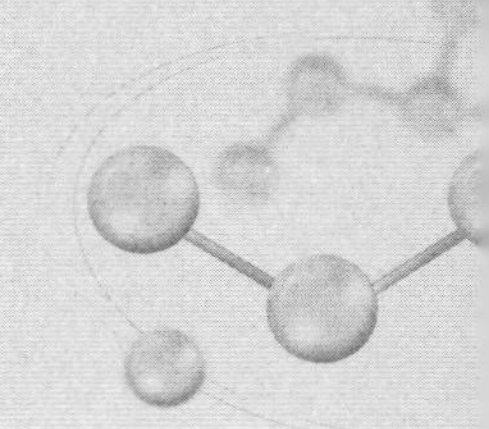

1 目的

本章介绍鸡胚病毒接种的四种途径，即尿囊腔（AC）、卵黄囊（YS）、绒毛尿囊膜（CAM）和静脉（IV），以及接种后相应鸡胚样品的收获方法。

2 范围

本SOP适用于从事禽病毒分离鉴定的实验人员。

3 安全须知

在处理生物样品或与其相关的所有工作时，实验室工作人员需穿好实验室工作服，佩戴乳胶手套，在生物安全柜内进行。实验期间如需暂停工作接听电话、使用电脑、开门等，要摘下手套再进行。当处理可能含有衣原体的组织样品时，为预防空气传染吸入病原，还必须要戴好口罩。实验室人员应该接种狂犬病疫苗，每3年由疾控中心检测抗体滴度以确定是否需要加强免疫，抗体滴度应大于50。与生物样品或生物试剂接触的所有实验室用品（培养皿、手套、离心管等）应放置于生物安全柜附近的生物安全袋中，生物安全袋放置于有盖的生物安全桶内。当生物安全袋装满后，用胶带封口后进行高压灭菌。更换新的生物安全袋时，需放上两层安全袋。用过的移液管放在生物安全柜下的广口瓶中（盛有10%次氯酸钠或其他消毒液），装满后，将移液管转移至生物安全袋进行高压灭菌。无菌培养皿经常用来处理组织样品，但随后应转移样品至采样袋或试管中储存。实验结束或下班前，所有实验材料都应该从生物安全柜中取出，妥善处理。用70%乙醇喷洒层面并彻底擦拭洁净，10～30min后关闭生物安全柜。如需紫外无菌灯消毒，最后一个离开实验室的人应打开紫外无菌灯，由于紫外线会伤害视网膜，第二天工作前务必关掉紫外灯。

清洗洁净、高压无菌后的无菌玻璃器皿应存放于实验室的玻璃柜里，请保持柜门关闭状态以保持洁净。如果玻璃器皿有污渍，须冲洗（若是非感染性的）并将其置于水槽旁边的水浴锅中，水浴锅中加入10%次氯酸钠用来消毒玻璃器皿。最好使用一次性烧杯处理传染物，如果接触到传染物，用次氯酸钠进行消毒。盖子应放在水浴锅旁边的筐里，玻璃器皿上的标签都要清除下来，药匙和搅拌棒用倍量清洁剂清洗，并放在纸巾上晾干。解剖器械应在10%次氯酸钠（柜台放有不锈钢烧杯）中消毒，不要超过1h，以防器械生锈。手术器械用倍量洗涤剂清洗后用纸巾擦干，将其放入一个不锈钢容器中高压灭菌30min，然后把装有解剖器械的不锈钢容器放回抽屉。每天下班前需将实验台擦拭干净，检查水电确保安全。如当天使用离心机，需检查离心机转子以确保离心管无泄漏。

4 培训要求

本章培训内容包括：熟练掌握孵化前的鸡种蛋质量检查方法、孵化中的正常鸡胚发育状态观察、接种后死亡鸡胚的判定方法和检查程序。掌握鸡胚的接种与收获，了解血凝（HA）试验和血凝抑制（HI）试验及其稀释倍数的计算，了解琼脂凝胶免疫扩散（AGID）试验，熟悉实验室基本操作技能和无菌技术，熟练掌握接种后死亡鸡胚的检查程序，了解相关病毒或血清的滴度（如病毒HA和血清HI效价）。

5 审阅与修订

本SOP每年或定期审阅，如有程序调整要及时增补修订。

6 存档与分发

本SOP由实验室质量管理员归档并根据标准政策进行发放。本规程原始文件应由实验室的文件管理员存档保存，复印本发送给所有禽病诊断研究室的实验操作人员。

7 质量管理

质量管理包括病毒分离和病毒鉴定两方面，即实验所用方法、材料、试剂和实验操作等必须符合实验规程标准。如病毒分离用鸡胚，每次鸡胚病毒或样品接种时都要同时设阴性对照胚（2～3个），即只接种病毒稀释液（VTM）。病毒鉴定用HA和HI试验中，禽流感病毒（AIV）和鸡新城疫病毒（NDV）是最常用的阳性对照病毒，正常鸡胚（无接种）尿囊液（CAF）可作为HA和HI试验的阴性对照样品。病毒分离用鸡胚以无特定病原（SPF）种蛋鸡胚为最佳。如条件限制没有SPF胚，可用无AIV、无NDV和无其他常见禽病毒的种蛋鸡胚来代替。

8 鸡胚接毒与收获方法

8.1 材料与设备

- 生物安全柜。
- 鸡胚孵化器。
- 照蛋器。
- HB 2号铅笔。
- 70%乙醇。
- 蛋壳打孔锥（自制或购置）。
- 无菌镊子和剪刀。
- 针头：25G×1″（外径0.5mm×长26mm），25G×5/8″（外径0.5mm×长15mm），26G×5/8″（外径0.46mm×长15mm），27G×1/2″（外径0.4mm×长15mm），20G×1½″（外径0.9mm×长40mm）。
- 注射器，1mL、5mL。
- 无菌离心管，15mL。
- 玻璃平皿/聚丙烯平皿（直径100mm×高15mm）。
- 乳胶手套。
- 生物废品安全袋、锐利废品（废弃针头和玻片等）生物安全容器。
- 洗耳球。
- 封蛋孔用胶水。
- 透明胶带。
- SPF鸡种蛋。
- 组织匀浆机、组织匀浆机样品袋。
- 病毒稀释液（VTM）。
- 吸管移液器或洗耳球。
- 灭菌移液吸管，1mL、5mL、10mL。
- 各型号微量移液枪和相应型号无菌枪头。

8.2 种蛋存放与孵化

1）实验室收到种蛋后，可以在4～7℃冰箱保存或于10～15℃室温下存放（种蛋存放期以不超过1周为宜）。

2）种蛋入孵前，眼观检查或在照蛋灯光下检查待孵种蛋，去除破损或有裂缝的种蛋。将种蛋气室端向上放入孵化器蛋托盘，标明每个蛋托盘开始孵化日期，放入孵化器内孵化。

3）孵化条件应满足湿度80%～90%，温度37℃，定时转动。

注意事项：勿将新孵种蛋与接种后鸡胚放在同一孵化器中。

4）孵化5d后可鉴别胚胎发育种蛋和白蛋（无受精蛋）。接种前检查胚胎的发育情况，胚胎发育种蛋在照蛋灯下可见卵黄顶部已有胚胎形成，且有清晰的呈辐射状发育的血管。无清晰血管蛋为白蛋，此时可挑选出弃用（此时正常活胚，可看到胎动及清晰的血管）。

8.3 尿囊腔（AC）接种

1）AC接种的胚龄为9～11d，每份样品接种3～5个鸡胚。接种前用铅笔在蛋壳上标记样品名或与“鸡胚接种记录表格”相符的编号。AC接种有两种方法，即气室中央蛋壳顶部或距离气室线上方1～2mm侧位。局部蛋壳在接种前用70%乙醇棉球（含3.5%碘和1.5%碘化钠）擦拭消毒，待其自然挥发后打孔接种。

2）AC接种用1mL无菌注射器和25G×5/8″（外径0.5mm×长15mm）针头。AC气室中央接种见图3-1（3），即针头垂直插入、过气室膜1～2mm即可；AC侧位接种见图3-1（4），即将针头呈约45°从接种孔插入2/3或1/2长度。每份接种样品，按鸡胚数（3～5枚）吸取足量样品液，接种0.2mL/枚胚蛋，用适量胶水封闭接种孔。

注意事项：每份接种样品都要更换新的针头和注射器。注射器针头英制型号和公尺/毫米制型号，见第45章。

3）将接种后胚蛋置于孵化器中继续孵化，每天照蛋，观察并记录鸡胚存活和死亡情况。健康胚胎以静脉血管清晰可见为标志，胚胎在照蛋灯下可见游动。已死亡或将死亡胚胎常呈漂浮状不动、血管萎缩或消失，通常内壳面粘着血环状物。死亡胚蛋需及时捡出并置于4℃冷藏。AC接种后的胚蛋孵化应在5d结束（根据各种病毒培养要求而定），胚蛋终止孵化后应置于4～6℃冰箱内冷藏。

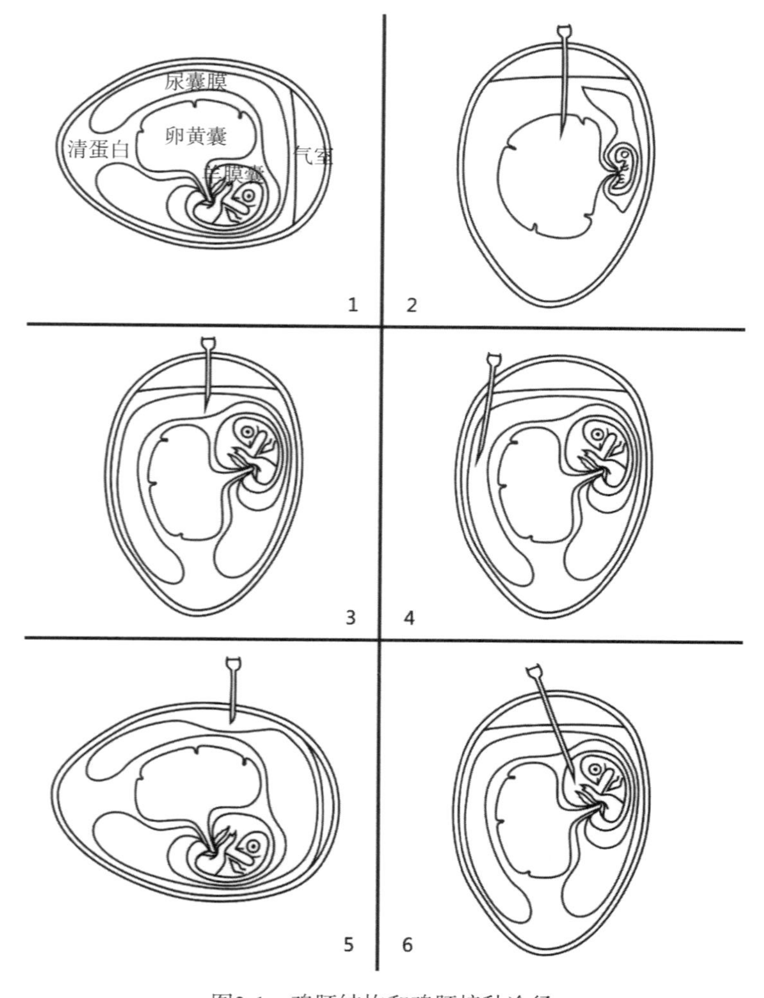

图3-1　鸡胚结构和鸡胚接种途径

1．鸡胚结构　2．卵黄囊接种　3．尿囊腔上方接种　4．尿囊腔侧方接种
5．绒毛尿囊膜接种　6．静脉接种

8.4 收获（AC接种胚蛋）

1）胚蛋终止孵化后经冰箱冷藏至少4h或过夜或隔日后可收获鸡胚尿囊液（CAF）、绒毛尿囊膜（CAM）或胚体组织样品。

2）收获前，蛋壳气室外部用70%乙醇棉球（含3.5%碘和1.5%碘化钠）擦拭消毒或喷洒70%乙醇消毒。收获时，用无菌镊子敲开鸡胚气室一侧蛋壳，除去局部气室蛋壳，注意不要破坏气室膜。收获CAF常用3～5mL注射器及20G×1½″（外径0.9mm×长40mm）针头，如诊断样品需要进行病毒分离，每个胚蛋抽取1～3mL CAF即可。避免针头刺破血管使红细胞混入尿囊液中。每份样品各胚的CAF装入同一个试管（如15mL离心管）中，记录编号、CAF代次、收获日期。接种后24h内死亡鸡胚通常是非病毒性死亡或针头误伤造成，故弃之不收。

3）鸡胚病变检查：用镊子取出鸡胚，放置平皿中进行观察，非健康胚或病变胚包括生长发育迟缓、出血、羽毛稀疏或卷曲、脚趾卷曲、肝脏颜色异常或肿胀出血等（如FAV）、肾脏尿酸盐沉降（IBV）或肿胀出血等。

4）收获的CAF样品都要进行鸡血红细胞凝集（HA）试验检测有无HA阳性病毒（如AIV、NDV）。如果胚胎有病变，或胚胎死亡在接种48h后，则该样品的CAF需进行鸡胚传代，以检验是否重复引起鸡胚病变或死亡。CAF通常按1∶5或1∶10（*V/V*）与病毒稀释液（VTM）稀释后接种鸡胚进行传代。

5）如果CAF样品的HA检查阳性或其他病毒鉴定试验阳性，则需进行病毒鉴定试验，如血凝集抑制（HI）试验鉴定AIV或NDV。阳性CAF样品于−80℃冰柜内保存。

6）另外，病毒阳性CAF样品可送电镜室进行病毒形态学鉴定。

注意事项：电镜检测的CAF样品或胚胎样品不能冷冻，因为冷冻会产生絮状物沉淀，经过电镜样品负染色（PTA）而影响电镜观察。

8.5 绒毛尿囊膜（CAM）接种

1）CAM途径接种的胚龄为9～11d胚，每份样品接种3～5个鸡胚。接种前用铅笔在蛋壳上标记样品名或与“鸡胚接种记录表格”相符的编号。

2）消毒打孔：CAM途径接种胚蛋可选择两个蛋壳部位接种，接种胚蛋前用70%乙醇棉球（含3.5%碘和1.5%碘化钠）擦拭消毒后打孔，两个蛋壳部位分别是气室顶部蛋壳和胚蛋中部蛋壳。其中在中部蛋壳打孔位置需在灯下确定，即于CAM发育良好侧（非卵黄囊侧）标记打孔点（避开静脉）；气室顶部是另一个打孔点位置。

3）气室转移：CAM途径接种需将胚蛋气室转移至中部打孔点位置。具体方法是：①将胚蛋横向放置，使其中部打孔点朝上，然后在该点打孔（注意不要穿透或损伤CAM）和气室顶部打孔；②使用洗耳球从气室顶部孔吸气，使蛋壳内呈负压状态，从而使CAM在中部孔处凹陷拨离蛋壳，即胚蛋侧面气室制备完成。用胶水将气室顶部封孔。

4）CAM接种：CAM接种见图3-1（5），即针头斜面刚过蛋孔即可。使用1mL无菌注射器和25G×5/8″（外径0.5mm×长15mm）针头，每份接种样品，按鸡胚数（3～5枚）吸取足量样品液，接种0.2mL/枚胚蛋，用适量胶水封闭接种孔。

注意事项：每份接种样品都要更换新的针头和注射器。

5）接种后将胚蛋置于孵化器中继续进行孵化。

注意事项：CAM途径接种胚蛋应保持平放（中部接种孔朝上）状态至少24h或至72～96h（避免气室串动导致CAM拨离蛋壳）。每天照蛋，观察并记录鸡胚存活和死亡情况。健康胚胎以静脉血管清晰可见为标志，胚胎在照蛋灯下可见游动。已死亡或将死亡胚胎常呈漂浮状不动、血管萎缩或消失，通常内壳面粘着血环状物。死亡胚蛋需及时捡出并置4℃冷藏。CAM接种后胚蛋孵化应在5d内结束（如ILTV，Poxvirus），胚蛋终止孵化后置4～6℃冰箱内冷藏。

8.6 收获（CAM接种胚蛋）

1）胚蛋终止孵化后，在冰箱冷藏至少4h或过夜或隔日即可收获CAF、CAM或胚体组织样品。

2）收获CAF：将蛋壳气室外部用70%乙醇棉球（含3.5%碘和1.5%碘化钠）擦拭消毒或喷洒70%乙醇消毒。收获时，用无菌镊子敲开鸡胚气室一侧蛋壳、除去局部气室蛋壳，注意不要破坏气室膜。收获CAF常用3～5mL注射器配20G×1½″针头（外径0.9mm×长40mm）。如诊断样品需病毒分离，则每个胚蛋抽取1～3mL 尿囊液即可。避免针头刺破血管使红细胞混入CAF中。每份样品各胚CAF装入同一个试管（如15mL离心管）中，记录编号、CAF代次、收获日期。接种后24h内死亡鸡胚通常是非病毒性死亡或针头误伤造成，故弃之不收。

3）收获CAM：用镊子取出鸡胚，放置于平皿中观察有无胚体组织病变。可疑的病变包括生长发育迟缓、出血、羽毛稀疏或卷曲、脚趾卷曲等。弃去蛋壳内部的全部液体，小心地将鸡胚CAM剥离蛋壳，放入平皿检查CAM病变，平皿中加入适量无菌生理盐水，使CAM展开更利于病变检查（如CAM出血或出现斑块、肿胀增厚、结节痘等）。

4）收获的CAF样品都要进行鸡血红细胞凝集（HA）检查：如果胚胎或CAM有病变，或胚胎在接种48h后死亡，则该样品的CAF和CAM需进行鸡胚CAM途径再传一代，通常按1：5或1：10（*V/V*）用VTM稀释CAF和CAM（分别或混合）后接种鸡胚传代，以检验是否重复引起鸡胚病变或死亡。

5）如果CAF和CAM样品的HA检查结果为阳性或其他病毒鉴定试验为阳性，则这些CAF和CAM样品需进行病毒鉴定试验。HA阳性样品应置于－80℃冰柜保存。另外，HA病毒阳性CAF和CAM样品可送电镜室进行病毒形态学鉴定。

注意事项：电镜检测的鸡胚样品（CAF、CAM或胚胎）不要冷冻，因为冷冻会产生絮状物沉淀经过电镜样品负染色（PTA）而影响电镜观察。

8.7 卵黄囊（YS）接种

YS途径接种胚龄为6~7d鸡胚，每份样品接种3~5个鸡胚。接种准备步骤同尿囊腔（AC）途径接种，但是接种打孔点在胚蛋气室顶部中心。接种用1mL注射器配25G×1″（外径0.5mm×长26mm）针头，全部针头垂直插入胚蛋中央接种，见图3-1（2）。YS途径接种胚蛋通常孵育7~10d后收获。

8.8 收获YS接种胚蛋样品

1）YS途径接种胚蛋通常孵育7~10d后收获。

2）YS接种与AC接种胚蛋的收获方法相同。

8.9 静脉（IV）接种

1）IV途径接种见图3-1（6），胚龄为9~11日龄胚，每份样品接种3~5个鸡胚。接种前用铅笔在蛋壳上标记样品名或与“鸡胚接种记录表格”相符的编号。

2）接种准备步骤：将胚蛋置于照蛋灯下转动观察，标记最清晰突出的静脉分支处为接种点，该处用70%乙醇棉球（含3.5%碘和1.5%碘化钠）擦拭消毒或喷洒70%乙醇消毒。

3）使用开卵钻在蛋壳接种点钻一个小圆孔（注意不要破坏壳膜！），使标记的接种点在孔中央，用尖锐镊子从钻孔一侧边缘轻轻剥离除去少许蛋壳，慢慢地剥离蛋壳与壳膜分开并保持壳膜完整不撕破。这一步骤完成后需马上接种以防止鸡胚被细菌污染。

4）接种用1mL注射器器配27G×1/2″（外径0.4mm×长15mm）针头，吸取0.5mL样品并排出气泡，将针头穿过壳膜并插入鸡胚暴露的静脉中，每枚接种0.1mL样品，缓慢地将样品推入静脉内并防止倒流。借助照蛋灯，胚静脉清晰可见，胚静脉接种应不难完成。用透明胶带封孔，轻轻将透明胶带与蛋壳贴牢，避免褶皱或气泡，以防止空气进入。

5）接种后将胚蛋置于孵化器中继续孵化。

注意事项：静脉接种胚蛋应保持平放状态24h（24h后可将其气室朝上放置）。每天照蛋，观察并记录鸡胚存活和死亡情况。健康胚胎以静脉血管清晰可见为标志，胚胎在照蛋灯下可见游动。已死亡或将死亡胚胎常呈漂浮状不动、血管萎缩或消失，通常内壳面粘着血环状物。死亡胚蛋需及时捡出并置于4~6℃冰箱内冷藏。存活胚蛋在接种后5d终止孵育，置于4~6℃冰箱内冷藏。

8.10 收获IV接种胚蛋样品

1）IV途径接种胚蛋通常孵育5d后收获。

2）IV接种与AC接种胚蛋收获方法相同。

参考文献

Hitchner S B, Domermuth C H, Purchase H G, et al, 1975. Isolation and Identification of Avian Pathogens[M]. Ithaca, New York: Arnold Printing Corporation.

OIE, 2004. Manual of Standards for Diagnostic Test and Vaccines for Terrestrial Animals[M]. 5th Edition. Paris: Office International des Epizooties.

Swayne D E, Glisson J, Jackwood M W, et al, 1998. A Laboratory Manual for the Isolation and Identification of Avian Pathogens[M]. 4th Edition. Kennett Square, Pennsylvania: The American Association of Avian Pathogens.

Timoney, John F, James H G, et al,1988. Hagan and Bruner's Microbiology and Infectious Diseases of Domestic Animals [M]. 8th edition. London:Comstock Publishing Associates.

第4章 病毒血凝和血凝抑制试验

1 目的和原理

病毒的红细胞凝集（HA）试验（或血凝试验）用于鉴定具有血凝活性血凝素的类型病毒（如AIV、NDV）。经尿囊腔（AC）、卵黄囊（YS）或绒毛尿囊膜（CAM）途径接种的鸡胚尿囊液（CAF）可以通过HA试验确定HA阳性病毒存在与否。病毒感染的细胞培养物也可以通过HA试验以鉴定是否为HA阳性病毒。

HA试验原理是基于病毒表面蛋白（病毒核衣壳上的凸起）与红细胞膜表面受体蛋白结合而形成可见的红细胞凝集现象。这种HA试验不仅用于HA阳性病毒的定性，而且还用于HA阳性病毒的定量，HA滴度即是病毒的含量或定量表达。每毫升内每个血凝滴度单位（HAU）约含有10^6个病毒颗粒。

血凝抑制（HI）试验是应用血凝阳性病毒的特异阳性血清中和该病毒的血凝活性蛋白，从而抑制或阻断原有的红细胞凝集现象。因此，HI试验可用于两种检测目的：①病毒鉴定：即应用已知阳性血清抗体（抗某种特异血清型HA病毒）中和检测样品中的未知HA阳性病毒。②抗体鉴定：即应用已知HA阳性病毒抗原中和检测样品中的未知血清抗体。HI试验所需要的HA阳性病毒抗原滴度通常设定为8个或4个HAU，即以8或4为分子除以病毒HA滴度所得商为病毒稀释倍数。稀释后的8个或4个HAU病毒液使各种不同HA阳性病毒皆以8 HAU或4 HAU而抗原量标准化，这样即可用于HI试验。

2 范围

本SOP适用于从事禽病毒分离鉴定、诊断或研究的实验人员。

3 安全须知

实验室工作人员都要穿好实验室工作服，在处理生物样品或与生物样品相关的所有工作时，需要戴好乳胶手套，操作过程必须在生物安全柜内进行。如工作期间需暂停工作接听电话、使用电脑、开门等，须摘下手套以避免生物样品污染公共设施。关于实验室安全规程参考本书第3章。

有关化学物质、生物危害物品及储备材料的安全处理应参照生物实验室的国家标准或国际标准，严格制定和执行细胞实验室安全管理条例，如美国生物危害物质的详细信息可通过CDC网站（www.cdc.gov/od/biosfty/bmbl5/bmbl5toc.htm）中第五版微生物和生物医药的生物安全（BMBL）查询。

4 培训要求

本章培训内容包括：熟练掌握HA试验、HI试验操作技能以及HAU稀释倍数的计算，熟悉实验室基本操作技能和无菌技术，正确表达HA阳性病毒或血清的滴度（如病毒HA抗原滴度和血清HI抗体滴度）。

5 审阅与修订

本SOP每年或定期审阅，如有程序调整要及时增补修订。

6 存档与分发

本SOP由实验室质量管理员归档并根据标准政策进行发放。本规程原始文件应由实验室的文件管理员存档保存，复印本发送给所有禽病诊断研究室的实验操作人员。

7 质量管理

HA试验必须使用具有HA活性的标准病毒（如NDV，建议最好使用灭活的NDV以防止实验室污染）作为阳性对照，以正常（无病毒）PBS（phosphate-bufferedsal）作为阴性对照。样品HI试验的结果判定必须基于标准病毒HI结果判定。HI试验同时或于试验前稀释好的8HAU或4HAU病毒液，需要做HA回滴测试以验证所设定的8HAU或4HAU稀释正确（参见本章HI试验步骤）。

8 实验方法

8.1 最佳检测样品

鸡胚经AC、YS和CAM途径接种而收获的CAF和细胞上清液。

8.2 材料与设备

- 带盖的96孔（U型孔）血凝板。
- 多通道移液器，20～100μL。
- 各型号微量移液枪和相应型号无菌枪头。
- 无菌移液吸管，1mL、5mL、10mL。
- 吸管移液器或洗耳球。
- 鸡红细胞。
- 生理盐水。
- 特异性抗血清和已知的阳性对照样品。
- 塑料储槽，盛放鸡红细胞和生理盐水用。
- 乳胶手套。
- 生物废品安全袋、锐利废品（废弃针头和玻片等）生物安全容器。
- 生物安全柜。
- 低温离心机（转子适于15mL、45mL离心管）。
- 无菌离心管，15mL。
- 3～5mL注射器，配20G×1½″（外径0.9mm×长40mm）或23G×1½″（外径0.64mm×长40mm）针头。

8.3 鸡红细胞（RBC）的准备

1）用3～5mL注射器从供体鸡翅膀静脉抽取约2mL血液，转移至15mL锥形离心管中（含1～2mL市售阿氏液或4%柠檬酸钠作为抗凝血剂）。

2）加入PBS混合，1 000～1 200r/min离心10min。

3）倒出上清液，用PBS洗涤两次，同步骤2。

4）第3次洗涤后，倒出上清液并加入生理盐水以获得5%（10×）或10%（20×）的RBC储备液。

5）RBC在4℃条件下可储存至少1周。当进行HA和HI试验时，将储存液稀释至0.5%～1.0%（1×）RBC的工作液。

8.4 HA试验步骤

1）准备0.5%或1.0%RBC溶液。

2）放置96孔（12×8）U型血凝板。标记待测试样品，每份样品两行（可矫正误差），每行4～6（2^4～2^6）孔即可。设单独一行作为HA阳性对照（如灭活NDV或AIV标准毒株），单独一行作为CAF阴性对照（如HA阴性CAF），单独一行为PBS或生理盐水作为阴性对照。

3）用多道（8或12）移液器或8道连续移液器于血凝板各孔中分别加入生理盐水，每孔50μL。

4）向每份样品行的第一个孔中加入待测样品，第一孔50μL，使样品的稀释倍数为1∶2；使用移液器（如多行样品用多通道移液器）充分混匀第一孔中的样品后，吸取50μL至第二孔，稀释倍数为1∶2^2；如此倍比稀释至每份样品标记的最后孔，稀释倍数为1∶2^n；并从最后孔中吸出50μL液体弃去。

注意事项： 每孔样品稀释转移到下一个孔之前，一定要用移液器吸、放3～4次以充分混匀。

5）使用多通道（8或12）移液器或8道连续移液器于血凝板各孔中加入0.5%（或1.0%）RBC溶液，每孔50μL（注意：加RBC溶液，从样品稀释倍数的最高孔1∶2^n或最后一孔开始，即由后向前顺序至第一个孔）。弃掉含有RBC溶液的枪头，换新枪头加下一个血凝板。全部HA步骤完成后，加盖，将血凝板置于震荡器中轻微震荡或用手指轻划孔板底部震动混匀。

6）将血凝板置于37℃温箱或室温下温育20～30min。观察结果：阴性对照孔和阴性样品应形成光滑红色圆点，即红细胞完全沉积（无HA阳性病毒）；阳性对照孔和阳性样品应无红细胞沉积或无光滑红色圆点，即病毒的HA活性蛋白与红细胞凝集而使红细胞于溶液中悬浮不沉积。病毒与红细胞凝集的HA阳性结果会随时间（>30min）减弱或解除。血凝板置于冰箱温度时，其解除速度会减慢。

7）HA阴性结果：血凝板孔可见光滑红色圆点（边缘清晰、中间无空隙），说明红细胞完全沉积而形成了红细胞圆点。HA阴性对照孔应形成光滑的红细胞沉积圆点，样品孔形成同样的红细胞沉积圆点判定HA阴性。

8）HA阳性结果：HA阳性病毒能与鸡红细胞凝集而形成立体网状物，于溶液中悬浮不沉积，即无红细胞沉积或无光滑红色圆点（图4-1和彩图1）。

9）HA阳性结果表明测试样品含有HA阳性病毒或其他具有HA活性蛋白的微生物体（其他未知病毒或者支原体也会引起血细胞凝集现象）。因此，对于HA阳性样品要进行HI试验，即用已知病毒的特异性抗血清抑制血凝反应来鉴定是否为该病毒。

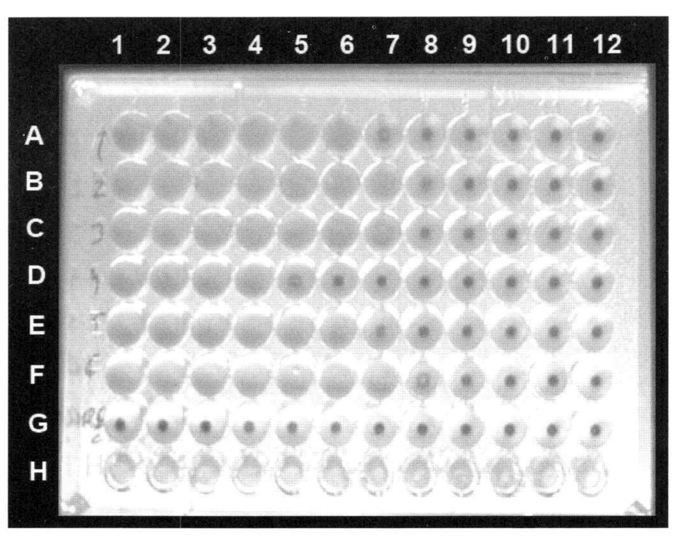

图4-1 HA试验结果

A ~ F行的6份样品HA检测阳性（+），HA效价滴度分别为2^6、2^7、2^7、2^4、2^6、2^7。G行为PBS阴性对照，HA检测阴性（–）。

8.5 盖玻片法HA试验步骤

1）准备显微镜用玻片，在干净的玻片上用蜡笔画三个连续的长方形，每个长方形包含一个HA试验点。

2）每个长方形内滴加一滴CAF和一滴10%RBC溶液，可用竹签轻轻混匀。在室温下，如果2 ~ 5min内发生HA现象，则判定为HA阳性，可能是禽流感（AIV）或新城疫（NDV）；若无HA现象，则判定为HA阴性。

3）RBC溶液的质量检验，对于新配制的RBC溶液或多天未使用的RBC溶液，可用弱毒性NDV（如LaSota疫苗毒株）作为阳性病毒进行HA试验来确定RBC溶液的质量；无病毒的鸡胚CAF或者PBS作为HA试验阴性对照。

8.6 微孔板HI试验步骤

1）通过以下方法来将HA阳性参照病毒和每个HA阳性样品的病毒含量标准化：

a. 每份病毒样品的HA滴度除以8，如256/8。

b. 用生理盐水稀释HA阳性样品来计算稀释度，例如，商是32，意思为1∶32（*V/V*）稀释度，1份HA阳性样品加入31份生理盐水制备8HAU用于HI试验。

c. 计算用于HI试验的HA抗原的量，计算每个样品HI试验稀释度（每50μL样品8HAU）。

2）取96孔（12 × 8）U型血凝板。根据待测样品和抗血清（如果多于一个）标记孔板。每个样品两行。阳性对照两行：如果该试验使用AIV标准抗血清，一行为

AIV参照毒株或分离株；另外一行用不同病毒与参考抗血清做交叉反应。阴性对照两行：一行有血清，不加病毒；另一行只加红细胞，无血清，无病毒。

3）用多道移液器向每孔加入25μL生理盐水。

4）向每一行的第一个孔中加入25μL标准抗血清（如H7N2或NDV抗血清）使第一孔中抗血清稀释2倍。使用多通道移液器，充分混匀后吸取25μL第一孔中液体至第二孔，如此倍比稀释至第12孔，从第12孔中吸取25μL液体弃去。在将液体转移到下一个孔之前，一定要使用移液枪反复吸、放3～4次以充分混匀。

5）HI检测用于鉴定病毒时，高效价的标准血清（如>128）需要稀释到合适的浓度（如1∶64、1∶128）作为HI试验用浓度，使该病毒阳性血清中和该病毒的HI效价滴度在血凝板每行12孔的中部孔（第6～7孔）为宜。因为HI检测用于鉴定病毒，待检样品的HI结果判定必须基于与该血清的阳性对照病毒HI结果比较，如二者的HI阳性结果都止于相同孔号，则待检样品与该阳性对照病毒完全相同；如少一孔或多一孔，也可判定相同；如两孔以上差异，则不同。因此，标准血清HI试验用效价滴度应是1∶64或1∶128为宜，使其HI试验阳性对照效价滴度终止孔恰在血凝板每行12孔的中部孔，从而利于比较和判定测试样品的HI结果。

6）每孔加入25μL 8HAU病毒液，盖上血凝板盖，轻轻震荡混匀或者用手指轻敲孔板底部混匀。37℃孵育25min或者于室温下孵育30～40min。

7）使用多通道移液器向每孔加入50μL 0.5%（或1.0%）RBC溶液，从最后一孔开始稀释至第一个孔。加下一个孔板时，弃掉含有RBC溶液的枪头，换新枪头。盖上血凝盖板，置血凝板摇晃器或用手指轻划孔板底部，使RBC混匀。

8）由于HI试验是用于鉴定病毒，0.5%RBC每孔加25μL或50μL都是可以的，对最终结果没有影响。

9）孔板置于37℃孵育20～30min或室温下孵育，直到阴性对照孔形成RBC完全沉积为光滑圆点。之后立刻读取结果，因为阳性结果会随时间延长而变弱。

10）HI试验需要做回滴试验。用于做HI试验的所有标准病毒与HA阳性样品（稀释至每50μL样品8HAU）必须回滴验证，以确定每孔加入8HAU稀释正确。回滴试验要与HI试验同时进行。简单来说，就是在6个孔中，每孔加入50μL生理盐水，然后在第一孔中加入50μL HA稀释后的病毒液，然后倍比稀释到第6个孔，然后从最后一个孔中吸出50μL样品弃掉，最后每孔滴加50μL 0.5%RBC，37℃孵育20～30min。前3个孔应是HA阳性，但HA阳性强度可能会依次降低，因为第1个孔是4HAU（1∶2稀释）；第2个孔是2HAU（1∶4稀释）；第3个孔是1HAU（1∶8稀释）。后面3孔皆小于1HAU，故为HA阴性（图4-2和彩图2）。

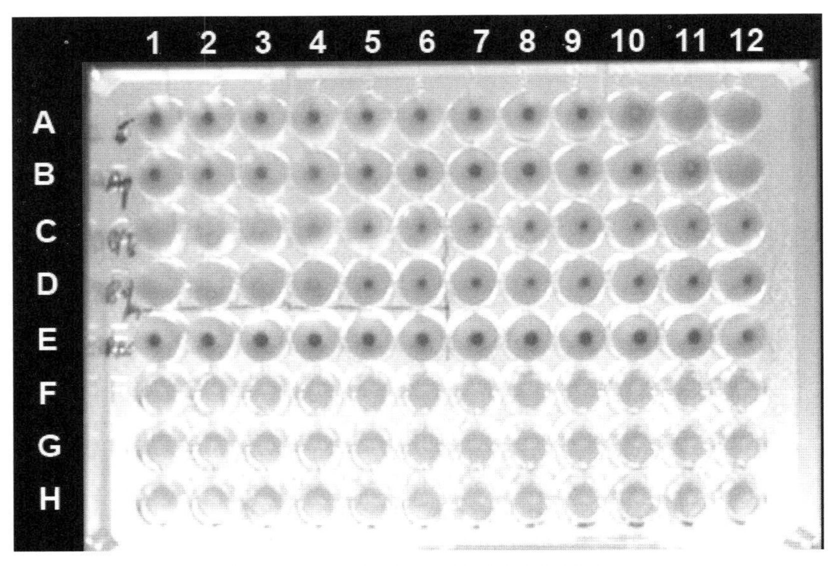

图4-2　HI试验对NDV鉴定的阳性结果

A行是NDV阳性对照，HI阳性$2^1\sim2^9$；B行是检测样品，HI阳性$2^1\sim2^{10}$；C行是8个HAU的检测样品回滴检验；D行是8个HAU的NDV回滴检验。

11）结果：RBC对照只有红细胞与生理盐水，故RBC对照必须出现RBC沉积为光滑圆点。如检测样品与RBC对照结果相同，则检测样品判定为HI阳性，即检测样品所含HA阳性病毒已被其抗血清中和，故称HI试验。

12）结果判定：为验证HI结果有效，样品的抗原回滴试验第1孔必须显示4（+），第2孔2（+），第3孔1（+），第4孔无凝集反应。该结果表示在HI试验中每个样品与对照都有有效抗原加入，即抗血清或血清抗体与病毒反应。

13）HI效价：HI滴度反映某一病毒的抗体滴度。为鉴定分离株的种类，对比分离株与标准病毒的HI滴度，对分离株的特异性与反应相似性进行分析。因此，分离株HI效价与标准毒株需要用相同抗血清反应，且结果要在1个稀释度内，来判定分离株与参考毒株种类相同。例如，PMV-1（NDV）标准毒株与PMV-1抗血清的HI效价为1∶64，未知病毒与PMV-1抗血清的HI效价为1∶64或1∶32或1∶128，可判定未知病毒为PMV-1。HI效价相差越大，病毒抗原表位相差越多，相同病毒的可能性越小。

14）标准抗血清质量：所有用于HI试验的阳性标准抗血清应为澄清淡黄色，需经过56℃水浴灭活30min。抗血清不影响RBC自然沉积反应，即抗血清加RBC对照同样出现RBC沉积为光滑圆点。

8.7 结果与HI效价

1）RBC对照只有生理盐水和RBC，反应结果RBC不溶血且形成一个光滑圆点，即RBC质量符合标准，试验有效。

2）抗血清与其病毒抗原的阳性对照，即用已知阳性血清中和其血清型病毒，使该血清型病毒的HA抗原活性被抗血清中和而抑制，即HI试验。因此，HI试验阳性结果是出现RBC沉积为光滑圆点（与HA试验阳性的无RBC沉积圆点结果恰好相反）。

3）病毒抗原的有效对照结果：样品的抗原回滴试验第1孔必须显示HA（+）/4HAU，第2孔HA（+）/2HAU，第三孔HA（+）/1HAU，第4孔无凝集反应HA（-）。该结果表示在HI试验中每个样品与对照都有有效抗原加入，即抗血清与病毒反应。

4）RBC若为紧密的纽扣状，表明HI阳性反应，完全血凝抑制，表示为4（+）。HI效价表示血清-病毒混合发生完全血凝抑制的最后一个稀释度。

5）以HI试验鉴定分离毒株是否是某种病毒，分离株HI效价与标准毒株需要用相同抗血清反应，且HI结果相同或仅差1个稀释度内，则判定分离株与参考毒株种类相同。例如，PMV-1（NDV）标准毒株与PMV-1抗血清的HI效价为1∶64，未知病毒与PMV-1抗血清的HI效价为1∶64或1∶32或1∶128，可判定未知病毒为PMV-1（NDV）。

6）HI阳性结果强弱可分为4种类型：1（+）、2（+）、3（+）、4（+）。4（+）是完全光滑整洁的RBC凝集点，3（+）是光滑但不整洁的RBC凝集点或凝集点边缘不整，2（+）是RBC呈环状凝集，1（+）是RBC呈环状凝集且环内外边缘粗糙不齐。

7）HI试验阳性对照病毒或检测样品病毒的HI效价滴度即是其最后一个4（+）孔的1∶2^n稀释倍数。

参考文献

Cottral G E, 1978. Manual of Standardized Methods for Veterinary Microbiology[M]. Ithaca, New York: Cornell University Press.

Swayne D E, Glisson J, Jackwood M W, et al, 1998. A Laboratory Manual for the Isolation and Identification of Avian Pathogens[M]. 4th Edition. Kennett Square, Pennsylvania: The American Association of Avian Pathogens.

Williams S M, Dufour-Zavala L, Jackwood M W, et al, 2016. A Laboratory Manual for the Isolation, Identification and Characterization of Avian Pathogens[M]. 6th Edition. Jacksonville, Florida: American Association of Avian Pathogens.

第5章 琼脂凝胶免疫扩散试验

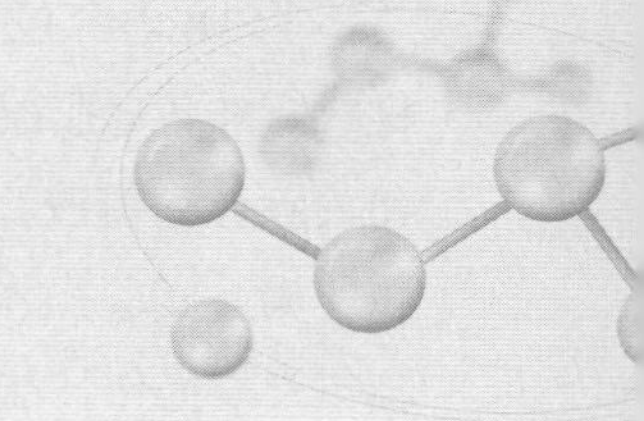

1 目的

应用半固体琼脂可使液体样品在其中扩散的原理，采用两点双向免疫扩散的方法，在琼脂平皿中打孔加待测样品（如检测组织匀浆或细胞培养液中的病毒抗原）。如两点间形成一条清晰的乳白色沉淀线，则抗体抗原反应阳性，因此该方法被称为琼脂凝胶免疫扩散（Agar Gel Immunodiffusion，AGID）试验。该方法既可用于检测病毒抗原，也可以用于检测血清或卵黄抗体。

2 范围

本SOP适用于禽病毒分离鉴定的实验人员。

3 安全须知

实验室工作人员都要穿好实验室工作服，在处理生物样品或与生物样品相关的所有工作时必须戴好乳胶手套，且操作必须在生物安全柜内进行。如工作期间需暂停工作接听电话、使用电脑、开门等，须摘下手套以避免生物样品污染公共设施。关于实验室安全规程详细内容，请参考本书第3章。

有关化学物质、生物危害物品及储备材料的安全处理应参照生物实验室的国家标准或国际标准，严格制定和执行细胞实验室安全管理条例，如美国生物危害物质的详细信息可通过CDC网站（www.cdc.gov/od/biosfty/bmbl5/bmbl5toc.htm）中第五版微生物和生物医药的生物安全（BMBL）查询。

4 培训要求

本SOP内容包括：组织样品的处理、鸡胚的收获、制备用于AGID试验的细胞培养材料、准备琼脂凝胶粉和相关材料、配制琼脂凝胶液、分盛琼脂平皿、琼脂平皿打孔和去除孔内凝胶。检测用标准毒株或阳性对照AGID抗体和抗原的制备、保存、稀释和使用。实验操作人员要理解和独立操作AGID试验、能解读AGID试验结果，掌握实验室常规操作技能和无菌操作技术。

5 审阅与修订

本SOP每年或定期审阅，如有程序调整要及时增补修订。

6 存档与分发

本SOP由实验室质量管理员归档并根据标准政策进行发放。本规程原始文件应由实验室的文件管理员存档保存，复印本发送给所有禽病诊断研究室的实验操作人员。

7 质量管理

AGID试验结果判定，必须基于阳性对照抗原和抗体的沉淀线，如检测样品与阳性对照的沉淀线相连且无交叉（折角相连的沉淀线），则该检测样品是AGID阳性；如检测样品无沉淀线或虽有沉淀线但与阳性对照呈交叉状，则该检测样品是AGID阴性。因此，每组AGID试验的圆周6个孔，设3个隔孔阳性对照与3个检测样品孔，或设2个隔孔阳性对照与4个检测样品孔。

8 实验方法

8.1 材料与设备

- 生物安全柜。
- 组织匀浆机、组织匀浆机样品袋。
- 生理盐水。
- 无菌离心管，15mL。
- 带螺旋盖的玻璃管。
- 玻璃平皿或聚丙烯平皿（直径100mm×高15mm）。
- 灭菌移液吸管，1mL、5mL、10mL。
- 吸管移液器或洗耳球。

- 各型号微量移液枪和相应型号无菌枪头。
- 培养皿或载玻片。
- NaCl，Nobel琼脂。
- 蒸馏水，湿盒（或盛有湿纸巾的自封袋即可）。
- 微波炉或高压无菌器。
- 阳性抗原和特异性抗血清。

8.2 样品选择

组织匀浆液、收获的细胞培养液、收获的鸡胚培养液或鸡胚。

8.3 样品处理

1）用生理盐水将组织按1∶2（*W/V*）稀释后，用组织匀浆机于样品袋中研磨组织（高速，3min）。将上清液转移至15mL离心管，贴标签（编号、检测疑似病毒、组织类别、试验日期）。

2）离心组织液，1 200g、4℃离心10min。如果样品在24h内使用，则于4℃保存，否则保存于－80℃冰柜中。收集血液析出的血清，于4℃保存。

注意事项：如果使用细胞培养物，反复冻融三次细胞瓶，可将细胞裂解并释放病毒；也可以将培养液超声破碎60s后，按照上述方法离心。

8.4 AGID琼脂液配制（100mL容量）

1）称取8g NaCl、1.25g琼脂（或琼脂糖）。

2）用蒸馏水定容至100mL，混匀。

3）15磅高压20min或者100%火力微波5min，待其冷却但尚未凝固时，分盛于玻璃平皿或塑料平皿，琼脂液容量随平皿面积而定，如100mm × 15mm的平皿中倒入约15mL，厚度以4 ~ 5mm为宜。

4）平皿内琼脂冷却凝固后，放入塑料袋内密封，2 ~ 8℃冰箱中保存备用。

5）AGID试验前，从冰箱中取出琼脂平皿，设计AGID试验组并打孔，用真空泵或者针头（弯曲针尖）去除孔内琼脂。

8.5 实验步骤

1）血清抗体检测：AGID试验组的中间孔加标准阳性抗原，周围6孔中每隔1孔或每隔2孔加标准阳性血清，隔留孔加检测血清样品，每孔40μL。

2）病毒抗原检测：AGID试验组的中间孔加标准阳性血清，周围6孔中每隔1孔或每隔2孔加标准阳性病毒抗原，隔留孔加检测病毒样品（如组织液、细胞液、胚蛋尿囊液等），每孔40μL。

3）AGID试验加样完成后，盖好平皿盖，将其置于密闭湿盒容器内，室温条件下孵育24～48h。

4）结果观察：AGID试验孵育后次日，置琼脂平皿于光源处（如照蛋灯或特制光源暗盒），观察是否出现沉淀线。如果24h内无沉淀线或有沉淀线但不清晰，则延长孵育至48h后再行观察结果。

8.6 结果分析

1）阳性结果：AGID试验的阳性结果必须是在血清孔和抗原孔之间形成一条清晰的沉淀线，并且检测样品的沉淀线必须与阳性对照的沉淀线对接相连而非交叉（图5-1和彩图3）。如果沉淀线交叉，则为非特异性反应，即检测样品中含有非特异性抗原（病毒抗原检测）或非特异性的抗体（血清抗体检测）。

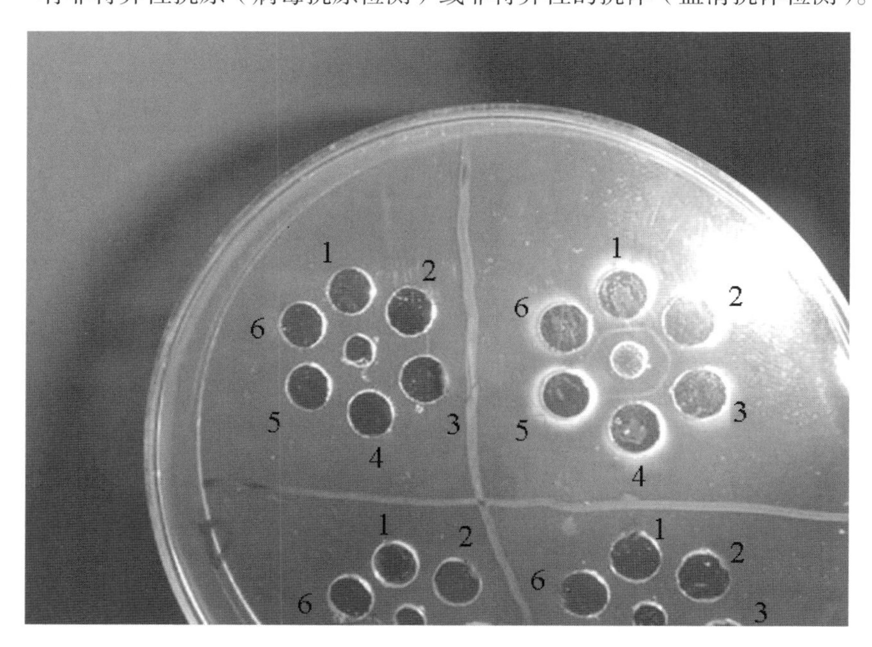

图5-1　AGID检测FAV的试验结果

第2、4、6孔是FAV阳性抗原（+）对照；第1、3孔是检测样品FAV（+）；第5孔为检测样品（–）；中间孔是FAV阳性血清。

2）阴性结果：AGID试验的阴性结果是不出现沉淀线。如果检测样品虽然出现沉淀线，但与阳性对照的沉淀线之间有直线交叉，则同样是阴性。

3）试验成立标准：阳性对照在24～48h内出现清晰沉淀线，阴性对照则不出现沉淀线。如果阴性对照虽有沉淀线但与阳性对照沉淀线为直线交叉，则仍为阴性，试验结果有效。尽管AGID试验与其他检测方法（如PCR）相比灵敏度不高，但若使用单一特异性的抗血清则能使其具有高度特异性。

参考文献

Cottral G E, 1978. Manual of Standardized Methods for Veterinary Microbiology[M]. Ithaca, New York: Cornell University Press.

Swayne D E, Glisson J, Jackwood M W, et al, 1998. A Laboratory Manual for the Isolation and Identification of Avian Pathogens[M]. 4th Edition. Kennett Square, Pennsylvania: The American Association of Avian Pathogens.

Tizard, Ian R, 2018. Veterinary Immunology [M]. 10th Edition. St. Louis: ELSEVIER.

第6章 鸡胚病毒滴度检测与中和试验

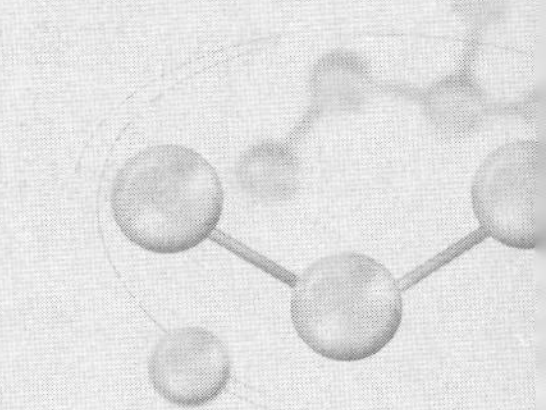

1 目的

应用鸡胚感染或致死结果对禽病毒进行致病性和滴度测定，即定性与定量试验。

2 范围

本SOP适用于从事禽病毒分离鉴定的实验人员。

3 安全须知

实验室工作人员都要穿好实验室工作服，在处理生物样品或与生物样品相关的所有工作时还要戴好乳胶手套，操作必须在生物安全柜内进行。如工作期间需暂停工作接听电话、使用电脑、开门等，须摘下手套以避免生物样品污染公共设施。关于实验室安全规程的详细内容，请参考本书第3章。

有关化学物质、生物危害物品及储备材料的安全处理应参照生物实验室的国家标准或国际标准，严格制定和执行细胞实验室安全管理条例，如美国生物危害物质的详细信息可通过CDC网站（www.cdc.gov/od/biosfty/bmbl5/bmbl5toc.htm）中第五版微生物和生物医药的生物安全（BMBL）查询。

4 培训要求

本SOP内容包括：熟练掌握孵化前的鸡种蛋质量检查方法、孵化中的正常鸡胚发育状态观察、接种后死亡鸡胚的判定方法和检查程序；掌握鸡胚接种和收获；掌握

HA和HI试验的操作技能及其稀释倍数的计算；熟练掌握实验室基本操作技能和无菌技术。实验者应该掌握和应用Reed-Muench公式计算鸡胚半数致死量（ELD_{50}）。

5 审阅与修订

本SOP每年或定期审阅，如有程序调整要及时增补修订。

6 存档与分发

本SOP由实验室质量管理员归档并根据标准政策进行发放。本规程原始文件应由实验室的文件管理员存档保存，复印本发送给所有禽病诊断研究室的实验操作人员。

7 质量管理

病毒滴度测定和中和试验需用SPF鸡胚（ECE）。每次接种时，用病毒稀释液（VTM）接种2～3个鸡胚作为阴性对照。中和试验中使用的血清和病毒应接种3～5个鸡胚，分别作为阴性和阳性对照。

8 实验方法

8.1 材料与设备

- 生物安全柜。
- 12mm×75mm的螺帽管。
- 微型涡旋震荡器。
- 生物废品安全袋、锐利废品（废弃针头和玻片等）生物安全容器。
- 乳胶手套。
- 病毒稀释液（VTM）。
- 鸡胚孵化器。
- 照蛋器。
- 蛋壳打孔锥。
- 无菌镊子和剪刀。
- 1mL注射器，配25G×5/8″（外径0.5mm×长15mm）针头。
- 9～11d的SPF鸡胚。
- 封蛋壳孔用胶水或蜡烛。
- 各型号微量移液枪和相应型号无菌枪头。

- 灭菌移液吸管，1mL、5mL、10mL。
- 吸管移液器或洗耳球。

8.2 病毒滴度测定方法

1）试验用试管和病毒稀释液（VTM）：准备一排9个带有管帽的无菌试管（4～5mL容量管为宜），试管编号从10^{-1}到10^{-9}，每管加0.9mL病毒稀释液或无菌PBS。

2）病毒10倍系列稀释：按下列步骤进行病毒滴度测定用的10倍系列稀释。

a. 用1mL容量吸管吸取0.1mL（或用微量移液枪取100μL）原病毒液，加入至第一个（10^{-1}）试管，随后弃去该加病毒用过的吸管（切记：不可用该吸管混合该试管内病毒液，也不可用该吸管移取该试管内病毒液至下一个稀释度管）。

b. 用新吸管混匀（吸放3～4次）第一试管内10^{-1}病毒液（或置试管微震器震荡混匀），然后吸取0.1mL（10^{-1}病毒液）至第二个稀释度管（10^{-2}），随后弃去该吸管。

c. 如上步骤进行从10^{-2}至10^{-3}，10^{-3}至10^{-4}…至10^{-9}的系列稀释。

3）鸡胚接种：按从高稀释度（10^{-9}）到低稀释度（10^{-1}）的顺序，每个病毒稀释度经尿囊腔（AC）接种5个鸡胚。用蛋壳打孔锥在气室膜上方1～2mm处打孔，使用1mL无菌注射器配25号针头，吸入0.5mL样品，将针头约45°（约与蛋壳平行，呈斜入状）刺入针头的2/3至尿囊腔中，每枚接种0.1mL，接种完毕后用蜡块封孔。

4）鸡胚接种后孵化6d，每天照胚，记录鸡胚的死亡数量，用Reed-Muench方法计算该病毒的鸡胚半数致死量（ELD_{50}）；如该病毒不致死鸡胚，则可检测接种每个病毒稀释度鸡胚的感染鸡胚数，从而计算鸡胚半数感染量（EID_{50}）。

8.3 中和试验50%终点病毒滴度计算

应用Reed-Muench方法计算中和试验50%终点病毒滴度（ELD_{50}或EID_{50}），见表6-1。

表6-1 Reed-Muench方法计算病毒ELD_{50}或EID_{50}

接种病毒稀释度	鸡胚		累计数值		死亡数/总数	死亡率(%)
	死亡数	存活数	死亡数 ↑	存活数 ↓		
10^{-3}	5	0	12	0	12/12	100
10^{-4}	4	1	7	1	7/8	88
10^{-5}	2	3	3	4	3/7	43
10^{-6}	1	4	1	8	1/9	11

首先计算死亡鸡胚和存活鸡胚的累计数量，再计算每个稀释度鸡胚的死亡数量与接种鸡胚总数的百分数比例，然后确定以50%为中点的上下两个稀释度（表6-1）。如表6-1所示，50%死亡率的上下两个稀释度在10^{-4}（88%）和10^{-5}（43%）之间，因此应用下面的公式可以计算88%（10^{-4}稀释度）和43%（10^{-5}稀释度）与50%之间的距离比例：

$$距离比例=\frac{高于50\%的感染率-50\%}{高于50\%的感染率-低于50\%的感染率}$$

将表6-1中的数字代入公式，即

$$距离比例=\frac{88-50}{88-43}=\frac{38}{45}=0.84$$

$\lg(ELD_{50}或EID_{50})=\lg(高于50\%的稀释度对数)+距离比例\times稀释系数对数$

即　$\lg ELD_{50}=-4+0.84\times(-1)=-4.84$

因此，该病毒的鸡胚半数致死量$ELD_{50}=10^{-4.84}$。

1）ELD_{50}/mL是病毒效价滴度的最常用定量标准，如该病毒效价滴度ELD_{50}为$10^{-4.84}$/0.1mL。

2）如果稀释度不是10的倍数，那么距离比例必须乘以这个数（稀释系数）的对数值。例如，对于5倍稀释度，如10^{-1}、$10^{-1.7}$、$10^{-2.4}$，需要用距离比例乘以0.699 0，对于10倍稀释，稀释系数（10）的对数是1.0。

8.4 病毒中和试验（固定血清效价浓度中和各系列稀释度病毒法）

1）中和试验用试管准备和试管加样：取6行×12格/行小试管架，如检测两份血清样品，则需放置5行小试管，每行8个试管（表6-2）。

表6-2　血清病毒中和试验设计方案

管架行号	试管序号	1	2	3	4	5	6	7	8
	稀释倍数	10^{-1}	10^{-2}	10^{-3}	10^{-4}	10^{-5}	10^{-6}	10^{-7}	10^{-8}
1	容量（mL）	2.0	2.0	2.0	2.0	2.0	2.0	2.0	2.0
2	阴性血清	0.4[A]	0.4[A]	0.4[A]	0.4[A]	0.4	0.4	0.4	0.4
3	阳性血清	0.4	0.4	0.4	0.4	0.4[B]	0.4[B]	0.4[B]	0.4[B]
4	检测血清[C]	0.4	0.4	0.4	0.4	0.4	0.4	0.4	0.4
5	检测血清[C]								

注：[A]假设病毒效价滴度为10^{-6}或10^{-7}，则阴性血清1～4管可省略不做。
[B]假设阳性血清中和掉4log2的10^{-6}或10^{-7}稀释度病毒，则阳性血清5～8管可省略不做。
[C]检测血清样品示例。

每行试管的样品类别及加样容量如下：

第1行：10^{-1} ~ 10^{-8}系列稀释病毒液，每个试管每个稀释度为2mL。

第2行：阴性血清，每个试管0.4mL，1 ~ 8试管，该行为阴性血清对照（病毒不被中和对照）。

第3行：阳性血清，每个试管0.4mL，1 ~ 8试管，该行为阳性血清对照（病毒被中和对照）。

第4行：检测血清1，10^{-1} ~ 10^{-8}，每个试管0.4mL，1 ~ 8试管。

第5行：检测血清2，10^{-1} ~ 10^{-8}，每个试管0.4mL，1 ~ 8试管。

2）说明事项。

a. 标准血清按照以下要求稀释：如果病毒的稀释终点是10^{-6}或10^{-7}，阴性血清的前5个试管可以省略不测；如果血清能中和4log2的病毒，并且病毒的稀释终点是10^{-6}或10^{-7}，阳性血清行的最后4个试管可以省略不测。

b. 中和试验病毒加样，先从第1行的第8个10^{-8}试管开始，分别吸取0.4mL病毒液，依次分别加到第2、3、4和5行的第8个试管；用同样方法，将第1行的第7试管10^{-7}病毒液加到其他行的第7试管；依次由后向前，直至最后完成第1行第1试管的10^{-1}病毒液加到其他行的第1试管。

c. 如病毒效价滴度已测知，则稀释到3 ~ 5个稀释度就能很好地包含后续试验的稀释终点范围。通常待检血清必须用一个宽广的病毒稀释范围以确保有效判定中和试验结果，即包含能被血清中和与不能被血清中和的两个病毒稀释滴度端点。

3）抗原抗体中和反应：试管加样完成后，置于试管震荡器使其管内病毒和血清混合均匀，于室温（20 ~ 25℃）孵育1h，或于37℃恒温箱内孵育40min。

4）鸡胚接种：从检测血清组第8管（最高的病毒稀释倍数10^{-8}）开始，每个鸡胚接种0.1mL，每个试管样品至少接种5枚鸡胚；然后依次向前，即10^{-7}、10^{-6}、10^{-5}…10^{-1}；因为由后向前各试管样品中，血清浓度恒定，病毒浓度由低至高，故可以用同一注射器完成同组8个试管样品接种（这种方法可避免过多使用接种针和注射器）。所有样品测试组，包括阴性和阳性对照组，皆照此操作。

5）鸡胚孵化：鸡胚接种完成封孔后，放入鸡胚孵化器中孵化5 ~ 7d（基于病毒种类而定），每日照胚，检查有无死亡鸡胚。如需鸡胚病变特征来进行病毒定量，则需要检查死胚产生的病变（如鸡胚出血、畸形足和鸡胚发育不良等）。

孵育期结束后，将剩余存活鸡胚放入4℃冰箱中冷藏4h或过夜，然后进行鸡胚病变的相关检查。记录存活和死亡的鸡胚数，同时记录阳性和阴性对照的病变。

8.5 病毒中和指数的计算和解释

1）血清的中和指数（NI）与已知病毒对照组（阴性对照）的滴度和血清病毒混合液的滴度是不同的，它是没有单位的，例如：

T = 病毒对照组滴度的对数值（或阴性血清+病毒混合液）= 6.5

阳性血清+病毒混合液滴度的对数值=2.5

差值NI=4.0

$$中和指数=\frac{试验组LD_{50}}{对照组LD_{50}}$$

2）如果中和值大于10，表明该病毒的抗体在参考血清的范围内，抗体的中和值越大，证明和相应的病毒表位、病毒性的抗原血清相关性越大（表6-3）。

表6-3 病毒血清中和指数计算

血清	病毒稀释倍数（lg）									
	−1	−2	−3	−4	−5	−6	−7	−8	ID_{50}[A]	NI[A]
阴性血清（病毒对照）					5/5[B]	4/5	1/5	0/5	6.5[C]	
阳性血清	5/5	5/5	0/5						2.5	4.0
检测血清			5/5	3/5	0/5	0/5			4.2	2.3
检测血清			2/5	0/5	0/5	0/5			<2.8	>3.7
检测血清			5/5	5/5	5/5	4/5			>6.0	<0.5

注：[A]缩写：ID_{50} = 半数感染剂量；NI=中和指数。

[B]表中分数是死亡数/接种数。

[C]应用Reed–Muench方法计算的效价滴度。

9 结果解释

病毒中和指数用来判定未知的病毒（用一个已知的抗血清）或者未知的血清（用已知的病毒）。以上描述的固定血清、稀释病毒的方法被称为α法。相反，固定病毒、稀释血清的方法是β法。

参考文献

Cottral G E, 1978. Manual of Standardized Methods for Veterinary Microbiology[M]. Ithaca, New York: Cornell University Press.

Swayne D E, Glisson J, Jackwood M W, et al, 1998. A Laboratory Manual for the Isolation and Identification of Avian Pathogens[M]. 4th Edition. Kennett Square, Pennsylvania: The American Association of Avian Pathogens.

Williams S M, Dufour-Zavala L, Jackwood M W, et al, 2016. A Laboratory Manual for the Isolation, Identification and Characterization of Avian Pathogens[M].6th Edition. Jacksonville, Florida: American Association of Avian Pathogens.

第7章 鸡胚成纤维原代细胞的制备、培养和冻存

1 目的

鸡胚原代和二代成纤维（Chicken Embryo Fibroblast，CEF）细胞的制备、培养是许多禽源病毒分离和病毒生长增殖的最佳细胞系，特别是疱疹病毒和呼肠孤病毒。鸡胚CEF细胞的制备程序，同样适用于其他家禽原代细胞制备、培养。

CEF原代细胞可在20～24h长满100%单层，然后可以收获CEF原代细胞并于液氮罐中冻存，需要时复苏培养第二代CEF单层细胞，接种样品而用于病毒分离、病毒效价滴度测定、血清病毒中和试验等。

2 适用范围

本SOP适用于从事禽类细胞培养和病毒分离鉴定的所有技术人员。

3 版本

本SOP是原始版本的修订版本。

4 安全须知

实验室工作人员都要穿好实验室工作服，在处理生物样品或与生物样品相关的所有工作时必须戴好乳胶手套，且操作必须在生物安全柜内进行。如工作期间需暂停工作接听电话、使用电脑、开门等，须摘下手套以避免生物样品污染公共设施。关于实验室安全规程详细内容，请参考本书第3章。

有关化学物质、生物危害物品及储备材料的安全处理应参照生物实验室的国家标准或国际标准，严格制定和执行细胞实验室安全管理条例，如美国生物危害物质的详细信息可通过CDC网站（www.cdc.gov/od/biosfty/bmbl5/bmbl5toc.htm）中第五版微生物和生物医药的生物安全（BMBL）查询。

5 培训要求

本SOP培训包括理解掌握常规和某些特殊实验操作技能：①鸡胚孵化、照胚和收胚；②收获鸡胚和培养细胞的无菌操作技术；③细胞培养基及试剂的配制；④安全处理生物试验和生物危害材料，各生物学实验中的质量控制；⑤其他如移液、离心、光学显微镜使用和细胞观察技术。

6 审阅与修订

本SOP每年或定期审阅，如有程序调整要及时增补修订。

7 存档与分发

本SOP由实验室质量管理员归档并根据标准政策进行发放。本规程原始文件应由实验室的文件管理员存档保存，复印本发送给所有禽病诊断研究室的实验操作人员。

8 质量管理

CEF细胞的生长状态应每天予以检查，对培养的原代或二代阴性对照CEF细胞进行评估或判定。健康的CEF细胞生长迅速，并且能在24～48h形成100%的完整单层。每次进行CEF细胞制备时，应特别准备一个T-12.5cm^{2}或T-25cm^{2}的细胞培养皿进行培养检查，直到5～7d或者更长时间，以确认CEF细胞的健康生长并且保持处于无污染状态。

9 CEF细胞的制备

9.1 材料与设备

- 鸡胚孵化器、照蛋器。
- 10～11d SPF鸡胚。
- 无菌器材：2个中型号的镊子、2个小型号的尖镊子、2个小型号的尖锋利剪刀、60mm×15mm或者150mm×15mm规格的无菌平皿。

- 50mL无菌玻璃烧杯、100mL无菌玻璃瓶和无菌的磁力搅拌转子。
- 无菌离心管，15mL、45mL。
- 三层脱脂棉纱布包裹的洁净玻璃漏斗，包装后高压无菌处理。
- 细胞培养皿，T-175cm^2、T-150cm^2、T-75cm^2、T-25cm^2、T-12.5cm^2。
- 血细胞计数器。
- 低温离心机（转子适于15mL、45mL离心管）。
- 生物安全柜。
- 倒置显微镜。
- CO_2培养箱。
- 各型号微量移液枪和相应型号无菌枪头。
- 无菌移液吸管，1mL、5mL、10mL。
- 吸管移液器或洗耳球。
- 磁力搅拌器。
- 水浴锅（37℃）。
- 乳胶手套、生物（废品）安全袋。
- 25孔（5×5）试管盒、2mL试管、试管架。
- 二甲基亚砜（DMSO）。
- 冷冻细胞用冰盒。
- 细胞冻存管，1.5~2.0mL。

9.2 试剂

- 装70%乙醇用的喷雾瓶（400~500mL）。
- 硫酸庆大霉素，50mg/mL。
- 二联或三联混合霉素（青霉素、链霉素、氨苄西林）。
- 无菌生理盐水（含50μg/mL庆大霉素）。
- L-谷氨酰胺，储存于0.85%的NaCl中，终浓度为29.2mg/mL。
- 1×胰酶（使用前37℃水浴）。
- 胎牛血清（FBS），经56℃水浴灭能30min。
- 细胞培养基母液：DMEM（Dulbecco's modification of MEM）。

9.3 鸡胚细胞培养液

1）鸡胚细胞生长液（含10%FBS）配方（表7-1）。

表7-1　鸡胚细胞生长液或培养液（含10%FBS）配方

序号	试剂名称	容量（mL）
1	DMEM	438.5
2	FBS	50.0
3	L-谷氨酰胺	10.0
4	庆大霉素（10mg/mL）或二联、三联混合霉素	1.5

2）鸡胚细胞维持液（含2%FBS）配方（表7-2）。

表7-2　鸡胚细胞维持液（含2%FBS）配方

序号	试剂名称	容量（mL）
1	DMEM	478.5
2	FBS	10.0
3	L-谷氨酰胺	10.0
4	庆大霉素（10mg/mL）或二联、三联混合霉素	1.5

3）细胞冻存液（含10%DMSO）配方（表7-3）。

表7-3　细胞冻存液（含10%DMSO）配方

序号	试剂名称	容量（mL）
1	含10%FBS细胞生长液	9.0
2	DMSO	1.0

9.4 CEF细胞制备方法

1）试剂：将细胞生长液、1×胰酶、无菌PBS放入37℃水浴锅里预热。

注意事项：估算每次用量，如200mL细胞生长培养基、100mL胰酶、200mL PBS。

2）鸡胚：照胚观察，选择发育良好鸡胚，用铅笔画出气室的位置，每次制备CEF原代细胞使用8～12个鸡胚为宜。

3）胚蛋壳消毒：将鸡蛋放入鸡蛋托盘，用70%乙醇喷洒蛋壳，置于细胞培养用的生物安全柜中。

4）蛋壳开启：一手（左手）托住胚蛋，另一手（右手）拿镊子敲破气室处蛋壳，移去蛋壳碎片，打开气室蛋壳，将胚蛋放回蛋托盘。

5）鸡胚收获：用无菌镊子剥离气室膜，暴露鸡胚，用镊子钳住鸡胚脖颈部位，小心提出鸡胚，再用一个新镊子去除卵黄囊，注意不要破损卵黄囊至鸡胚腹腔（卵黄液对细胞有毒性）。

6）CEF细胞组织收获：使用新镊子，将鸡胚转移到一个无菌盘中，然后去除头部、翅膀、腿和内脏。将剩下的躯体部分放入盛有20～30mL无菌PBS（提前预热至37℃）的小烧杯（50～100mL）或玻璃容器中。将蛋壳和鸡胚去除部分放入生物废品安全袋，进行无害化处理（焚烧或高压灭菌）。

7）CEF细胞组织清洗剪碎：收获鸡胚后，弃去烧杯中的PBS，再加入20～30mL无菌PBS（37℃水浴回温）洗涤一次，弃去PBS，用锋利的剪刀剪碎成纤维细胞组织。

8）CEF细胞组织的胰酶消化准备：加入30～40mL无菌PBS（37℃水浴回温）于盛放成纤维细胞组织的烧杯中，然后转移到100mL无菌瓶中进行胰酶消化，待胚组织碎片沉淀后，吸出或弃去PBS，放置一个无菌转子于玻璃瓶中。

9）CEF细胞组织的胰酶消化：加入30～40mL 1×胰酶（37℃水浴回温）于玻璃瓶中，将其成纤维细胞组织瓶置于37℃水浴锅进行胰酶消化。

10）每4～5min将玻璃瓶从水浴锅转移到磁力搅拌器上，低速启动磁力搅拌器2min，重复这个过程三次。此时，上清液逐渐变得浑浊，表明已有成纤维细胞游离于溶液中，即组织已经开始得到消化。

11）CEF细胞过滤准备：将包有三层纱布的玻璃漏斗（经高压无菌）置于45mL无菌离心管中，离心管中盛有5mL的FBS（每次制备CEF细胞需准备4个这样的离心管且冰浴）。

12）CEF细胞过滤：将经胰酶消化的成纤维细胞上清液用无菌吸管移入玻璃漏斗，经纱布过滤到45mL离心管内。

13）重复上面9～10步骤2～3次，组织应该被完全或者大部分消化。

14）CEF细胞离心沉淀：将过滤到45mL离心管中的CEF细胞离心沉淀，800～900r/min、4℃离心10min。

15）CEF细胞收集：轻轻吸出或倾斜倒掉上清液（不要直立倾倒），随即将每管CEF细胞用3～5mL细胞生长培养液悬浮并集中移入同一个15mL离心管中，800～900r/min、4℃离心10min。

16）CEF细胞稀释：离心读取CEF细胞沉淀于离心管底部的体积刻度，按照1:200的稀释倍数加入10%FBS细胞培养液。

注意事项：沉淀CEF细胞再悬浮，保留离心加入的细胞培养液，用移液器反复吹吸15mL离心管中的沉淀细胞至均匀悬浮，然后转移CEF细胞悬浮液到一个大的细胞培养皿（如T-75cm^{2}细胞培养皿），然后加入细胞生长培养液至最终稀释倍数1：200。

17）细胞液加入细胞培养皿：按细胞培养皿面积T-25cm^{2}加5mL细胞液为参照标准，则T-12.5cm^2（25cm^2 × 1/2）细胞培养皿加2.5mL（5mL × 1/2）细胞液；T-75cm^2（25cm^2 × 3）细胞培养皿加15mL（5mL × 3）细胞液；T-150cm^{2}细胞培养皿加30mL细胞液。在细胞瓶上标记日期、CEF细胞和代次。将细胞培养皿放入37℃、5%CO_2细胞培养箱中培养。

18）CEF原代细胞通常在24 ~ 48h内长满单层。如直接进行CEF细胞二代培养，则按1:（3 ~ 6）的培养皿面积倍数，准备二代CEF细胞培养皿个数和相应的原代CEF细胞培养液容积。二代CEF细胞可用于禽病毒分离或者病毒生产增殖。不进行二代培养的CEF原代细胞应经胰酶消化，收获、离心、稀释、分装、冻存备用。

19）**注意事项：**①CEF原代细胞培养通常是作为CEF原代种细胞而冻存、备用；②根据诊断需要，冻存的CEF原代种细胞可以随时复苏培养而得到二代CEF，以供接种临床样品、进行禽病毒分离；③第三代的CEF细胞很少使用，因为超过三代的CEF细胞会降低对病毒的易感性而不宜用于诊断。

9.5 收获和冻存CEF细胞

1）细胞冻存管和冻存液准备：以1.8mL容积冻存管为宜；冻存管数量的确定方法是以T-25cm^{2}培养皿为单位计算的，即一个T-25cm^{2}培养皿收获的细胞（离心沉淀）加1mL细胞冻存液悬浮均匀，装一个1.8mL冻存管；以此为标准，则T-75cm^{2}培养皿细胞可以装3个1.8mL冻存管；T-150cm^{2}培养皿细胞可以装6个1.8mL冻存管，以此类推，确定每次收获冻存细胞所需的冻存液和冻存管总数。细胞冻存液是10%FBS细胞生长培养基加DMSO，比例为9:1。细胞冻存液配备完毕后置于4℃冰箱预冷存放。

2）容积1.8mL冻存管标记：在冻存细胞装管前，用永久墨水笔标记冻存管，如CEF细胞、编号、收获日期。冻存管标记完毕后整齐摆放于1.8mL试管盘（以金属试管盘为佳），置－20℃或－80℃冰柜冷冻存放。

3）CEF单层细胞PBS清洗：从37℃细胞培养箱中取出CEF细胞培养皿，于生物安全柜内进行单层细胞PBS清洗。首先轻轻摇动培养皿使其沉积物（游离细胞及碎片等）悬浮于溶液中而一并吸出，再加适量无菌PBS清洗一次

（T-25 ~ T-75cm^{2}培养皿/3 ~ 5mL PBS；T-150cm^{2}培养皿/5 ~ 10mL PBS），轻轻摇动，吸出PBS。此时培养皿内只有单层CEF细胞而无任何液体。

4）CEF单层细胞胰酶消化准备：加1×工作浓度的胰酶-EDTA于CEF单层细胞培养皿内（为确保胰酶覆盖全部细胞层，T-25cm^{2}培养皿内加0.5mL胰酶；T-75cm^{2}培养皿内加1.5mL胰酶；T-150cm^{2}培养皿内加3mL胰酶）。加入胰酶后，每2 ~ 3min侧倾几次以保持胰酶覆盖全部细胞层。

5）CEF细胞胰酶消化观察和操作：观察细胞层逐渐呈筛孔状变化，约50%筛孔状或众多细胞开始脱落时，一手平拿培养皿惯性撞击另一手掌，则全部细胞层解体脱落。然后用吸液管重复吸放几次，使整个单层细胞都变成单个的CEF细胞。

6）CEF细胞胰酶消化终止：于每个细胞皿/瓶中加入适量的10%FBS细胞生长液以终止胰酶消化，如T-75 ~ 150cm^{2}的培养皿/瓶中需加入5mL，摇晃洗掉所有的细胞并且将细胞转移到无菌的45mL离心管中。各细胞培养皿/瓶可再用生长液清洗一次以收集全部CEF细胞。

7）CEF细胞收集：将从每个细胞培养瓶中收获的细胞都放入45mL的离心管中，800 ~ 900r/min（转子半径15cm的离心机），4℃冷温低速离心10min。

注意事项：离心机转速（r/min）与离心力（*g*）对照换算，见第45章。

8）CEF细胞离心沉淀：离心之后，在生物安全柜里将离心管放到冰浴上，吸除上清液，加入预冷的细胞冷冻培养基（10%FBS细胞生长培养基加10%DMSO）。细胞冷冻培养基容积的计算方式见步骤1。

9）CEF细胞分装和−80℃冻存：从冰柜取出冻存管（连同冻存盘），在生物安全柜中，快速将细胞分装到细胞冻存管中，每个冻存管1mL，完全分装后，置−80℃冰柜冻存。

10）液氮罐冻存：−80℃冷冻保存24h之后，转移所有冻存好的细胞至25孔（5×5=25）冻存盒（液氮罐冻存盒），标记好CEF细胞的编号和日期，最后将整个冻存盒放入液氮罐中。

参考文献

Dotson J F, Castro A E, 1988. Establishment, characteristics, and diagnostic uses of cell cultures derived from tissues of exotic species[J]. Journal of Tissue

Culture Methods,11(3): 113-121.

Doyle A, Griffiths J B, Newell D G, 1998. Cell and Tissue Culture: Laboratory Procedures[M]. Hoboken, New Jersey: Wiley Publisher.

Freshney R I, 1988. Culture of Animal Cells: A Manual of Basic Technique[M]. 2nd Edition. New York: Alan R. Liss Inc.

Freshney R I, 2010. Culture of Animal Cells: A Manual of Basic Technique and Specialized Applications[M]. 6th Edition. Hoboken, New Jersey: Wiley-Blackwell.

Hay R, 1992. ATCC Quality Control Methods for Cell Lines[M]. 2nd Edition. Rockville, Maryland: American Type Culture Collection.

Paul J, 1975. Cell and Tissue Culture[M]. 5th Edition. London: Churchill Livingstone Publishers.

第8章 鸡胚肾原代细胞的制备、培养和冻存

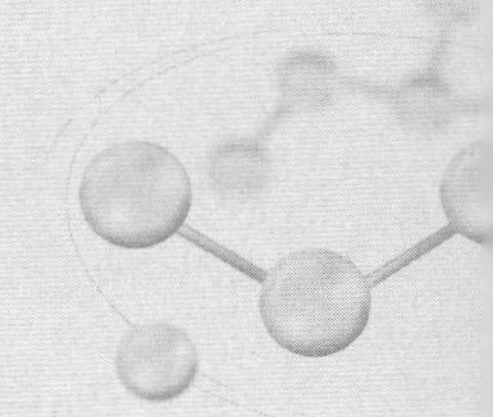

1 目的

鸡胚肾（Chicken Embryo Kidney，CEK）原代和二代细胞是分离培养许多禽源病毒和病毒生长增殖的最佳细胞系。CEK细胞培养的操作步骤同样适用于其他禽类肾细胞培养。原代细胞与传代细胞的培养操作应在各自专用的生物安全柜或超净工作台中进行。

CEK原代单层细胞培养应在24～48h内长满（100%覆盖）细胞培养皿底面。通常收获CEK原代细胞为CEK种细胞，收获后置于液氮罐冻存。二代CEK单层细胞培养用于病毒分离、病毒效价滴度测定和血清病毒中和试验等。

2 适用范围

本SOP适用于从事禽类细胞培养和禽病毒分离鉴定的技术人员。

3 版本

本SOP是原始版本的修订版本。

4 安全须知

实验室工作人员都要穿好实验室工作服，在处理生物样品或与生物样品相关的所有工作时必须戴好乳胶手套，且操作必须在生物安全柜内进行。如工作期间需暂停工作接听电话、使用电脑、开门等，须摘下手套以避免生物样品污染公共设施。关于实

验室安全规程详细内容，请参考本书第3章。

有关化学物质、生物危害物品及储备材料的安全处理应参照生物实验室的国家标准或国际标准，严格制定和执行细胞实验室安全管理条例，如美国生物危害物质的详细信息可通过CDC网站（www.cdc.gov/od/biosfty/bmbl5/bmbl5toc.htm）中第五版微生物和生物医药的生物安全（BMBL）查询。

5 培训要求

本SOP培训包括理解掌握常规和某些特殊实验操作技能，生物实验室技能和专项细胞培养技能，如①鸡胚孵化、照胚和收胚；②鸡胚肾组织收获和细胞培养过程的无菌技术操作；③各种细胞培养基及相关试剂的配制；④生物试验和生物危害材料的安全处理、生物学实验要求的质量控制；⑤其他如移液、离心、光学显微镜使用和细胞观察技术等。

6 审阅与修订

本SOP每年或定期审阅，如有程序调整要及时增补修订。

7 存档与分发

本SOP由实验室质量管理员归档并根据标准政策进行发放。本规程原始文件应由实验室的文件管理员存档保存，复印本发送给所有禽病诊断研究室的实验操作人员。

8 质量管理

CEK细胞生长状态通常应每天观察1～2次。CEK原代和二代细胞生长迅速，24～48h或48～72h可形成完整单层CEK细胞或100%覆盖细胞培养皿。每次制备CEK原代或二代细胞时，应特别准备1～2个T-12.5cm^{2}或T-25cm^{2}的细胞培养皿以供CEK细胞培养期内每天进行CEK细胞的生长状态及质量检查。观察期为5～7d或者更长，以确认CEK细胞的健康生长并且保持处于纯净无污染。

9 CEK原代细胞制备前各项器材准备

9.1 材料与设备

- 鸡胚孵化器、照蛋器、铅笔（标记健康发育/无发育鸡胚）。
- 18～19d SPF鸡胚。
- 无菌器材：2个中号镊子、1个小号尖端弯曲的镊子、1个小号锋利剪、

60mm × 15mm或150mm × 15mm型号无菌平皿。

- 50mL无菌玻璃烧杯。
- 1个供胰酶消化用的100mL无菌玻璃瓶和1个无菌磁力搅拌转子。
- 无菌离心管，15mL、45mL。
- 三层脱脂棉纱布包裹的洁净玻璃漏斗，包装后高压无菌处理。
- 细胞培养皿，T-175cm^2或T-150cm^2、T-75cm^2、T-25cm^2、T-12.5cm^2。
- 血细胞计数器。
- 低温离心机（转子适于15mL、45mL离心管）。
- 生物安全柜。
- 倒置显微镜。
- CO_2培养箱。
- 各型号微量移液枪和相应型号无菌枪头。
- 灭菌移液吸管，1mL、5mL、10mL。
- 吸管移液器或洗耳球。
- 磁力搅拌器和磁力搅拌转子。
- 水浴锅（37℃）。
- 乳胶手套、生物废品安全袋、锐利废品（废弃针头和玻片等）生物安全容器。
- N25孔（5 × 5）试管盒、1.5 ~ 1.8mL试管、试管托盘/架。
- 1.5 ~ 1.8mL试管冷冻冰盒或金属托盘。

9.2 试剂

- 硫酸庆大霉素，50mg/mL。
- 二联或三联混合霉素（如青霉素、链霉素、氨苄西林）。
- 卡那霉素，5 000μg/mL。
- 无菌生理盐水（含终浓度5μg/mL庆大霉素）。
- L-谷氨酰胺溶于0.85%的NaCl中，终浓度29.2mg/mL。
- 胎牛血清（FBS），56℃水浴灭活30min。
- 细胞培养基母液（Dulbecco’s modification of MEM，DMEM）。
- 二甲基亚砜（DMSO）。
- 胰酶-EDTA溶液。
- 台盼蓝溶液。

9.3 鸡胚细胞培养液配方

1）鸡胚细胞生长液配方（表8-1）。

表8-1　鸡胚细胞生长液（含10%FBS）配方

序号	试剂名称	容量（mL）
1	DMEM	438.5
2	FBS	50.0
3	L-谷氨酰胺	10.0
4	庆大霉素（10mg/mL）或二联、三联混合霉素	1.5

注：混匀后须在2～7℃条件下保存。

2）鸡胚细胞维持液配方（表8-2）。

表8-2　鸡胚细胞维持液（含2%FBS）配方

序号	试剂名称	容量（mL）
1	DMEM	478.5
2	胎牛血清（FBS）	10.0
3	L-谷氨酰胺	10.0
4	庆大霉素（10mg/mL）或二联、三联混合霉素	1.5

3）细胞冻存液配方（表8-3）。

表8-3　细胞冻存液（含10%DMSO）配方

序号	试剂名称	容量（mL）
1	10%FBS细胞生长液	9.0
2	DMSO	1.0

9.4 CEK原代细胞的制备步骤

1）试剂：将细胞生长培养基、1×胰酶、无菌PBS放入37℃水浴锅里预热。

注意事项：应估算每次的用量，如200mL细胞生长培养基、100mL胰酶、200mL PBS。

2）鸡胚：制备CEK原代细胞用18～19d鸡胚。照胚观察，选择发育良好鸡胚，用铅笔画出气室的位置，每次制备CEK原代细胞准备24～30个鸡胚为宜。

3）胚蛋壳消毒：将胚蛋放入鸡蛋托盘，用70%乙醇喷洒胚蛋壳，置于细胞培养用生物安全柜中。

4）蛋壳开启：一手（左手）托住胚蛋，另手（右手）拿镊子敲破气室处蛋壳，移去蛋壳碎片，打开气室，将胚蛋放回蛋托盘。

5）鸡胚收获：用无菌镊子剥离气室膜，暴露鸡胚，用镊子钳住鸡胚脖，小心提出鸡胚，再用另一个新镊子去除卵黄囊，注意不要破损卵黄囊至鸡胚腹腔（卵黄液对细胞有毒性）。转移鸡胚于无菌平皿里。每批次收获3～5个鸡胚为宜，随后按如下步骤操作。

6）鸡胚剖腹：两手各持一个中号镊子，用每个镊子的单腿从鸡胚腹部卵黄系带孔插入并向前到中腹部，然后用镊子钳住腹囊并向外扯开腹囊，或用剪刀剪开腹囊。胚腹剖开后，用镊子钳住肠道并拉出腹腔外，则见胚体背部中线两侧呈对称状的长型肾。

7）肾组织收获：用前端弯曲的小号镊子将胚背骨凹槽内镶嵌的肾组织剥离出来，将其放入盛有无菌PBS（20～30mL）的烧杯中（如50mL容积）。

注意事项：①在收获肾组织之前，盛有PBS的烧杯需温浴至37℃；②在进行下一批次胚肾收获前，清理好前批次胚蛋杂物，放入垃圾袋或者生物安全袋；③全部胚肾收获完成后，胚蛋按生物组织安全规则处理（焚烧或高压灭菌）。

8）肾组织清洗剪碎：从鸡胚收获胚肾之后，吸出或倒掉烧杯中的PBS，再加入20～30mL无菌PBS（37℃）清洗一次，弃去PBS，用无菌（高压灭菌）锋利剪刀剪碎全部胚肾。

9）肾组织胰酶消化准备：加入30～40mL无菌PBS（37℃水浴回温）至盛放胚肾的烧杯中，然后转移到100mL无菌瓶（胰酶消化用瓶），待胚肾组织碎片沉淀后，弃去PBS，放入一个无菌处理的磁力搅拌转子。

10）肾组织胰酶消化：加入30～40mL 1×胰酶（37℃水浴回温）于盛放胚肾的瓶中，将胚肾瓶放入37℃水浴锅进行胰酶消化处理。

11）每隔4～5min，将胚肾瓶从水浴锅中取出并放到磁力搅拌器上，低速搅拌2min，重复该过程三次，此时胚肾瓶中的胰酶逐渐变得混浊，表明胚肾组织已被消化释出肾细胞。

12）肾细胞过滤：置包有三层纱布的玻璃漏斗（经高压灭菌）于45mL灭菌离心管中，该离心管盛有5mL FBS（每次制备CEK细胞需准备4个同样的离心管，且冰浴）。

13）将胚肾瓶中经胰酶消化的上清液用无菌吸管移入玻璃漏斗，经纱布过滤到45mL离心管内。

14）重复上面10～13步骤2～3次，肾组织应该有80%～90%得到消化，弃掉残余碎片（大部分是结缔组织）。

15）肾细胞离心沉淀：将过滤到45mL离心管中的CEK细胞离心沉淀，800～900r/min（转子半径15cm的离心机）、4℃离心10min。

注意事项：离心机转速（r/min）与离心力（g）对照换算，见第45章。

16）肾细胞收集：轻轻吸出或倾斜倒掉上清液（不要直立倾倒），随即将每管中肾细胞用3～5mL细胞生长培养液悬浮并集中移入同一个15mL离心管中，800～900r/min、4℃离心10min。

17）肾细胞稀释（10%FBS细胞培养液）：离心后读取CEK细胞沉淀于离心管底部的体积刻度，按照1:（150～200）的稀释倍数加入10%FBS细胞培养液。

注意事项：①沉淀肾细胞再悬浮时，应保留离心加入的细胞培养液，用移液器反复吹吸该15mL离心管中的沉淀细胞至均匀悬浮，然后转移CEK细胞悬浮液到一个大的细胞培养皿（如T-75cm^2细胞培养皿），然后加入细胞生长培养液至最终稀释倍数1：150或1：200；②细胞稀释倍数的另一种方法可供选择，即使用细胞计数方法确定细胞的最终稀释倍数（见LMH细胞的制备方法），通常单位容积的细胞数量每毫升为1×10^5个细胞。细胞稀释倍数确定后，用10%FBS细胞培养液稀释原代种细胞，然后按下面步骤分配入各型号细胞培养皿，细胞液容积与细胞培养皿面积相对应。

18）细胞液移入细胞培养皿：按细胞培养皿面积T-25cm^2加5mL细胞液为参照标准，如T-12.5cm^2（25cm^2×1/2）细胞培养皿加2.5mL（5mL×1/2）细胞液；T-75cm^2（25cm^2×3）细胞培养皿加15mL（5mL×3）细胞液；T-150cm^2细胞培养皿加30mL细胞液。在细胞瓶上标记日期、CEK细胞和代次。将细胞培养皿放入37℃、5%CO_2细胞培养箱中培养。

19）CEK原代细胞通常在24～48h内长满单层：如直接进行CEK细胞二代培养，则按1:（3～4）的培养皿面积倍数，准备二代CEK培养皿个数和相应的原代肾细胞液容积。CEK二代细胞可用于禽病毒分离或者病毒生产增殖。不进行二代培养的CEK原代细胞应经胰酶消化，收获、离心、稀释、分装、冻存备用。

20）**注意事项：**CEK原代细胞培养通常是作为CEK原代种细胞进行冻存备用的。在禽病毒实验室，通常根据诊断的需要，冻存的CEK原代种细胞可以随时进行复苏培养CEK二代细胞，以供接种临床样品、进行禽病毒分离。CEK三代细胞一般不宜使用，因为超过三代的CEK细胞，其CEK细胞逐渐减少而CEF细胞增多，且细胞的病毒易感性也降低。

10 CEK细胞冻存

1）容积1.8mL冻存管数量确定：一个T-25cm^{2}培养皿收获的细胞（离心沉淀）加1mL细胞冻存液悬浮均匀，装一个1.8mL冻存管；以此为标准，则T-75cm^{2}培养皿细胞可以冻存3管；T-150cm^{2}培养皿细胞可以冻存6管，以此类推，可以确定每次收获冻存细胞所需的冻存液和冻存管总数。

2）容积1.8mL冻存管标记：在冻存细胞装管前，用永久墨水笔标记冻存管，如CEK细胞、编号、收获日期。

3）CEK单层细胞PBS清洗：从37℃细胞培养箱取出CEK细胞培养皿，于生物安全柜内进行单层细胞PBS清洗。首先轻轻摇动培养皿使其沉积物（游离细胞及碎片等）悬浮于溶液中而一并吸出，再加适量无菌PBS清洗一次（T-25～T-75cm^{2}培养皿/3～5mL PBS；T-150cm^{2}培养皿/5～10mL PBS），轻轻摇动，吸出PBS。此时培养皿内只有单层肾细胞而无液体。

4）CEK单层细胞胰酶消化：加1×工作浓度的胰酶-EDTA于CEK单层细胞培养皿内，为确保胰酶覆盖全部细胞层，T-25cm^{2}培养皿中加0.5mL胰酶；T-75cm^{2}培养皿中加1.5mL胰酶；T-150cm^{2}培养皿中加3mL胰酶。加入胰酶后，每2～3min做往返侧倾几次以保持胰酶覆盖全部细胞层，同时观察细胞层逐渐呈筛孔状变化，约50%筛孔状或众多细胞开始脱落时，一手平拿培养皿惯性撞击另一手掌，则全部细胞层解体脱落。

5）胰酶消化终止：当全部细胞层解体脱落后，加适量10%FBS细胞培养液于培养皿内，吹吸几次使其呈均匀细胞悬浮液。加细胞培养液悬浮胰酶消化细胞的标准为：T-25cm^{2}培养皿中加5mL细胞培养液；T-75cm^{2}培养皿中加15mL细胞培养液；T-150cm^{2}培养皿中加30mL细胞培养液。

6）CEK细胞收集：收集各培养皿内细胞液，放入45mL离心管中，800～900r/min（转子半径是15cm的离心机）、4℃离心10min。

7）CEK细胞离心沉淀：离心之后，在生物安全柜里将离心管放到冰浴上，倒掉上清液，加入预冷的细胞冻存液（含10%DMSO的生长培养基），细胞冷冻培养基的总体积可以根据第一步计算。

注意事项：细胞计量方法（见LMH细胞的试验方法）可以用来确定需要加入的冻存液的量。调整每瓶细胞的最少数量至每瓶细胞每毫升加入2.0×10^6个细胞。

8）CEK细胞分装后－80℃冻存：从冰箱里取出冻存管盒到生物安全柜中，快速将细胞分装到细胞冻存管中，每个管中1mL，完全分装后放入－80℃冰柜中冻存。

9）液氮罐冻存：–80℃冷冻24h之后，转移所有冻存好的细胞到25孔冻存盒内，标记好CEK细胞的编号和日期，最后将整个冻存盒放入液氮罐中。

11 CEK二代细胞的培养程序

1）从液氮罐中取出CEK细胞冻存管，放到37℃水浴快速解冻。

2）800 ~ 900r/min（转子半径是15cm的离心机）、4℃离心10min，弃去上清液，重悬细胞沉淀到1mL预热好的生长培养基中，最终的稀释比例是1∶15（1mL细胞悬浮液加入14mL生长培养基），进行次级的CEK细胞培养。

3）按照下面的比例分配细胞悬浮液：每个T-12.5cm^{2}细胞培养瓶2.5mL；或每个T-25cm^{2}细胞培养瓶5mL；或6孔板每孔1.5mL。T-12.5cm^{2}细胞培养瓶、T-25cm^{2}细胞培养瓶和6孔细胞培养板在以诊断分离为目的CEK次级细胞培养中使用最为频繁。

4）CEK细胞将在24 ~ 48h长满80% ~ 100%单层。此时的CEK细胞就可以用来接种分离样本中的禽源病毒了。

参考文献

Dotson J F, Castro A E, 1988. Establishment, characteristics, and diagnostic uses of cell cultures derived from tissues of exotic species[J]. Journal of Tissue Culture Methods,11(3): 113-121.

Doyle A, Griffiths J B, Newell D G, 1998. Cell and Tissue Culture: Laboratory Procedures[M]. Hoboken, New Jersey: Wiley Publisher.

Freshney R I, 1988. Culture of Animal Cells: A Manual of Basic Technique[M]. 2nd Edition. New York: Alan R. Liss Inc.

Freshney R I, 2010. Culture of Animal Cells: A Manual of Basic Technique and Specialized Applications[M]. 6th Edition. Hoboken, New Jersey: Wiley-Blackwell.

Hay R, 1992. ATCC Quality Control Methods for Cell Lines[M]. 2nd Edition. Rockville, Maryland: American Type Culture Collection.

Paul J, 1975. Cell and Tissue Culture[M]. 5th Edition. London: Churchill Livingstone Publishers.

第9章 鸡胚肝原代细胞的制备、培养和冻存

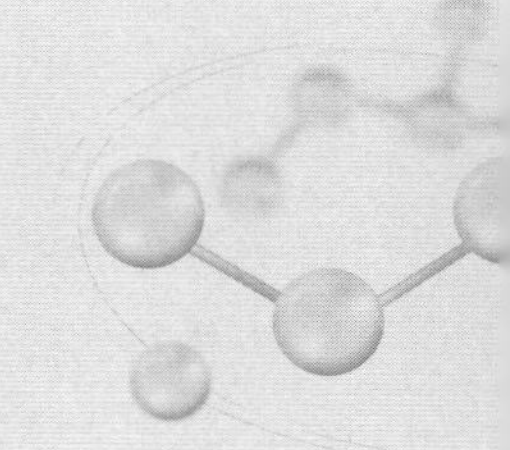

1 目的

鸡胚肝（Chicken Embryo Liver，CEL）原代和二代细胞是分离培养许多禽源病毒和病毒生长增殖的最佳细胞系。CEL细胞培养的操作步骤同样适用于其他禽类肝细胞培养。原代细胞与传代细胞的培养操作应在各自专用的生物安全柜或超净工作台中进行。

CEL原代单层细胞培养应在24 h内长满细胞培养皿底面。通常收获的CEL原代细胞为CEL种细胞，收获后置于液氮罐冻存。CEL二代单层细胞培养用于病毒分离、病毒效价滴度测定和血清病毒中和试验等。

2 适用范围

本SOP适用于从事禽类细胞培养和病毒分离鉴定的技术人员。

3 版本

本SOP是原始版本的修订版本。

4 安全须知

有关化学物质、生物危害物品及储备材料的安全处理应参照生物实验室的国家标准或国际标准，严格制定和执行细胞实验室安全管理条例，如美国生物危害物质的详细信息可通过CDC网站（www.cdc.gov/od/biosfty/bmbl5/bmbl5toc.htm）中第五版微生物和生物医药的生物安全（BMBL）查询。

5 培训要求

本SOP培训包括理解掌握细胞培养技能、常规生物实验室技能、专项细胞培养技能，如①鸡胚孵化、鸡胚发育观察、鸡胚组织器官收获；②鸡胚组织收获和细胞培养过程的无菌技术操作；③各种细胞培养基及相关试剂的配制；④生物试验和生物危害材料的安全处理、生物学实验要求的质量控制；⑤其他生物试验技术，如移液、离心、光学显微镜使用和细胞观察等。

6 审阅与修订

本SOP每年或定期审阅，如有程序调整要及时增补修订。

7 存档与分发

本SOP由实验室质量管理员归档并根据标准政策进行发放。本规程原始文件应由实验室的文件管理员存档保存，复印本发送给所有禽病诊断研究室的实验操作人员。

8 质量管理

CEL细胞生长状态应每天观察1~2次。CEL原代和二代细胞生长迅速，在24h之内可形成完整单层CEL细胞或100%覆盖细胞培养皿。每次制备CEL原代细胞或二代细胞，应特别准备1~2个T-12.5cm^{2}或T-25cm^{2}的细胞培养皿，以供CEL细胞培养期每天进行CEL细胞的生长状态及质量检查。观察期为5~7d或者更长，以确认CEL细胞的健康生长并且保持处于纯净无污染。

9 CEL细胞制备方法

9.1 材料与设备

- 鸡胚孵化器、照蛋器、铅笔（标记健康发育/无发育的鸡胚）。
- 14~15d SPF鸡胚。
- 无菌器材：2个中号镊子、1个小号尖端弯曲的镊子、1个小号锋利剪、60mm×15mm或150mm×15mm型号无菌平皿。
- 250mL无菌玻璃烧杯。
- 1个供胰酶消化用的100mL无菌玻璃瓶和1个无菌磁力搅拌转子。
- 无菌离心管，15mL、45mL。
- 三层脱脂棉纱布包裹的洁净玻璃漏斗，包装后高压无菌处理。

- 细胞培养皿，T-175cm^{2}或T-150cm^2、T-75cm^2、T-25cm^2、T-12.5cm^2。
- 血细胞计数器。
- 低温离心机（转子适于15mL、45mL离心管）。
- 生物安全柜。
- 倒置显微镜。
- CO_2培养箱。
- 各型号微量移液枪和相应型号无菌枪头。
- 灭菌移液吸管，1mL、5mL、10mL。
- 吸管移液器或洗耳球。
- 磁力搅拌器（搅拌磁力转子）。
- 水浴锅（37℃）。
- 乳胶手套、生物废品安全袋、锐利废品（废弃针头和玻片等）生物安全容器。
- N25孔（5×5）试管盒、1.5～1.8mL试管、试管托盘/架。
- 试管（1.5～1.8mL）冷冻冰盒或金属托盘。

9.2 试剂

- 硫酸庆大霉素，50mg/mL。
- 二联或三联混合霉素（如青霉素、链霉素、氨苄西林）。
- 卡那霉素，5 000μg/mL。
- 无菌生理盐水（含终浓度5μg/mL庆大霉素）。
- L-谷氨酰胺溶于0.85%的NaCl中，终浓度29.2mg/mL。
- 胎牛血清（FBS），56℃水浴灭活30min。
- 细胞培养基母液（Dulbecco's modification of Minimum Essential Medium，DMEM）。
- 二甲基亚砜（DMSO，细胞冻存保护液）。
- 胰酶-EDTA溶液。
- 台盼蓝溶液。

9.3 鸡胚细胞培养液配方

1）鸡胚细胞（如CEL、CEK、CEF）生长培养液配方见表9-1。

表9-1 鸡胚细胞（如CEL、CEK、CEF）生长液（含10%FBS）配方

序号	试剂名称	容量（mL）
1	DMEM	438.5
2	FBS	50.0

（续）

序号	试剂名称	容量（mL）
3	L-谷氨酰胺	10.0
4	庆大霉素（10mg/mL）或二联、三联混合霉素	1.5

注：混匀后须在2～7℃条件下保存。

2）鸡胚细胞（如CEL、CEK、CEF）维持液配方见表9-2。

表9-2　鸡胚细胞（如CEL、CEK、CEF）维持液（含2%FBS）配方

序号	试剂名称	容量（mL）
1	DMEM	478.5
2	胎牛血清（FBS）	10.0
3	L-谷氨酰胺	10.0
4	庆大霉素（10mg/mL）或二联、三联混合霉素	1.5

3）细胞冻存液配方见表9-3。

表9-3　细胞冻存液（含10%DMSO）配方

序号	试剂名称	容量（mL）
1	10%FBS细胞生长液	9.0
2	DMSO	1.0

10　CEL原代细胞的培养方法

1）试剂：将细胞生长培养基、1×胰酶、无菌PBS放入37℃水浴里预热（应估算每次使用量，如200mL生长培养基、100mL胰酶、200mL PBS）。

2）鸡胚：制备CEL原代细胞用14～15d鸡胚。照胚观察，并用铅笔标记出气室，每次制备CEL细胞使用12～15个鸡胚为宜。

3）胚蛋壳消毒：将胚蛋放入鸡蛋托盘，用70%乙醇喷洒胚蛋壳，放置于生物安全柜中。

4）蛋壳开启：一手（左手）托住胚蛋，另手（右手）拿镊子敲破气室处蛋壳，移去蛋壳碎片，打开气室，将胚蛋放回蛋托盘。

5）鸡胚收获：用无菌镊子剥离气室膜，暴露鸡胚，用镊子钳住鸡胚脖，小心提出鸡胚，再用另一个新镊子去除卵黄囊，注意不要破损卵黄囊至鸡胚腹腔（卵黄液对细胞有毒性）。将鸡胚转移到无菌平皿里。每批次收获3～5个鸡胚为宜，随后按如下步骤操作。

6）鸡胚剖腹及肝组织收获：两手各持一个中号镊子，用每个镊子的单腿从鸡胚腹部卵黄系带孔插入并向前到中腹部，然后用镊子钳住腹囊并向外扯开腹囊，暴露出肝脏，另用剪刀剪下整个完整的肝脏放入无菌平皿，去除胆囊，然后将其放入盛有无菌PBS（20～30mL）的烧杯中。

注意事项：①在收获肝组织之前，盛放PBS的烧杯需温浴至37℃；②在进行下一批次胚肝收获前，应清理好前批次胚蛋杂物，放入垃圾袋或者生物安全袋；③全部胚肝收获完成后，将胚蛋按生物组织安全规则处理（焚烧或高压灭菌处理）。

7）肝组织清洗剪碎：从鸡胚收获胚肝后，弃去烧杯中的PBS，再加入20～30mL无菌PBS（37℃）清洗一次，弃去PBS，用无菌（高压无菌）的锋利剪刀剪碎全部胚肝。

8）肝组织胰酶消化准备：加入30～40mL无菌PBS（37℃水浴回温）到盛放胚肝的烧杯中，然后转移到100mL无菌瓶（胰酶消化用瓶）中，待胚组织碎片沉淀后，弃去PBS，放入一个无菌的磁力搅拌转子于瓶中。

9）肝组织胰酶消化：加入30～40mL 1×胰酶（37℃水浴回温）至胚肝瓶，将胚肝瓶放入37℃水浴锅进行胰酶消化。

10）每隔4～5min，将胚肝瓶从水浴锅取出并放到磁力搅拌器上，低速搅拌2min，重复该过程三次，此时胚肝瓶中的胰酶逐渐变得浑浊，表明胚肝组织已被消化释出肝细胞。

11）肝细胞过滤：放置包有三层纱布的玻璃漏斗（经高压灭菌）于45mL无菌的离心管中，该离心管盛有5mL的FBS（每次制备CEL细胞需准备4个同样的离心管，且冰浴）。

12）将胚肝瓶中经胰酶消化的上清液用无菌吸管移入玻璃漏斗，经纱布过滤到45mL离心管内。

13）重复上面9～12步骤2～3次，肝组织应该有80%～90%被消化，弃去碎片（大部分是结缔组织）。

14）肝细胞离心沉淀：将过滤到45mL离心管中的CEL细胞离心沉淀，800～900 r/min（转子半径15cm的离心机）、4℃离心10min。

注意事项：离心机转速（r/min）与离心力（*g*）对照换算，见第45章。

15）肝细胞收集：轻轻吸出或倾斜倒掉上清液（不要直立倾倒），随即将每管肝细胞用3～5mL细胞生长培养液悬浮并集中移入同一个15mL离心管，

800～900r/min（转子半径15cm的离心机）、4℃离心10min。

16）肝细胞稀释（10%FBS细胞培养液）：离心后读取CEL细胞沉淀于离心管底部的体积刻度，按照1:（150～200）的稀释倍数加入10%FBS细胞培养液。

注意事项：沉淀肝细胞再悬浮时，应保留离心加入的细胞培养液，用移液吸管反复吹吸该15mL离心管中的沉淀细胞至均匀悬浮，然后转移CEL细胞悬浮液到一个大的细胞培养皿（如T-75cm^{2}细胞培养皿）作为临时容器，然后加入细胞生长培养液至最终稀释倍数1：150或1：200。

17）细胞稀释倍数的另一种方法也可供选择，即使用细胞计数方法确定细胞的最终稀释倍数（见LMH细胞的制备方法），通常单位容积的细胞数量为每毫升1×10^5个。细胞稀释倍数确定后，用10%FBS细胞培养液稀释种细胞。

18）细胞培养液稀释CEL种细胞完成后，按下面步骤分配入各型号细胞培养皿。细胞液容量与细胞培养皿面积相对应。

19）细胞液加入细胞培养皿：按细胞培养皿面积T-25cm^{2}加5mL细胞液为参照标准，如T-12.5cm^2（25cm^2 × 1/2）细胞培养皿中加2.5mL（5mL × 1/2）细胞液；或T-75cm^2（25cm^2 × 3）细胞培养皿加15mL（5mL × 3）细胞液；或T-150cm^{2}细胞培养皿加30mL细胞液。在细胞瓶上标记日期、CEL细胞和代次。将CEL细胞培养皿放入37℃、5%CO_2细胞培养箱中培养。

20）CEL细胞的传代：CEL原代细胞通常在24～48h内长满单层。如直接进行CEL细胞二代培养，则按1:（3～6）的培养皿面积倍数准备CEL二代细胞培养皿个数和相应的原代肝细胞液容积。CEL二代细胞可用于禽病毒分离或者病毒生产增殖。否则，全部CEL原代细胞培养皿经胰酶消化，收获、离心、稀释、分装、冻存CEL细胞。

21）**注意事项：**CEL原代细胞培养通常是作为CEL原代种细胞而冻存备用的。在禽病毒实验室，往往根据诊断的需要，将冻存的CEL原代种细胞随时复苏后培养CEL二代细胞，以供接种临床样品进行禽病毒分离。CEL三代细胞一般不宜使用，因为超过三代后的CEL细胞逐渐减少而CEF细胞增多，且细胞的病毒易感性也降低。

11　CEL细胞的冻存

1）容积1.8mL冻存管数量确定：一个T-25cm^{2}培养皿收获的细胞（离心沉淀）加1mL细胞冻存液悬浮均匀，装一个1.8mL冻存管；以此为标准，则T-75cm^{2}培养皿细胞可以冻存3管；T-150cm^{2}培养皿细胞可以冻存6管，以此类推，可以确定每次收获冻存细胞所需的冻存液和冻存管总数。

2）容积1.8mL冻存管标记：在冻存细胞装管前，用永久墨水笔标记冻存管，如CEL细胞、编号、收获日期。

3）CEL单层细胞PBS清洗：从37℃细胞培养箱取出CEL细胞培养皿，于生物安全柜内进行单层细胞PBS清洗。首先轻轻摇动培养皿使其沉积物（游离细胞及碎片等）悬浮于溶液中而一并吸出，再加适量无菌PBS清洗一次（T-25～T-75cm^{2}培养皿/3～5mL PBS；T-150cm^{2}培养皿/5～10mL PBS），轻轻摇动，吸出PBS。此时培养皿内只有单层肝细胞而无任何液体。

4）CEL单层细胞胰酶消化：加1×工作浓度的胰酶-EDTA于CEL单层细胞培养皿内，为确保胰酶覆盖全部细胞层，T-25cm^{2}培养皿中加0.5mL胰酶；T-75cm^{2}培养皿中加1.5mL胰酶；T-150cm^{2}培养皿中加3mL胰酶。加入胰酶后每2～3min，做往返侧倾几次以保持胰酶覆盖全部细胞层，同时观察细胞层逐渐呈筛孔状变化，约50%筛孔状或众多细胞开始脱落时，一手平拿培养皿惯性撞击另一手掌，则全部细胞层解体脱落。

5）胰酶消化终止：当全部细胞层解体脱落后，加适量10%FBS细胞培养液于培养皿内，吹吸几次使其呈均匀细胞悬浮液。加细胞培养液悬浮胰酶消化细胞的标准为：T-25cm^{2}培养皿中加5mL细胞培养液；T-75cm^{2}培养皿中加15mL细胞培养液；T-150cm^{2}培养皿中加30mL细胞培养液。

6）CEL细胞收集：收集各培养皿内细胞液，放入45mL离心管中，800～900r/min、4℃离心10min。

7）CEL细胞离心沉淀：离心之后，在生物安全柜里将离心管放到冰浴上，倒掉上清液，加入预冷的细胞冻存液（含10%DMSO的生长培养基），细胞冻存液的总体积可以根据第一步计算。

注意事项： 细胞计量方法（见LMH细胞的试验方法）可以用来确定需要加入的冻存液的量。调整每瓶细胞的最少数量是每瓶细胞每毫升加入2.0×10^6个细胞。

8）CEL细胞分装后−80℃冻存：从冰箱里取出冻存管盒到生物安全柜中，快速将细胞分装到细胞冻存管中，每个管中1mL，完全分装后放入−80℃超低温冰柜中冻存。

9）CEL细胞于−80℃冷冻24h之后，转移所有冻存好的细胞到25孔冻存盒内，标记好CEL细胞的编号和日期，最后将整个冻存盒放入液氮罐中。

12 液氮罐冻存CEL二代细胞的制备程序

1）从液氮罐中取出CEL细胞冻存管，放到37℃水浴快速解冻。

2）4℃、800～900r/min（转子半径15cm的离心机）离心10min，移去上清液，重悬细胞沉淀到1mL预热好的生长培养基中，最终的稀释比例是1∶15（1mL细胞悬浮液加入14mL生长培养基），进行次级的CEL细胞培养。

3）按照下面的比例分配细胞悬浮液：每个T-12.5cm^{2}细胞培养瓶2.5mL；或每个T-25cm^{2}细胞培养瓶5mL；或6孔板每孔1.5～2.0mL。T-12.5cm^{2}细胞培养瓶、T-25cm^{2}细胞培养瓶、6和12孔细胞培养板在以诊断分离为目的CEL次级细胞培养上使用更频繁。

4）CEL细胞将在24～48h长满80%～100%单层。此时的CEL细胞就可以用来接种和分离样本中的禽源病毒了。

参考文献

Dotson J F, Castro A E, 1988. Establishment, characteristics, and diagnostic uses of cell cultures derived from tissues of exotic species[J]. Journal of Tissue Culture Methods,11(3): 113-121.

Doyle A, Griffiths J B, Newell D G, 1998. Cell and Tissue Culture: Laboratory Procedures[M]. Hoboken, New Jersey: Wiley Publisher.

Freshney R I, 1988. Culture of Animal Cells: A Manual of Basic Technique[M]. 2nd Edition. New York: Alan R. Liss Inc.

Freshney R I, 2010. Culture of Animal Cells: A Manual of Basic Technique and Specialized Applications[M]. 6th Edition. Hoboken, New Jersey: Wiley-Blackwell.

Hay R, 1992. ATCC Quality Control Methods for Cell Lines[M]. 2nd Edition. Rockville, Maryland: American Type Culture Collection.

Paul J, 1975. Cell and Tissue Culture[M]. 5th Edition. London: Churchill Livingstone Publishers.

第10章 鸡肝上皮瘤细胞的培养、传代和冻存

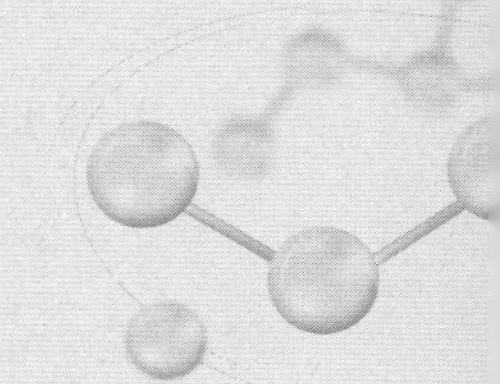

1 目的

鸡肝上皮瘤（LMH）细胞（ATCC，CRL-2113）是由来航公鸡的肝脏上皮性肿瘤而获得的细胞系。来航公鸡的肝脏上皮性肿瘤是经过长期、反复注射二乙基亚硝胺而诱发的。LMH细胞系由肝肿瘤上皮细胞纯化培养获得，细胞形态呈树枝状，理论上可以进行无限传代培养。

我们于2004年从ATCC购入LMH细胞并一直应用至今。我们的研究证明，LMH细胞对禽腺病毒、禽流感病毒、禽RNA病毒、副黏病毒、呼肠孤病毒、轮状病毒都很敏感。其中，有些病毒如双RNA病毒、轮状病毒等，不能在鸡胚细胞中生存，但却可以在LMH细胞中良好生长。因此，LMH细胞非常适用于禽病毒实验室的病毒培养、分离、检测和诊断。LMH细胞系对于禽病毒疫苗的研发与应用也具有很大的潜力。

2 适用范围

本SOP适用于所有进行禽类细胞培养和病毒分离鉴定的技术人员。

3 版本

本SOP是原始版本的修订版本。

4 安全须知

有关化学物质、生物危害物品及储备材料的安全处理应参照生物实验室的国家标准或国际标准，严格制定和执行细胞实验室安全管理条例，如美国生物危害物质的详

细信息可通过CDC网站（www.cdc.gov/od/biosfty/bmbl5/bmbl5toc.htm）中第五版微生物和生物医药的生物安全（BMBL）查询。

5 培训要求

本SOP培训包括理解掌握常规生物实验室技能和专项细胞培养技能，如①细胞培养过程的无菌技术操作；②各种细胞培养基及相关试剂的配制；③生物试验和生物危害材料的安全处理、生物学实验要求的质量控制；④其他生物试验技术，如移液、离心、光学显微镜使用和细胞观察等。

6 审阅与修订

本SOP每年或定期审阅，如有程序调整要及时增补修订。

7 存档与分发

本SOP由实验室质量管理员归档并根据标准政策进行发放。本规程原始文件应由实验室的文件管理员存档保存，复印本发送给所有禽病诊断研究室的工作人员。

8 质量管理

LMH细胞生长状态应每天观察1～2次以确保正常生长。健康的LMH细胞生长迅速，24～48h内可70%～100%覆盖细胞培养皿。每次制备LMH细胞时，应特别准备1～2个T-12.5cm^{2}或T-25cm^{2}的细胞培养皿，以供培养期内每天对LMH的生长状态及质量进行检查。观察期为5～7d或者更长，以确认LMH细胞的健康生长并且保持处于纯净无污染。

9 LMH细胞制备前各项器材准备

9.1 设备

- 生物安全柜。
- 倒置显微镜。
- CO_2培养箱。
- 细胞培养皿，T-175cm^{2}或T-150cm^2、T-75cm^2、T-25cm^2、T-12.5cm^2。
- 低温离心机（转子适于15mL、45mL离心管）。
- 超低温冰柜（≤－70℃）。
- 各型号微量移液枪和相应型号无菌枪头。
- 无菌移液吸管，1mL、2mL、5mL、10mL。

- 吸管移液器或洗耳球。
- 水浴锅（37℃）。
- 乳胶手套。
- 生物废品安全袋。
- 锐利废品（废弃针头和玻片等）生物安全容器。
- 70%乙醇和乙醇喷雾瓶。
- 2mL试管冷冻冰盒、冻存管降温盒。
- 血细胞计数器。
- 磁力搅拌器、磁力搅拌转子。

9.2 试剂（常备试剂）

- 冷冻储存在液氮中的LMH细胞，每小管至少装有1×10^6个活细胞或者正在传代培养的LMH细胞。
- 台盼蓝溶液、EDTA-胰酶溶液。
- 二联或三联混合霉素（如青霉素、链霉素、氨苄西林）。
- 卡那霉素溶液，5 000μg/mL。
- 硫酸庆大霉素，50mg/mL。
- 无菌生理盐水（含150μg/mL庆大霉素）。
- L-谷氨酰胺溶于0.85%NaCl中，终浓度为29.2mg/mL。
- 胎牛血清（FBS），56℃、30min热灭活。
- 二甲基亚砜（DMSO）。
- 细胞营养混合液DMEM/F12、培养基（无Ca^{2+}、Mg^{2+}）。
- 胶原、PBS（无Ca^{2+}、Mg^{2+}）。

9.3 LMH细胞培养液配方

1）LMH细胞生长液（含10%FBS）配方见表10-1。

表10-1 LMH细胞生长液（含10%FBS）配方

序号	试剂名称	容量（mL）
1	DMEM/F12	442.5
2	FBS	50.0
3	PSA	5.0
4	庆大霉素（10mg/mL）或二联、三联混合霉素	2.5

注：混匀后于2～7℃保存。

2）LMH细胞维持液（含2%FBS）配方见表10-2。

表10-2　LMH细胞维持液（含2%FBS）配方

序号	试剂名称	容量（mL）
1	DMEM/F12	478.5
2	FBS	10.0
3	L-谷氨酰胺	10.0
4	庆大霉素（10mg/mL）或二联、三联混合霉素	1.5

注：混匀后于2～7℃保存。

3）LMH细胞冻存液配方见表10-3a、表10-3b、表10-3c。

表10-3a　LMH细胞冻存液配方Ⅰ（常规配方）

序号	试剂名称	容量（mL）
1	10%FBS细胞生长液	9.0
2	DMSO	1.0

注：混匀后于2～7℃保存。

表10-3b　LMH细胞冻存液配方Ⅱ

序号	试剂名称	容量（mL）
1	DMEM/F12细胞生长液	7.0
2	FBS	3.0
3	三联混合霉素	0.05
4	庆大霉素	0.01

表10-3c　LMH细胞冻存液配方Ⅲ

序号	试剂名称	容量（mL）
1	DMEM/F12细胞生长液	9.0
2	DMSO	1.0
3	三联混合霉素	0.05
4	庆大霉素	0.01

10 LMH细胞培养程序

1）用10%胶原溶液处理细胞培养皿。

注意事项：优质材料细胞培养皿，此步骤可省略不做。

a. 用无菌dH_2O按照1：10稀释胶原溶液（10%胶原溶液），提前配制。

b. 将10%胶原溶液加入细胞培养瓶（T-12.5cm^2细胞瓶加1.5mL；T-25cm^2细胞瓶加2.5mL；T-75cm^2细胞瓶加7.5mL；T-150cm^2细胞瓶加15mL）。

c. 将细胞瓶置于37℃孵育2～3h或放置在4℃冰箱过夜。

d. 收集细胞瓶内胶原溶液，处理后的细胞瓶于4℃冰箱保存。使用前，用无菌PBS冲洗。

2）将LMH细胞冻存管从液氮罐中取出，置于37℃水浴中快速解冻。

3）将细胞悬液于2～8℃、1 000r/min离心5～10min（转子半径15cm的离心机，离心机转速r/min与离心力*g*对照换算，见第45章）。

4）弃去上清液，用1mL预热的细胞生长液重悬细胞沉淀，然后按照1：20（如1mL细胞悬液+19mL培养基）补加细胞生长液，用于LMH细胞的传代培养。

5）分装细胞重悬液：每个T-12.5cm^2细胞瓶2.5mL；或每个T-25cm^2细胞瓶5mL；或6孔细胞培养板的一个孔1.5mL。T-12.5cm^2细胞瓶、T-25cm^2细胞瓶和6孔细胞培养板一般用于LMH二代细胞培养，可进行禽病毒分离的常规诊断。

6）将接种有LMH细胞的细胞瓶置于37℃、5%CO_2培养箱中培养。

7）每天用显微镜观察细胞生长状态。LMH种细胞可在1～2d内长满单层。

8）当细胞长满75%单层时，LMH细胞就可以用于禽病毒分离样品的接种。

11 LMH细胞传代和冻存

LMH细胞长满单层后可保持1周，需要时可进行传代培养，具体操作步骤如下：

1）在37℃水浴中预热培养基、PBS和EDTA-胰酶溶液（0.05%胰酶和0.2%EDTA的1×溶液）。

2）弃去LMH细胞瓶中的旧培养液，用PBS轻轻地清洗细胞单层1次。

3）加入1×EDTA-胰酶溶液至细胞单层，轻轻地摇晃细胞瓶使胰酶覆盖全部细胞层。0.5mL EDTA-胰酶溶液一般可用于1个T-25cm^2细胞瓶；或1.5mL EDTA-胰酶溶液可用于1个T-75cm^2细胞瓶；或3mL EDTA-胰酶溶液可用于1个T-150cm^2细胞瓶。LMH细胞瓶加入胰酶后放入37℃培养箱，2～3min后细胞会开始脱落，待细胞单层出现筛孔状，温和地拍打瓶壁可使细胞层解体为个体细胞。

4）细胞脱离瓶底面后，加入适量的细胞生长液，如T-25cm^2细胞瓶加5mL细胞生长液；或T-75cm^2细胞瓶加15mL；或T-150cm^2细胞瓶加30mL细胞生长液。用移液器温和地吸放，使细胞分散为完全的单个细胞。

5）收集细胞悬液于离心管中，1 000r/min（转子半径15cm的离心机）、4℃离心5～10min。

6）离心后弃去上清液，取10mL细胞生长液重悬细胞沉淀，做活细胞计数。

7）细胞悬液中活细胞计数，可通过混合0.1mL细胞悬液与0.9mL台盼蓝溶液，4个边角处正方形内细胞的平均数乘以100 000，即为每毫升细胞悬液中的活细胞数目（注意：仅计数未染色的细胞）。

8）根据活细胞计数结果，细胞悬液可进一步用细胞生长液稀释至每毫升约1×10^5个细胞。按照此细胞密度，细胞悬液可用于新一批细胞瓶的接种，从而繁殖细胞或进行其他操作。

9）对于接种新细胞，1个T-25cm^2细胞瓶分装5mL细胞悬液；或1个T-75cm^2细胞瓶分装15mL；或1个T-150cm^2细胞瓶分装30mL。将细胞瓶移至CO_2培养箱中培养。

10）细胞通常在2～3d内可长满单层，并且能维持7～12d，可用于进一步的传代培养。

11）如果不进行细胞计数，也可以用估测法，即长满（100%）的单层LMH细胞，可按照1:（4～8）的比例进行细胞传代培养。如1个T-25cm^2规格的LMH细胞瓶，经胰酶消化处理后可以分装至4～8个T-25cm^2的新细胞瓶中传代培养。

12）如果预计不立即使用细胞，经胰酶消化完成的细胞可储存在液氮中备用。为了能在液氮中低温贮藏，经胰酶消化完成和离心后的细胞沉淀需要用含10%二甲基亚砜（DMSO）的常规细胞冻存液重悬冻存。

13）特殊细胞冻存液冻存：用细胞冻存液Ⅰ重悬细胞，通过加入适量的冻存液Ⅰ调整活细胞数目至少为每毫升2.0×10^6个。连续搅拌状态下缓慢加入等体积的细胞冻存液Ⅱ。混匀后立即加入无菌的细胞冻存管（每管1.0mL细胞悬液），于－70℃过夜保存。第二天再将细胞转移至液氮中保存。

12 LMH细胞传代的限度

1）对于诊断用LMH细胞系，细胞的最大传代限度不宜超过50代或100代，即LMH细胞在50次或100次传代后应该弃去不用。因此，再次培养的细胞代次应该进行仔细记录，并且按照限度细胞代次应确定不超过规定代次，应符合国家认证实验室标准（如美国AAVLD国家认证实验室标准）。

2）**注意事项：**LMH细胞系（ATCC，CRL-2113）来源于来航公鸡的肝上皮瘤细胞，是一种上皮瘤细胞系，因而理论上认为LMH细胞系可以无限制代次的进行传代培养。

3）目前美国宾夕法尼亚州立大学Wiley禽病毒研究实验室使用的LMH细胞于2004年9月购自ATCC，最初仅用于研究。我们的研究结果表明，在没有污染的条件下，1管冻存的LMH细胞可连续传代培养长达半年至一年。每次传代间隔1周（或多或少），以不超出50代为宜。

参考文献

Doyle A, Griffiths J B, Newell D G, 1998. Cell and Tissue Culture: Laboratory Procedures[M]. Hoboken, New Jersey: Wiley Publisher.

Freshney R I, 2010. Culture of Animal Cells: A Manual of Basic Technique and Specialized Applications[M]. 6th Edition. Hoboken, New Jersey: Wiley-Blackwell.

Hay R, 1992. ATCC Quality Control Methods for Cell Lines[M]. 2nd Edition. Rockville, Maryland: American Type Culture Collection.

Lu H, 2013. New procedures of early detection of avian viruses in cell cultures by fluorescent antibody test and immunoproxidase staining[C]//The 46th Annual AAVLD Meeting, San Diego, California.

Paul J, 1975. Cell and Tissue Culture[M]. 5th Edition. London: Churchill Livingstone Publishers.

第11章 细胞培养的病料接种和病毒分离

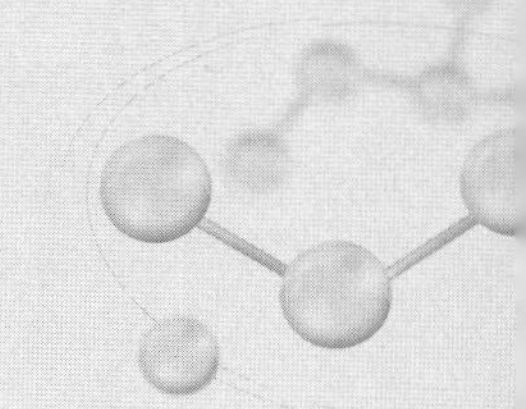

1 目的

动物病毒性疾病临床样品通过接种培养的细胞，分离和鉴定临床样品中是否含有病毒或病毒种类。

2 适用范围

本SOP适用于病毒实验室从事病毒分离鉴定的技术人员。

3 版本

本SOP是原始版本的修订版本。

4 安全须知

所有病毒的处理程序需符合常规实验室对感染病毒安全规程及特定病毒的安全程序规定。实验室内从事任何有关生物样本的处理操作都必须在生物安全柜或超净台中进行。当处理可能含有衣原体的组织时，要佩戴面罩。处理哺乳动物组织的有关人员要接种狂犬病疫苗，且抗体滴度要达到有效保护效价滴度。

有关化学物质、生物危害物品及储备材料的安全处理应参照生物实验室的国家标准或国际标准，严格制定和执行细胞实验室安全管理条例，如美国生物危害物质的详细信息可通过CDC网站（www.cdc.gov/od/biosfty/bmbl5/bmbl5toc.htm）中第五版微生物和生物医药的生物安全（BMBL）查询。

5 培训要求

本SOP培训包括理解掌握常规和专项细胞培养技能。生物实验室常规操作技能，如生物危害物品的安全处理、生物学实验的质量控制、无菌技术、移液、离心、光学显微镜和荧光显微镜的使用。

6 审阅与修订

本SOP每年或定期审阅，如有程序调整要及时增补修订。

7 存档与发布

本SOP由实验室质量管理员归档并根据标准政策进行发放。本规程原始文件应由实验室的文件管理员存档保存，复印本发送给所有禽病诊断研究室的实验操作人员。

8 质量管理

经临床样品接种的细胞培养应在接种后每日观察，监测有无病毒感染的细胞病变出现。同一代次未接种样品的培养细胞作为阴性对照。如镜检观察到细胞病变，可收集病变细胞或细胞培养物进行相关病毒鉴定。如果病毒鉴定试验结果呈现阴性而细胞病变为阳性，则将该样品传至2～3代后再通过其他方法进行鉴定，如电子显微镜的病毒形态学鉴定。

病毒鉴定试验方法和各步骤实施时，必须设立实验有效性的质量控制标准，如免疫荧光抗体（FA）试验、血凝（HA）试验、血凝抑制（HI）试验、免疫电泳（Western blot）、聚合酶链式反应（PCR）等，都必须同时设立阳性和阴性对照，从而正确鉴定检测样品的试验结果。阳性对照是已知参考毒株或已鉴定的阳性毒株；阴性对照可以是样本稀释液或者无菌病毒稀释液。

9 实验方法

9.1 材料与设备

- 微型涡旋震荡器。
- 倒置显微镜。
- 生物安全柜。
- 无菌样品试管，12mm × 75mm。
- 组织样品处理器用无菌样品袋。

- 组织样品处理器。
- 细胞培养瓶，T-12.5cm^2、T-25cm^{2}或T-75cm^2。
- 24h长满75%～90%的单层培养细胞，如CEL、CEK、LMH细胞或其他适合使用的细胞系。
- 无菌移液吸管，1mL、5mL、10mL。
- 吸管移液器或洗耳球。
- 各型号微量移液枪和相应型号无菌枪头。
- 病毒稀释液（VTM）。
- 生理盐水。
- 细胞培养基础培养母液（MEM）。
- 胎牛血清（FBS）。
- 4mL谷氨酰胺。
- 5mL青霉素（100U/mL）和链霉素（100U/mL）溶液。
- 三联混合霉素（如青霉素、链霉素、氨苄西林）。

9.2 动物组织和棉签拭子样品的处理

1）应用组织均质处理器处理事先剪碎的匀浆组织样品（至少2min），按1:5（*W/V*）加入VTM进行稀释。

2）将全部组织匀浆样品转移至15mL离心管，做如下标记：

- 样品编号。
- 组织样品种类：如气管、肺、肝、肾、脾、体液等。
- 疑似待检病毒：如鸡包涵体肝炎病毒、疱疹病毒、呼肠孤病毒等。
- 接种细胞系或鸡胚：如CEK、LMH等。
- 处理日期：年/月/日。

3）如果是棉签拭子样品，则需加入适量病毒稀释液（VTM），1～2个拭子样品用3mL，3～5个拭子样品用5mL病毒稀释液为宜。置拭子样品管于试管震荡器上震荡，使其拭子样品或样品中的病毒颗粒溶入稀释液。

4）如果样品处理后24h内接种，则将处理后样品放置于4℃冰箱保存；如果24h内不能接种，则将处理后样品放入－80℃冰柜进行保存。

9.3 病毒接种细胞培养和细胞连续传代培养

1）细胞接种方法：细胞瓶单层细胞（如CEF、CEK、CEL、LMH）培养以24～48h长满75%～100%的细胞单层最适合接种病毒、感染增殖。

2）所用细胞瓶做如下标记（如T-25cm^{2}细胞瓶）：

- 接种病例（-xxxx，后4位数）。
- 组织样品（如气管、肺、肝、肾、脾、体液等）。
- 培养细胞类型（如CEK等）。
- 接种日期（年/月/日）。

注意事项：如果接种样品的细胞为培养第二代，则命名为原组织名再加“2P”（连续第三和第四传代，则分别为3P和4P，以此类推）。

3）接种前，吸出瓶中的细胞培养液，加适量无菌PBS（如T-25cm^{2}细胞瓶，加1mL PBS）清洗一次，目的是除去细胞碎片及残存的细胞培养液（含胎牛血清，不利于病毒感染细胞），弃去PBS。

4）T-25cm^{2}细胞瓶接种0.5mL样品；或T-75cm^{2}细胞瓶接种1.5mL样品［T-75cm^{2}细胞瓶接种的细胞，收获后适于电镜（EM）检测样品所需的容量］。阴性对照应使用相同的细胞瓶接种VTM。

5）将接种后的细胞瓶置于37℃、5%CO_2细胞培养箱，使细胞吸附接种液30min，期间每隔4～5min要轻柔地旋转细胞瓶以确保接种液均匀覆盖全部细胞层。

注意事项：如样品不洁，必要时应弃去接种液以减少其对细胞的毒性（如肠道样品）。每瓶细胞接种后均需更换新吸管。

6）接种后吸附30min，加入细胞维持液，T-25cm^{2}细胞瓶加4.5mL；或T-75cm^{2}细胞瓶加15～20mL。适当拧紧细胞瓶盖，将接种后细胞瓶置于37℃、5%CO_2细胞培养箱中继续培养。同时详细记录《细胞接种病毒分离工作表》。

9.4 接种细胞观察

1）细胞接种后需每天观察有无细胞病变（CPE），每代细胞持续培养观察5～7d；

2）如果无CPE或疑似CPE，则需要再传代。每次细胞接种传代时，细胞瓶要反复冻融2～3次以使细胞破碎而释放病毒。

3）每次终止接种细胞培养收获时，拧紧细胞瓶瓶盖，置于−80℃冰柜速冻至少30min。然后细胞瓶培养物再行融化，通常置冷冻细胞瓶于37℃温箱15min即可融化。反复冻融2～3次后，收获全部细胞培养物至离心管内，1 000r/min离心（转子半径15cm的离心机，如Beckman Allegra 6KR离心机）10min以沉淀细胞碎片，上清液用于细胞传代接种。

注意事项：并非所有病毒经过多次冻融后毒力不会损失。参照每种病毒的生物特性，冻融法的另一种替代方法是用细胞刮刀将培养瓶内的细胞层细胞刮掉，然后收获全部细胞培养物至相应试管内，超声波裂解细胞也可使其释放病毒。

4）细胞培养阳性的病毒样品，经病毒鉴定后，标记病毒种类和细胞代次，分装于小试管后于－80℃冰柜冻存。

9.5 玻片四孔室/槽细胞培养器皿接种

1）从－80℃冰柜取出样品后解冻，离心沉淀细胞碎片，1 000r/min离心10min或置样品管于4℃冰箱内自然沉淀，取上清液接种细胞（细胞沉淀物保留在试管内，不去除）。

2）细胞培养器皿需标记如下信息（用铅笔写在磨砂玻璃面）：

- 样品编号：（-xxxx，后4位数）。
- 组织样品：如气管、肺、肝、肾、脾、体液等。
- 细胞培养类型：如CEK等。
- 接种日期：年/月/日。

注意事项：如果接种样品的细胞为培养第二代，则命名为原组织名再加“2P”（连续第三和第四传代，则分别为3P和4P，以此类推）。

3）接种前，吸出玻片孔室内培养基，加入100μL VTM或PBS至每板4孔中的第一孔作为每板的阴性对照（不接种样品），其余3个孔每孔接种100μL样品。

4）接种后，置37℃温箱内孵育25～30min，然后每孔加900μL细胞维持液，从阴性对照孔开始加以避免污染。每板使用单独的5mL移液吸管或使用微量移液枪时每孔更新枪头。

5）玻片四孔室/槽的组织细胞培养板应放入托盘便于操作，置于37℃、5%CO_2细胞培养箱。每天观察细胞，监测病毒的致细胞病变，持续观察5～7d（如果发现细胞板被细菌污染，常用的补救办法是立即更换培养液，增加两倍浓度的抗生素以抑制细菌生长）。

6）如果接种后3～7d观察到CPE，疑似衣原体细胞病变板需用丙酮或甲醇固定，即首先吸出含有病原的培养基至小试管内保存，标记所有相关信息。

7）用撬孔槽工具小心除掉细胞孔隔，用PBS清洗细胞板一次（滴瓶或者将细胞板浸蘸装有PBS的小烧杯），然后置细胞板于盛放－20℃丙酮或甲醇的广口瓶中10min（－20℃冰柜内），取出细胞板斜立放置、风干。

8）免疫荧光抗体（FA）染色，荧光显微镜下观察染色结果。

参考文献

Castro A E, Heuschele W P, 1992. Veterinary Diagnostic Virology: A Practitioner's Guide[M]. St Louis, Missouri: Mosby Yearbook.

OIE, 2004. Manual of Standards for Diagnostic Test and Vaccines for Terrestrial Animals (Avian diseases in list B) [M]. 5th Edition. Paris: Office International des Epizooties.

Timoney J F, Gillespie J H, Scott F W, et al, 1988. Hagan and Bruner's Microbiology and Infectious Diseases of Domestic Animals[M]. 8th Edition. London: Comstock Publishing Associates.

第12章 细胞的冻存和复苏

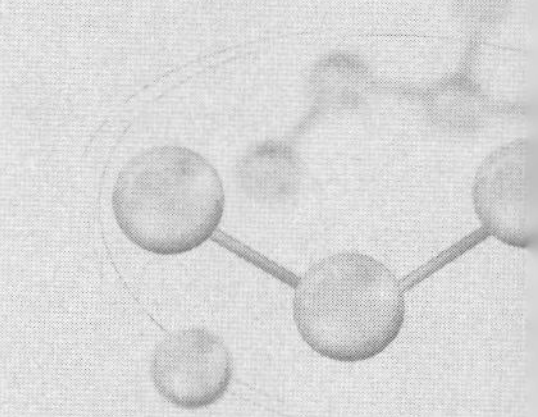

1 目的

试验用培养细胞的冻存和复苏是传代细胞系的特定保存方法。培养细胞的液氮冻存即为保存特定哺乳动物和禽病毒可感染或/和易感染的传代细胞系的种细胞，冻存细胞的复苏培养即该细胞系的复苏培养再应用。

2 适用范围

本SOP适用于从事细胞培养的技术人员。

3 安全须知

实验室内所有生物样品处理应符合常规生物实验室的安全规程及特定微生物和病毒的SOP安全程序标准。任何涉及的生物样品操作都要在超净台中进行。当处理可能含有衣原体的动物组织样品时，要佩戴面罩。处理哺乳动物组织的有关人员要接种狂犬病疫苗，且抗体要达到保护性滴度。

有关化学物质、生物危害物品及储备材料的安全处理应参照生物实验室的国家标准或国际标准，严格制定和执行细胞实验室安全管理条例，如美国生物危害物质的详细信息可通过CDC网站（www.cdc.gov/od/biosfty/bmbl5/bmbl5toc.htm）中第五版微生物和生物医药的生物安全（BMBL）查询。

常规使用的潜在有害物质（如致癌物）可以通过皮肤甚至是乳胶手套被机体吸收。二甲基亚砜（DMSO）是一种强有力的化学溶剂，可以穿透包括皮肤和乳胶手套等任何合成和天然的表膜，可以滤过橡胶和一些塑料，所以应该储存在玻璃管或玻璃瓶中。虽然DMSO并不致命，但也必须小心使用。如果不慎通过皮肤吸收了DMSO，口中会有大蒜的味道。

另外需注意的是液氮。与液氮相关的危害主要有3种：−196℃冻伤、窒息和爆裂冻存管击伤。由于液氮的温度为−196℃，直接接触（溅出液、溢出液）有严重的危害作用。超低温手套的厚度足够在操作时隔离液氮低温，故液氮罐瓿的相关操作需佩戴超低温手套。当试管（液氮冻存专用试管）浸入液氮时，试管内外就会产生高压差，所以应确保液氮冻存管保持完全密封。如果试管盖密封不严，则导致液氮进入试管内，在解冻时液氮气化而发生试管爆炸。因此，实验员操作时应在液氮罐房间内进行，关闭门窗，穿好实验工作服、戴好面罩和超低温手套，从液氮中取出冻存管后放入盛水容器中解冻。另外，如液氮冻存用塑料试管密封不严还可导致管内物渗漏，如果管内物是细胞病毒培养物（如牛病毒性腹泻病毒或禽流感病毒或衣原体），则试管渗漏可导致整个液氮罐的污染。因此，生物安全至关重要，应确保毒种试管的安全密封。

实验员进行细胞培养工作时需穿好实验工作服、戴好乳胶手套。离开实验室（如进入办公区、餐厅、图书馆）就要脱掉实验工作服和摘掉手套等。实验室内禁止饮食和吸烟。

实验中与生物样品或试剂接触的实验室器材（如有盖培养皿、离心管、吸管等）在使用过后均需放在安全柜就近的生物危险品垃圾箱内的生物安全袋内，一次性瓶类容器需拧紧瓶盖后再丢弃。

4 培训要求

本SOP的培训要求包括对常规实验室技能掌握理解，如生物危险品的安全处理、生物学实验的质量控制、无菌技术、移液、离心、光学显微镜和荧光显微镜的使用等。

5 审阅与修订

本SOP每年或定期审阅，如有程序调整要及时增补修订。

6 存档与分发

本SOP由实验室质量管理员归档并根据标准政策进行发放。本规程原始文件应由实验室的文件管理员存档保存，复印本发送给所有禽病诊断研究室的实验操作人员。

7 质量管理

SOP质量控制是保证实验结果的必要因素，质量控制包括各实验步骤的质量控制，即使实验中出现小的常规偏离因素（如培养液、设备、材料和溶剂等）也可以影响实验的结果。

8 材料与方法

细胞连续传代会使细胞系失去对特定病毒的敏感性，这个现象是由于传代细胞受体会发生改变。为了保持每个代次最大限度的敏感性，特定代次细胞的冻存是确保相关病毒的增殖和临床病毒分离的有效方法。这些特定代次的培养细胞可用于建立培养细胞库。引入新的细胞系时应尽快培养冻存5～10个安瓿。2周后通过解冻以检查细胞的生存力及生长状况。每3～6个月继续冻存额外的安瓿来维持细胞系并补充库存。

8.1 材料与设备

- 细胞冻存管，1.5～2.0mL。
- 5mL注射器，配20G×1½″（外径0.9mm×长40mm）针头。
- 50mL无菌离心管（聚丙烯）。
- 铝箔纸。
- 长镊子。
- 试管架，用于10～12mm管。
- EP管架，用于10～13mm管。
- 玻璃量筒，250mL容量。
- 冻存盒（细胞冻存管用）。
- 乙醇、打火机。
- 保温手套。
- 1L无菌烧杯。
- 细胞冻存液氮罐。
- 低温离心机（转子适于15mL、45mL离心管）。
- 生物安全柜。
- 倒置显微镜。
- CO_2培养箱。
- 超低温冰柜（－80～－70℃）。
- 吸管移液器。

- 血细胞计数器。
- 水浴锅（37℃）。
- 组织匀浆机。
- 无菌移液吸管，5mL、10mL。
- 无菌离心管，15mL、45mL。
- 不锈钢饭盒。
- 乳胶手套、口罩。

8.2 试剂

- DMEM或MEM。
- 硫酸庆大霉素，50mg/mL。
- L-谷氨酰胺溶解于0.85%NaCl中，终浓度为292mg/mL。
- 胎牛血清（FBS），57℃热灭活30min。
- 二甲基亚砜（DMSO）。
- 台盼蓝溶液（0.1%溶于70%乙醇），4℃冰箱保存。
- 70%乙醇。

9 细胞冻存步骤

9.1 细胞冻存液（表12-1）准备

表12-1 细胞冻存液配方

序号	试剂名称	容量（mL）
1	DMEM/F12细胞生长液	77.7
2	FBS	10.0
3	L-谷氨酰胺	2.0
4	DMSO	10.0
5	庆大霉素	0.3
	总容量	100（4℃冰箱保存）

注：某些细胞冻存液加入20%血清时冻存更好；DMSO浓度保持在10%即可；胎牛血清使用前必须检测有无BVD病毒和其他污染物。

9.2 细胞冻存管的准备

细胞冻存管应选用新购置的无菌冻存管为宜。如选用其他冻存管，则按下列步骤准备：

1）将冻存管置于不锈钢饭盒中，使用三蒸水润洗。

2）盖好盖子，置于高压灭菌锅中，121℃灭菌15min。

3）轻拍冻存管，除去多余的水，过夜干燥。

4）分别给每个冻存管体包上铝箔纸。

5）将冻存管置于鼓风干燥箱中，270℃干烤2h，冷却。

6）将无菌冻存管保存于密闭的橱柜中。

9.3 冻存细胞

1）选择培养3～5d的细胞进行冻存，细胞长满单层即可。

2）准备5～6mL胰酶消化单层细胞，如T-25cm^{2}细胞培养瓶加0.5mL胰酶（详见细胞培养规程中“传代细胞系”部分）。

3）加入含有10%FBS的培养液终止消化，然后将培养液倒入15mL离心管。

4）800r/min（转子半径15cm的离心机）、4℃离心10min。

5）计算所需冻存管的数目（每个冻存管容量为1mL）。

6）若使用T-75cm^{2}细胞瓶培养细胞，按比例分装所消化的细胞，如1个T-75cm^{2}瓶LMH细胞按1：（3～5）可以分装成3～5个冻存管。

7）用计数器进行细胞计数更加准确（详见“运用血细胞计数器进行细胞计数”部分）。对于连续传代细胞系，冻存细胞的浓度为每毫升（1～5）×10^{6}个。

8）在冻存管上标记细胞系、代次和冻存日期。

9）将标记好的冻存管放在冻存管架上（置于细胞培养生物安全柜内）。

10）细胞离心后弃去上清液。然后加入冻存液（4℃）重悬细胞，使细胞分散。

11）使用5mL无菌吸管，将细胞悬液分装到冻存管中，1mL/管，应避免液体滴到瓶口。拧紧瓶盖，密封冻存管。

12）将冻存管放入冻存盒中，置于超低温冰柜（−80℃）过夜。注意不要将细胞冻存管置于超低温冰柜太长时间，因为在−80～−70℃时，细胞依然会缓慢代谢，直到死亡。对于大多数细胞系，最好的冷却速率是每分钟降低1℃。可以用可编程冷却器（Gordinies Electronics，低温冷冻装置）来控制细胞冷冻保存过程中的冷却速率。

13)将冻存细胞管转入液氮罐中，分别记录冻存管所处在液氮罐中的准确位置。填写细胞冻存记录表格，该表格按照上下顺序，描述液氮罐中冻存管的确切位置，该表格通常也可以记录冻存细胞的生存能力和生长速率。

9.4 冻存细胞的复苏

1）将冻存管从液氮罐中取出复苏，检查冻存记录中冻存管内细胞的生存能力和生长速率。

2）操作冻存管时，应该戴好实验室用口罩、保温手套，穿好实验服。因为冻存管有爆炸的可能性，操作时应在单独的房间内进行，防止其他人进入。

3）取出冻存管时需检查是否为本试验所需的细胞系和传代数。将冻存管浸入37℃水中迅速解冻（约在1min之内）。

4）解冻后的冻存管用70%乙醇擦拭消毒（该过程经常会擦掉标签，所以擦拭之前请检查标签内容）。

5）冻存管离心，900～1 000r/min、4℃离心10min。

6）用1～2mL无菌吸管或注射器将冻存管内细胞液移出。然后加入约1mL细胞生长液于管内悬浮离心沉淀细胞。

7）将细胞悬液移入T-75cm^{2}细胞培养瓶中，并加入15mL细胞培养液（培养液种类取决于何种细胞系）。

8）细胞贴壁后，更换培养液，去除残留冻存保护剂（DMSO）。

参考文献

Freshney R I, 1988. Culture of Animal Cells: A Manual of Basic Technique[M]. 2nd Edition. New York: Alan R. Liss Inc.

Hay R, 1992. ATCC Quality Control Methods for Cell Lines[M]. 2nd Edition. Rockville, Maryland: American Type Culture Collection.

Paul J, 1975. Cell and Tissue Culture[M]. 5th Edition. London: Churchill Livingstone Publishers.

第13章　细胞传代培养

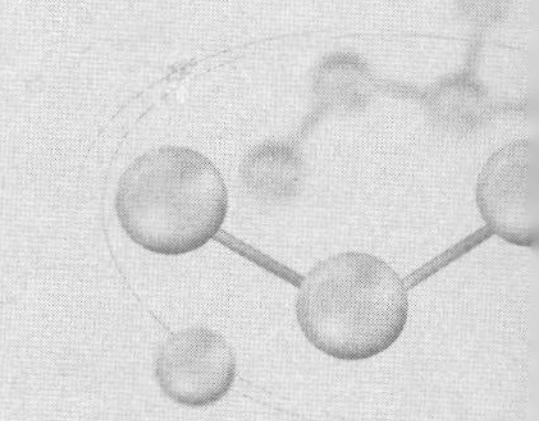

1　目的

细胞传代培养是为了保持细胞的连续性或者建立一个易于感染哺乳动物、禽类病毒的传代细胞系。这些传代细胞系必须严格避免细菌、支原体、胎牛血清（FBS）有牛病毒性腹泻（BVD）病毒和其他潜在污染源的污染。

2　适用范围

本SOP适用于从事禽病毒分离鉴定和细胞传代培养的实验人员。

3　版本

本SOP是原始版本的修订版本。

4　安全须知

细胞培养实验操作时需穿好实验室工作服，当接触试验物品时，必须戴手套，实验服不允许穿出实验室，在进入办公区域、餐厅、图书馆或离开实验楼时，需脱掉实验服。在实验室内不允许饮食和吸烟，细胞培养的实验操作前后都应洗手。实验室所有设备，如细胞培养皿、离心管等，接触过生物样品或者溶剂后都应放在生物安全袋中，然后归入实验室旁边的生物安全桶内。实验后的所有瓶子在处理前都应该拧紧盖子。当生物安全袋装满以后，用胶带封口，进行高压灭菌。将用过的移液管放到盛有消毒液的烧杯中，浸泡后消毒液可弃于双层生物安全袋中。消毒液内所有的病毒应该使用实验室处理感染物质的安全操作方法，或者根据实验室安全条例中的每种病毒特殊的安全防护措施进行处理。所有涉及生物样品的工作都必须在生物安全柜中操作。

当处理可能含有衣原体的组织时，为预防空气传染吸入病原，必须戴好口罩。实验室人员必须接种狂犬病疫苗，每三年由疾控中心检测抗体滴度以确定是否需要加强免疫，抗体滴度应大于50。

有关化学物质、生物危害物品及储备材料的安全处理应参照生物实验室的国家标准或国际标准，严格制定和执行细胞实验室安全管理条例，如美国生物危害物质的详细信息可通过CDC网站（www.cdc.gov/od/biosfty/bmbl5/bmbl5toc.htm）中第五版微生物和生物医药的生物安全（BMBL）查询。

5 培训要求

本SOP特定的培训要求包括对一般常规实验室技能的掌握理解，如生物危害物品的安全处理、生物学实验的质量控制、无菌技术、移液、离心、光学显微镜和荧光显微镜的使用等。

6 审阅与修订

本SOP每年或定期审阅，如有程序调整要及时增补修订。

7 存档和分发

本SOP由实验室质量管理员归档并根据标准政策进行发放。本规程原始文件应由实验室的文件管理员存档保存，复印本发送给所有禽病诊断研究室的实验操作人员。

8 质量管理

SOP质量控制是保证实验结果的必要因素，质量控制包括各实验步骤的质量控制。即使实验中出现小的常规偏离因素（如培养液、设备、材料和溶剂等）也会影响实验的结果。

9 实验方法

9.1 材料与设备

- 细胞培养瓶，T-150cm^{2}或T-75cm^2、T-25cm^2；多孔细胞培养板，12孔、24孔。
- 1L无菌烧杯。
- 生物废品安全袋、锐利废品（废弃针头和玻片等）生物安全容器。

- 无菌移液吸管，5mL、10mL、25mL。
- 水浴锅（37℃）。
- CO_2培养箱（37℃、5%CO_2）。
- 吸管移液器。
- 四孔细胞培养板。
- 低温离心机（转子适于15mL、45mL离心管）。
- 生物安全柜。
- 倒置显微镜。
- 无菌离心管，15mL、45mL。

9.2 试剂

- 胰蛋白酶（配方见细胞培养方法的细胞消化部分），按10mL/15mL，用离心管分装，37℃预热。
- 细胞培养液，37℃预热（培养液种类取决于细胞系）。
- 70%乙醇。

9.3 实验步骤

1）在试验物品放进生物安全柜之前，提前15min打开生物安全柜，用70%乙醇消毒表面，试验物品放入安全柜之前也要进行消毒。

2）在生物安全柜中放一个盛有100mL消毒液的烧杯，用来装废弃的培养液。

3）选择合适的细胞培养瓶，以便细胞能够在2～3d长满单层细胞。

4）吸出或弃去原细胞培养瓶中的培养液。如直接倒出，则瓶口向下倾斜，距废液缸上方15～20cm，将细胞培养液倒净。

5）胰酶清洗：向细胞培养瓶中加入适量胰酶，如T-75cm^{2}培养瓶加3～5mL，T-25cm^{2}培养瓶中加1～2mL。轻轻摇晃培养瓶，使胰酶充分覆盖细胞表面。后弃去胰酶。

6）加入反应量胰酶到细胞培养瓶内再润洗一次，通常T-75cm^{2}培养瓶，1.5～2.0mL胰酶，T-25cm^{2}培养瓶，0.5mL胰酶。将细胞培养瓶放入37℃培养箱。胰酶的最适pH7.6～7.8，最适温度是37℃。胰酶的作用是分解细胞之间的基质，这些基质可以使各个细胞之间以及细胞与瓶壁表面相互连接。

7）细胞从细胞瓶上脱落下来的时间根据细胞系的不同而不同。通常3～5min即已足够，但是个别细胞也可能需要消化10～15min。当贴壁细胞开始松动，从细胞瓶壁脱落后，整个胰酶消化过程结束。该过程还可能需要用手掌轻拍细胞瓶的一边以分散细胞。可以在显微镜下观察已经脱落离散的圆形细胞。

8）加入5mL细胞培养液，使其铺满瓶底以便转移所有的细胞，用5mL移液管在细胞瓶底吹吸培养液几次，以便收获全部细胞。该步骤在细胞结团的情况下很必要。注意避免吹出气泡，同时使用显微镜观察，直至细胞完全脱落离散为宜。

9）重悬细胞所需培养液的容积由稀释倍数而定。细胞传代培养的稀释倍数通常为3～5倍。

10）在细胞培养瓶上贴上标签并记录细胞系的名称、代次、传代日期和细胞瓶的编号，并且记录细胞是来自传代培养还是由原代组织分离。以上信息应同时记录在细胞培养的日常记录中。

11）根据下面参考容量进行细胞悬液分瓶：

- 5mL细胞液加入到T-25cm^{2}细胞培养瓶。
- 15mL细胞液加入到T-75cm^{2}细胞培养瓶。
- 30mL细胞液加入到T-150cm^{2}细胞培养瓶。
- 0.5mL细胞液加入到24孔细胞培养板，1.0mL细胞液加入到12孔细胞培养板。

12）将瓶盖适当拧紧，将细胞培养瓶和细胞培养板放入37℃、5%CO_2培养箱中培养。

参考文献

Doyle A, Griffiths J B, Newell D G, 1998. Cell and Tissue Culture: Laboratory Procedures in Biotechnology[M]. Hoboken, New Jersey: Wiley Publisher.

Freshney R I, 1988. Culture of Animal Cells: A Manual of Basic Technique[M]. 2nd Edition. New York: Alan R. Liss Inc.

Hay R, 1992. ATCC Quality Control Methods for Cell Lines[M]. 2nd Edition. Rockville, Maryland: American Type Culture Collection.

Paul J, 1975. Cell and Tissue Culture[M]. 5th Edition. London: Churchill Livingstone Publishers.

第14章 家禽呼吸道病毒的分离与鉴定

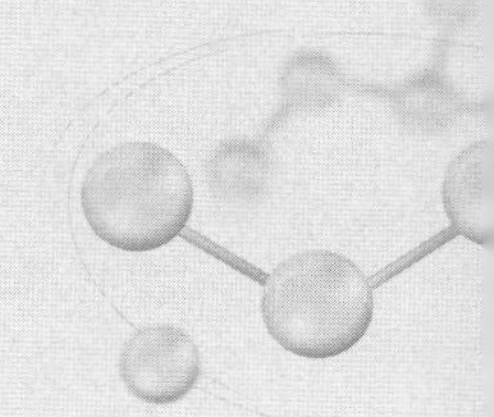

1 目的

分离并鉴定可感染火鸡、鸡、家禽或野生鸟类呼吸道内的病毒和其他病毒性病原体。

2 适用范围

本SOP适用于所有通过细胞培养、鸡胚培养或其他方法进行分离、鉴定禽病毒的实验人员。

3 安全须知

所有与生物样品相关的实验操作必须在生物安全柜中进行，在病理实验室处理生物样品时，必须穿好实验室工作服和戴好乳胶手套。如工作期间需暂停工作接听电话、使用电脑、开门等，须摘下手套以避免生物样品污染公共设施。实验室安全其他日常事项参考本书第3章。

有关化学物质、生物危害物品及储备材料的安全处理应参照生物实验室的国家标准或国际标准，严格制定和执行细胞实验室安全管理条例，如美国生物危害物质的详细信息可通过CDC网站（www.cdc.gov/od/biosfty/bmbl5/bmbl5toc.htm）中第五版微生物和生物医药的生物安全（BMBL）查询。

4 培训要求

本SOP需要的实验技能培训包括：熟练掌握孵化前的鸡种蛋质量检查方法、孵化中的正常鸡胚发育状态观察、接种后死亡鸡胚的判定方法和检查程序。掌握鸡胚的接种与收获和鸡胚细胞的培养，了解血凝（HA）和血凝抑制（HI）试验及其稀释倍数的计算，了解琼脂凝胶免疫扩散（AGID）试验、免疫荧光抗体（FA/IFA）试验的原理与方法，熟悉实验室基本操作技能和无菌技术。了解相关病毒或血清滴度（如病毒HA和血清HI效价）的计算。

5 审阅与修订

本SOP每年或定期审阅，如有程序调整要及时增补修订。

6 存档和分发

本SOP由实验室质量管理员归档并根据标准政策进行发放。本规程原始文件应由实验室的文件管理员存档保存，复印本发送给所有禽病诊断研究室的实验操作人员。

7 质量管理

病毒分离和鉴定实验需要进行质量管理。鸡胚接种时用病毒稀释液（VTM）或PBS接种2～3枚鸡胚作为阴性对照。用灭活禽流感病毒（AIV）或新城疫病毒（NDV）和正常尿囊液作为HA和HI试验的阳性对照和阴性对照。试验最好选用SPF胚，没有SPF胚时可以用呼吸道病毒抗体阴性鸡胚、无AIV和NDV的鸡胚。使用以上鸡胚时必须有文件记录。

8 实验设备、材料和试剂

8.1 设备和材料

- 生物安全柜。
- 组织匀浆机、组织匀浆机样品袋。
- CO_2培养箱。
- 孵化器。
- 照蛋器。
- 倒置显微镜。
- 超低温冰柜。
- 吸管移液器。
- 低温离心机（转子适于15mL、45mL离心管）。
- 无菌镊子和剪刀。

- 无菌离心管，15mL、45mL。
- 2mL冻存管。
- 无菌样品管，12mm × 75mm。
- 无菌移液吸管，1mL、5mL、10mL。
- 过滤器，0.22μm、0.45μm。
- 注射器，1mL、5mL。
- 针头，25G × 5/8″（外径0.5mm × 长15mm）。
- 9 ~ 11d SPF鸡胚（每个样本需5枚胚）。
- T-25cm^{2}或T-75cm^{2}的CEK细胞培养瓶。
- 细胞维持培养液。
- 基础培养基母液（MEM）。
- 400mmol/L谷氨酰胺。
- 200μg/mL庆大霉素。
- 胎牛血清（FBS），56℃热失活30min。
- 病毒稀释液（VTM）。
- 蛋壳打孔锥。
- 胶水或蜡烛（封蛋壳孔）。
- 70%乙醇。
- 生物废品安全袋。
- 锐利废品（废弃针头和玻片等）生物安全容器。
- 乳胶手套。
- 组织包埋剂（O.C.T.，胶状，冷冻成固体）。
- 组织包埋盒（25mm × 25mm × 15mm）。

8.2 病毒稀释液（VTM）的配制

VTM所需的各种试剂是病毒室的常备物品，购入后应根据常规实验的需要进行分装保存。VTM的配制需在生物安全柜中进行。将所需各种试剂加入到500mL MEM的试剂瓶中（表14-1）。配好VTM后应拧紧瓶盖冷藏。MEM培养基含有中性指示剂，颜色变黄或变紫时应丢弃并重新配制。VTM的作用是保持病毒活性、阻止病毒受细菌污染或失活。如果样品仅仅用来进行PCR检测，则VTM中可以不加马血清。

表14-1 病毒稀释液（VTM）配方

序号	试剂名称	容量（mL）
1	MEM	500
2	Hepes Buffer，1mol/L Stock solution	10.0
3	庆大霉素，10mg/mL	10.0
4	卡那霉素，10 000μL/mL	2.5
5	抗生素/抗真菌（青霉素-硫酸链霉素-氨苄西林）	5.0
6	马血清（56℃热灭活30min）	5.0

8.3 处理样品用抗生素配制

1）目的：细菌可能会导致鸡胚死亡，因此需要在组织研磨液或拭子中加入抗生素。

2）试剂（用于添加到临床样品中的混合抗生素）。

- 青霉素G，2瓶（1 000 000单位/瓶）。
- 硫酸链霉素，4g。
- 硫酸卡那霉素，13mL（20mL/瓶，浓度50mg/mL），如果用卡那霉素粉末（784μg/mg），则每批需称量829mg。
- 硫酸庆大霉素，4瓶（10mL/瓶，浓度50mg/mL）。
- 三联混合霉素（如青霉素、链霉素和氨苄西林）。

3）抗生素配制及分装（在生物安全柜中进行）。

- 将三联混合霉素溶解于5mL无菌水中。
- 将青霉素G、硫酸链霉素、硫酸庆大霉素溶解，并倒入125mL锥形瓶中。
- 溶解青霉素G、硫酸链霉素、硫酸庆大霉素的锥形瓶要用MEM润洗。加13mL硫酸卡那霉素（或829mg）于锥形瓶中。
- 加1mL三联混合霉素于锥形瓶中。
- 锥形瓶中加MEM定容至100mL。
- 用1mol/L的NaOH将溶液pH调至6.8～7.4（用量4～6mL）。
- 用0.45μm过滤器进行过滤，过滤后分装于离心管中（2mL/管）。

4）工作浓度：在5mL VTM中加入配好的抗生素0.5mL（表14-2）。

表14-2　抗生素配制

序号	抗生素	原浓度	稀释浓度
1	青霉素G	200 000U/mL	20 000U/mL
2	硫酸链霉素	0.04g/mL	0.004g/mL或4mg/mL
3	硫酸卡那霉素	6.5mg/mL	0.65mg/mL
4	硫酸庆大霉素	20mg/mL	2.0mg/mL
5	三联混合霉素	0.20mg/mL	0.02mg/mL

注：如果接种衣原体，不能使用青霉素！

9　禽呼吸道病毒的形态学和生物学特征

9.1　禽呼吸道病毒

常见禽呼吸道病毒包括新城疫病毒（NDV）或Ⅰ型副黏病毒（PMV-1）、Ⅱ型副黏病毒（PMV-2）和Ⅲ型副黏病毒（PMV-3，感染火鸡），传染性喉气管炎病毒（ILTV，一种疱疹病毒），禽流感病毒（AIV，一种正黏病毒），传染性支气管炎病毒（IBV，一种冠状病毒）和腺病毒（FAV）。

9.2　禽呼吸道病毒的分离和鉴定方法

1）样本选择：呼吸器官如肺和气管，气管拭子或冲洗液；排泄物或排泄物拭子；盲肠扁桃体和肾组织。

2）组织处理：在研磨袋中加入VTM，用组织匀浆机（高速研磨3min）研碎组织，其中VTM∶研碎组织为1∶5（*W*/*V*）。之后将上清液转移到15mL离心管中，做如下标记：

- 样品编号。
- 疑似待检病毒：如AIV、NDV、IBV、ILTV。
- 组织样品：如气管、肺、肝、肾、脾、体液等。
- 接种途径：如细胞系CEK、LMH或鸡胚。
- 处理时间：年/月/日。

如果样本为拭子，将拭子置于涡旋管中，加入3mL VTM 或PBS，涡旋后取出棉签。

3）离心样本：168～377*g*（1 000～1 500r/min，离心机转子半径15cm）、5℃离心10min，储存到−80℃冰柜（可在4～7℃冰箱中保存过夜）。

4）当样品接种鸡胚或受到细菌污染时，需用0.45μm过滤器进行过滤，或者加入10×的抗生素（青霉素G、链霉素、卡那霉素、庆大霉素、三联混合霉素），室温静置30～60min后，168～377*g*（1 000～1 500r/min，离心机转子半径15cm）、4℃离心10min，无需过滤，取上清液。

5）**注意事项：**过滤可能会降低病毒粒子的浓度，聚集的病毒粒子会被截留在过滤器内，这可通过超声处理来减少聚集现象。

9.3 副黏病毒（PMV）、禽流感病毒（AIV）和传染性支气管炎病毒（IBV）的分离方法

1）使用9～11d鸡胚，采用尿囊腔（AC）接种，每个样品接种0.2mL，通常接种5个鸡胚（参见鸡胚病毒接种过程）。

2）如果疑似病毒是PMV、IBV或AIV，根据其分离鉴定的试验方法进行验证。PMV和AIV能凝集鸡红细胞，可通过血凝抑制试验进行鉴定。IBV分离毒株则不发生血凝现象，可以通过IBV单抗Dot-ELISA或者IFA进行鉴定（参见IBV的分离鉴定试验过程）。

9.4 传染性喉气管炎病毒（ILTV）的分离方法

1）采用9～11d鸡胚，绒毛尿囊膜（CAM）途径接种，每份样品接种5个鸡胚，接种量0.2mL/鸡胚（参见鸡胚接种方法）。

2）如果样本疑似病毒是ILTV，则按照ILTV的分离鉴定方法进行鉴定。

9.5 腺病毒（FAV）的分离方法

1）将病毒原液接种到已培养24～48h的单层CEL原代或CEK细胞或LMH细胞中，通常接种后2～3d即可收获（参见腺病毒的分离鉴定方法）。

2）按照FAV分离鉴定方法进行鉴定。

10 结果分析

参考分离出的病毒或者疑似病毒对应的特殊试验方法。如果疑似为混合病毒感染，则必须检测每种病毒的致病性或血清型，以确定其在临床症状中的表现。用该方法能确定疫苗株是否存在污染或者宿主是否自带污染物。如应用鸡胚制备疫苗病毒，检测结果的非疫苗毒株/型即为污染病毒，或是实验室外源污染或是宿主（鸡胚）内源污染。

参考文献

Cottral G E, 1978. Manual of Standardized Methods for Veterinary Microbiology[M]. New York: Comstock Pub Associates.

David E S, Glisson J R, Jackwood M W, et al, 1998. A Laboratory Manual for the Isolation and Identification of Avian Pathogens[M]. 4th Edition. Kennett Square, Pennsylvania: American Association of Avian Pathogens.

Williams S M, Dufour-Zavala, Jackwood M W, et al, 2016. A Laboratory Manual for the Isolation, Identification and Characterization of Avian Pathogens[M]. 6th Edition. Jacksonville, Florida: American Association of Avian Pathogens.

Saif Y M, Fadly A M, Glisson J R, et al, 2008. Diseases of Poultry [M]. 12th Edition. Ames, Iowa: Blackwell Publishing.

第15章 禽流感病毒的分离与鉴定

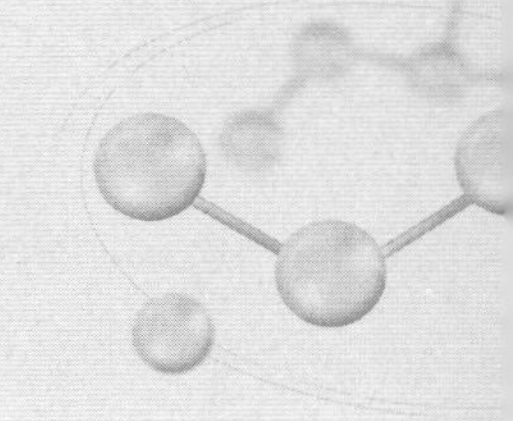

1 目的

本章详述禽流感病毒（Avian Influenza Virus, AIV）的分离和鉴定方法。AIV属于正黏病毒科、A型流感病毒，极易感染各品种家禽和野生鸟类在内的所有禽类而导致禽流感的暴发流行。基于A型AIV表面血凝素（H）蛋白抗原和神经氨酸酶（N）蛋白抗原的种类，到目前为止，已经确定了18个不同的血凝素抗原（H1～H18）和11个不同的神经氨酸酶抗原（N1～N11）。由于AIV的广泛传播与流行，其变异毒株或新血清型不断被发现，如2012年从果蝠体内分离到H17N10亚型，2013年从蝙蝠体内分离到H18N11亚型。在AIV各血清型或亚型中，H5和H7血清型极易变异而成为潜在的高致病性AIV。自20世纪80年代至今世界各地所暴发的高致病禽流感主要由H5和H7型AIV引起，因此H5和H7血清型AIV是最重要的AIV致病或潜在毒株。

2 适用范围

本SOP适用于从事禽流感病毒分离、鉴定的技术人员。

3 安全须知

待检样品的制备和鸡胚接种需要在生物安全柜中进行操作。实验室工作人员都要穿好实验室工作服，在处理生物样品或与生物样品相关的所有工作时要戴好乳胶手套，且必须在生物安全柜内进行。如工作期间需暂停工作接听电话、使用电脑、开门等，须摘下手套以避免生物样品污染公共设施。所有接触过病毒样品的实验器材（如培养皿、手套、离心管等）都必须使用双层生物安全袋包装密封。当生物安全袋装满以后，用胶带封口后，进行高压灭菌。将用过的移液管放到盛有消毒液的烧杯中，浸泡后的消毒液可弃于双层生物安全袋中。实验结束后，将所有试验材料从生物安全柜中取出，用70%乙醇擦拭消毒生物安全柜，打开紫外灯进行过夜消毒，注意第二天要及时关闭紫外灯。

进行病毒分离时用到的无菌手套、解剖刀、解剖剪、镊子等应使用10%次氯酸钠浸泡消毒后方可重复使用。其他的实验用品也需要清洗和消毒。每天消毒计时器，检查盛放离心管的杯子，防止泄漏。为了防止病原的传播，需要进行严格的生物安全措施。

有关化学物质、生物危害物品及储备材料的安全处理应参照生物实验室的国家标准或国际标准，严格制定和执行细胞实验室安全管理条例，如美国生物危害物质的详细信息可通过CDC网站（www.cdc.gov/od/biosfty/bmbl5/bmbl5toc.htm）中第五版微生物和生物医药的生物安全（BMBL）查询。

4 培训要求

本SOP需要的实验技能培训包括：熟练掌握孵化前的鸡种蛋质量检查方法、孵化中的正常鸡胚发育状态观察、接种后死亡鸡胚的判定方法和检查程序。掌握鸡胚病毒的接种与收获、鸡胚细胞培养，了解血凝（HA）和血凝抑制（HI）试验及其稀释倍数的计算，了解琼脂凝胶免疫扩散（AGID）试验、免疫荧光抗体（FA/IFA）试验的原理与方法，熟悉实验室基本操作技能和无菌技术，了解相关病毒或血清的滴度计算（如病毒HA和血清HI效价计算）。

注意事项：培训内容包括手写和电子文档备份，以便于在查找AIV的阳性或可疑样品时方便使用。

5 审阅与修订

本SOP每年或定期审阅，如有程序调整要及时增补修订。

6 存档和分发

本SOP由实验室质量管理员归档并根据标准政策进行发放。本规程原始文件应由实验室的文件管理员存档保存，复印本发送给所有禽病诊断研究室的实验操作人员。

7 质量管理

病毒分离和鉴定试验需要进行质量管理。鸡胚接种时用VTM或PBS接种2～3枚鸡胚作为阴性对照。用灭活AIV或NDV和正常尿囊液作为HA和HI试验的阳性对照和阴性对照。试验最好用SPF胚，没有SPF胚时可以用呼吸道病毒抗体阴性鸡胚、无AIV和NDV的鸡胚。使用以上鸡胚时必须有文件记录。

8 实验方法

8.1 材料与设备

- 生物安全柜。
- 组织匀浆机、组织匀浆机样品袋。
- 鸡胚孵化器。
- 照蛋器。
- 各型号微量移液枪和相应型号无菌枪头。
- 超低温冰柜（－80～－70℃）。
- 低温离心机（转子适于15mL、45 mL离心管）。
- 无菌镊子、剪刀。
- 无菌离心管，15mL、45mL。
- 细胞/病毒冻存管，1.5 ～ 2mL。
- 无菌样品管，12mm×75mm。
- 无菌吸管/移液管，1mL、5mL、10mL。
- 过滤器，0.22μm、0.45μm。
- 注射器，1mL、5mL。
- 针头，25G×5/8″（外径0.5mm × 长15mm）。
- 9～11d SPF鸡胚，每个样本需5枚胚。
- 病毒稀释液、病毒保存液、病毒运输液。
- 蛋壳打孔锥。
- 70%乙醇、200～500 mL 乙醇喷雾瓶。
- 生物废品安全袋，锐利废品（废弃针头、刀片和玻片等）生物安全容器。
- 乳胶手套。
- AIV H5、H7、H9型阳性血清。
- AIV组群、H5和H7亚型单克隆抗体。
- 荧光标记羊抗鼠IgG（IFA试验的第二抗体）。
- FA试剂稀释液。
- FA玻片缓冲液。

- 组织包埋剂（O.C.T.，胶状，冷冻成固体）。
- 组织包埋盒（长25mm × 宽25mm × 深15mm）。
- 细胞培养瓶/皿，T-25cm^2 、T-75cm^2。
- 倒置显微镜、荧光显微镜。
- CO_2培养箱。

8.2 AIV样品处理

1）样品处理：AIV分离鉴定时最好选用气管、肺、气室、鼻窦、肠、输卵管、气管拭子、泄殖腔拭子等，也可以用脾脏、大脑、肝脏和心脏进行病毒分离。组织需用VTM由1：（5 ~ 10）稀释，然后混匀3 ~ 5min。此外，研磨组织需用无菌的组织研磨器，然后把上清液转移到15mL离心管中。采集气管拭子和泄殖腔拭子时一定要将其放置在VTM中保存（3mL VTM可以稀释2 ~ 3个拭子，5mL VTM可以稀释4 ~ 5个拭子），1个含5mL VTM的离心管最多可分装5个拭子。装拭子的离心管应先涡旋震动，再用无菌镊子挤压拭子，最后再弃掉拭子。

2）样品离心、过滤或加抗生素：将组织研磨液或拭子样品转移至15mL无菌管中，然后168 ~ 377*g*（1 000 ~ 1 500r/min，离心机转子半径15cm）、4℃离心10min。收集上清液后按如下两个步骤进行操作（任选其一）：①在样品中加入0.1mL 10 × 抗生素，室温孵育30 ~ 60min；②用0.45μm过滤器过滤。如果样品在48h内接种鸡胚，可先将其置于冰箱中存放，否则应在−80 ~ −70℃超低温冰柜中存放。原始病料应保存在超低温冰柜中。

注意事项：在组织样品或拭子样品离心前加入抗生素。

8.3 AIV分离和鉴定方法流程

AIV分离鉴定试验流程见图15-1。

8.4 AIV分离方法

1）鸡胚接种与孵化：虽然目前有许多分子生物学或单克隆抗体的检测方法（如Directigen、Dot-ELISA），但鸡胚接种仍然是AIV检测的最佳“金标准”。将样品通过尿囊腔（AC）途径接种9 ~ 11d的SPF鸡胚，每个样品接种3 ~ 5枚鸡胚，每枚接种0.2mL。在接种前，用铅笔标示出气室的位置。

注意事项：OIE和NVSL建议在鸡胚接种前，应将样品温度恢复至室温。

2）将鸡胚放置在生物安全柜中，用消毒液对气室周围进行消毒（含3.5%碘和1.5%碘化钠的乙醇）。

3）用蛋壳打孔锥在气室边缘上方2mm处打孔。

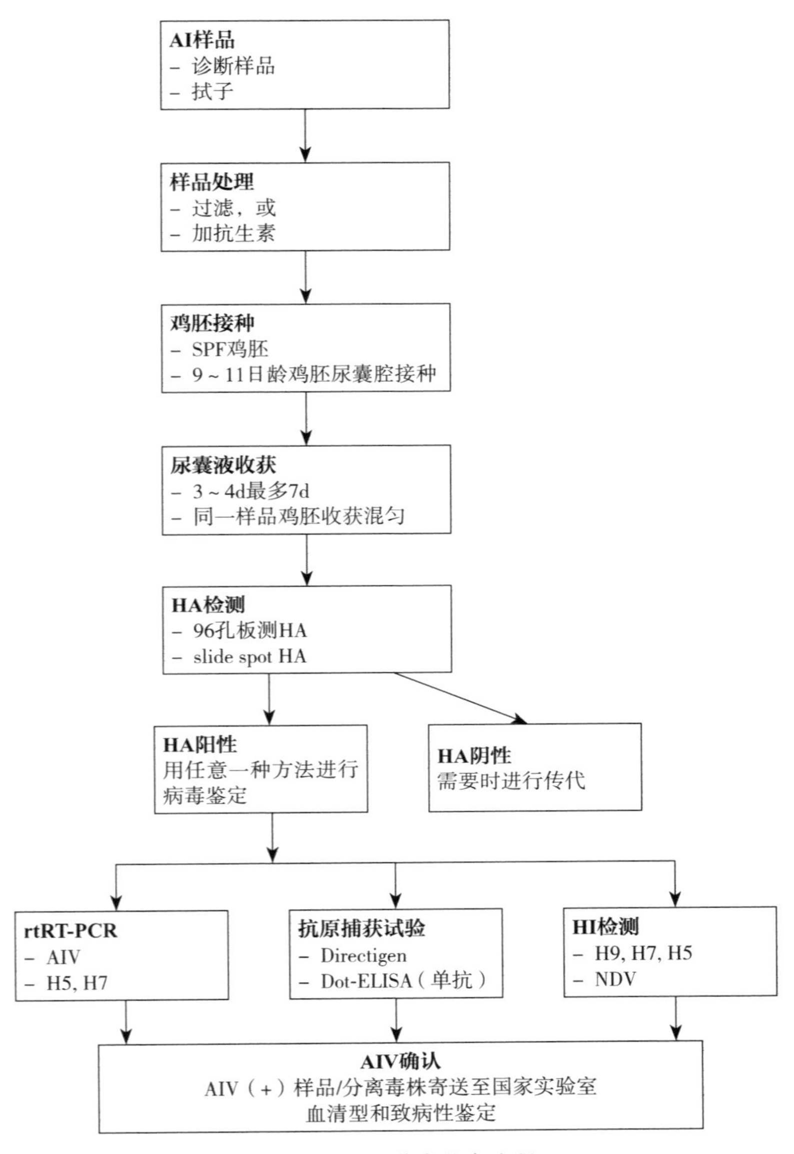

图15-1　AIV分离鉴定流程

4）使用无菌1mL注射器吸取1mL样品，孔中插入针头的2/3，使针头朝蛋壳保持一个小角度，但不接触蛋壳，将0.2mL样品接种到AC中，不同样品接种时需更换注射器。接种完成后用蜡轻轻封口。

5）鸡胚孵化：37℃、80%～90%湿度或50%～55%相对湿度的孵化箱内进行孵化。

6）日常照胚：每日照胚并且弃去24h内死亡的鸡胚（认为是接种损伤所致的死亡）。如果60%～80%的鸡胚在24h内死亡（可判定为非接种损伤所致的死亡），需要收集并进行AIV检测。高致病性禽流感H5N1可在24h内致死鸡胚。24h以后死亡鸡胚置于4℃冰箱保存待检。所有已接种鸡胚可放置37℃温箱孵化3～4d，最多不超过7d。

7）绒毛尿囊液（CAF）的收获：鸡胚接种后3～5d，特殊情况下可延长至6～7d后，将所有鸡胚置于4℃冰箱至少4h或过夜。如果每枚鸡胚只需要1～2mL尿囊液，可以不放置而直接收获。每个样本接种的3～5枚鸡胚的尿囊液收获后可以混匀在一起，但同一样本接种的鸡胚，死亡鸡胚和未死亡鸡胚的尿囊液要分开收获，加以区分。在进行疾病诊断时，死亡鸡胚均要检查病变，未死亡鸡胚则可抽检。

8）**注意事项：**紧急情况或疑似AIV时，仅需少量尿囊液（每枚胚0.5mL）。在鸡胚接种24～48h后，用1mL注射器（25号针头）直接抽取尿囊液，然后将鸡胚蛋封口后继续孵化至收获。早期收获的尿囊液也要进行AIV诊断，因为一些AIV毒株（H7N2和H5N2）在鸡胚上可快速增殖并且可以检测到较高的HA滴度［（1：（2^4～2^6）］。

9）HA检测：用96孔板对尿囊液进行HA检测或玻片HA测试（见HA试验方法SOP）。

8.5 AIV鉴定方法

AIV鉴定可以通过以下任意一个或多个实验方法进行。

1）用商业化Flu A试剂盒检测A型流感、AIV单抗Dot-ELISA检测A型流感或H5和H7、其他抗原捕获试验检测A型流感。

2）Real-time RT-PCR检测A型流感或H5和H7（如实验室有条件，均可做Real-time RT-PCR）。另外，鸡气管拭子也可以直接通过Real-time RT-PCR进行AIV的鉴定，而不用通过鸡胚接种，其结果也被国内、外权威兽医机构所认可。

3）Real-time RT-PCR鉴定环境样品时会出现假阳性结果，不作为最终鉴定结果。不建议用PCR方法进行鉴定。泄殖腔样品可通过Real-time RT-PCR进行鉴定，检测的灵敏度较低，因此病毒分离鉴定仍然是“黄金标准”方法。

4）HI试验进行血清型鉴定（见HI试验方法SOP）。确诊的AIV或疑似样本要送到国家级参考实验室进行进一步确认、亚型鉴定及致病性研究。

5）鸡胚传代：如果第一代鸡胚未被致死，且HA为阴性，可根据临床症状或其他特殊要求进行鸡胚传代，一般传2～3代即可。

6）透射电子显微镜（TEM）检测：收获尿囊液，如HA（+），经低速离心168～377*g*（1 000～1 500r/min，离心机转子半径15cm），然后取上清液再进行高速离心（50 000r/min，1h），其沉淀物即为TEM检测样品。TEM检测是通过观察病毒颗粒的体积及形状而进行最直观的病毒形态学鉴定方法（图15-2）。

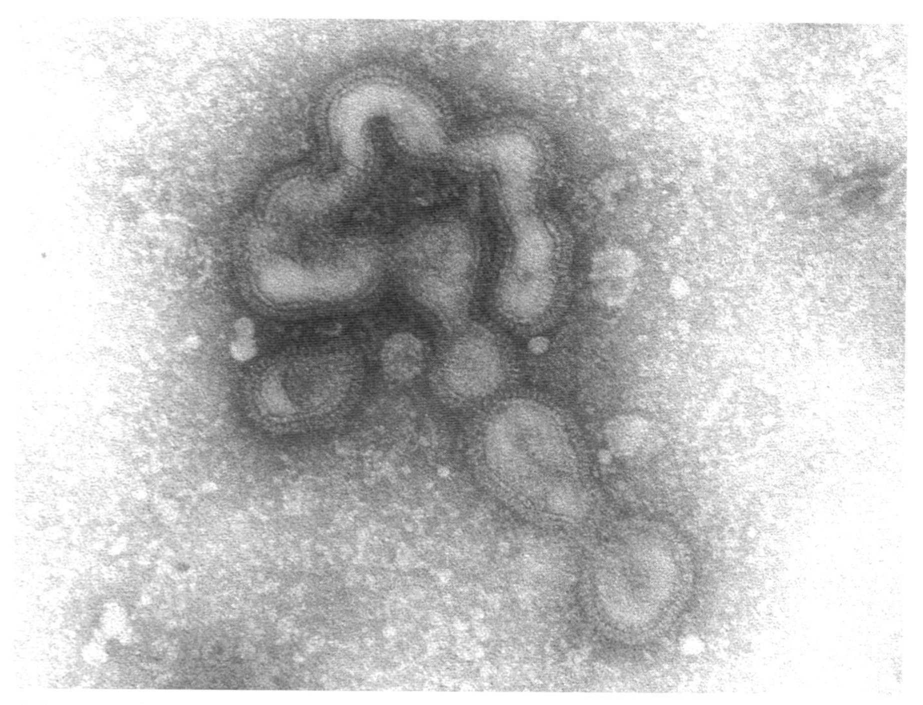

图15-2　电镜观察AIV分离毒株（H7N2/chicken/PA/3779-2/97）呈正黏病毒颗粒形态

参考文献

Cottral G E, 1978. Manual of Standardized Methods for Veterinary Microbiology[M]. Ithaca, New York: Cornell University Press.

Lu H G, Dunn P A, Wallner-Pendleton E A, et al, 2004. Investigation of H7N2 avian influenza outbreaks in two broiler breeder flocks in Pennsylvania, 2001-2002[J]. Avian Dis, 48(1):26-33.

Lu H, Castro A E, 2004. Evaluation of the infectivity, length of infection and immune response of a low-pathogenicity H7N2 avian influenza virus in SPF

Chickens[J]. Avian Dis,48:263-270.

Lu H G, 2007. Emergency assistance in laboratory development for the control of avian influenza in Lao and Cambodia[J]. Avian Dis, 50(1 suppl):359-362.

Lu H G, Ismail M M, Khan O A, et al, 2010. Epidemic Outbreaks, Diagnostics and Control Measures for the H5N1 Highly Pathogenic Avian Influenza Outbreaks in Kingdom of Saudi Arabia, 2007-2008[J]. Avian Dis, 54(1 suppl): 350-356.

Swayne D E, Glisson J, Jackwood M W, et al, 1998. A Laboratory Manual for the Isolation and Identification of Avian Pathogens[M]. 4th Edition. Kennett Square, Pennsylvania: American Association of Avian Pathogens.

Theary R, San S, Davun H, et al, 2012. New Outbreaks of H5N1 Highly Pathogenic Avian Influenza in Domestic Poultry and Wild Birds in Cambodia in 2011[J]. Avian Dis, 56(1 suppl): 861-864.

第16章 禽流感病毒的Dot-ELISA快速检测程序

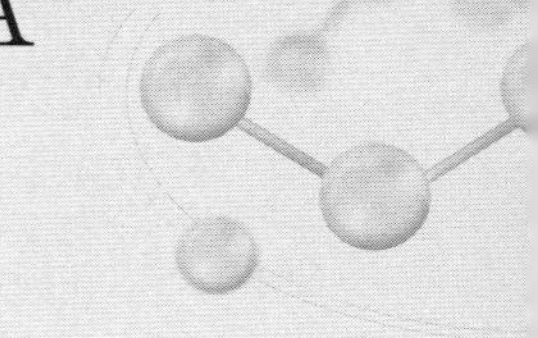

1 目的

斑点酶联免疫吸附试验（Dot-ELISA）是一种快速简便的禽流感病毒（Avian Influenza Virus, AIV）检测方法，从AIV临床样品（如气管拭子、气管研磨液、泄殖腔拭子）或鸡胚尿囊液（CAF）中快速检测AIV。

2 适用范围

本SOP适用于禽病毒诊断或研究室从事禽病毒检测、分离与鉴定的技术人员。

3 版本

本SOP是原始版本的修订版本。

4 安全须知

待检样品的制备和鸡胚接种需要在生物安全柜中进行操作。实验室工作人员都要穿好实验室工作服，在处理生物样品或与生物样品相关的所有工作时要戴好乳胶手套，且必须在生物安全柜内进行。如工作期间需暂停工作接听电话、使用电脑、开门等，须摘下手套以避免生物样品污染公共设施。所有接触过病毒样品的实验器材（如培养皿、手套、离心管等）都必须使用双层生物安全袋包装密封。当生物安全袋装满以后，用胶带封口，进行高压灭菌。将用过的移液管放到盛有消毒液的烧杯中，浸泡后的消毒液可弃于双层生物安全袋中。实验结束后，将所有试验材料从生物安全柜中取出，用70%乙醇擦拭消毒生物安全柜，打开紫外灯进行过夜消毒，注意第二天要及时关闭紫外灯。进行病毒分离时用到的无菌手套、解剖刀、解剖剪、镊子等，应使用10%次氯酸钠浸泡消毒后方可重复使用。其他实验用品也需要清洗和消毒。每天消毒计时器，检查盛放离心管的杯子，防止泄漏。

有关化学物质、生物危害物品及储备材料的安全处理应参照生物实验室的国家标准或国际标准，严格制定和执行细胞实验室安全管理条例，如美国生物危害物质的详细信息可通过CDC网站（www.cdc.gov/od/biosfty/bmbl5/bmbl5toc.htm）中第五版微生物和生物医药的生物安全（BMBL）查询。

5 培训要求

本SOP的特定培训包括：熟练掌握孵化前的鸡种蛋质量检查方法、孵化中的正常鸡胚发育状态观察、接种后死亡鸡胚的判定方法和检查程序。掌握鸡胚接种和收获、Dot-ELISA试验操作和理解、其他生物实验技能及无菌操作技术。实验员应同时具备分析Dot-ELISA结果的知识储备。

6 审阅与修订

本SOP每年或定期审阅，如有程序调整要及时增补修订。

7 存档和分发

本SOP由实验室质量管理员归档并根据标准政策进行发放。本规程原始文件应由实验室的文件管理员存档保存，复印本发送给所有禽病诊断研究室的实验操作人员。

8 质量管理

Dot-ELISA检测每次必须有阴性和阳性的对照样品。因为阳性和阴性对照标准结果是Dot-ELISA结果的有效判断依据。

9 实验方法

9.1 样品选择

Dot-ELISA检测方法的首选样品是鸡胚尿囊液、气管拭子、泄殖腔拭子和新鲜水样粪便样品。

9.2 试剂准备

1）1×Dot-ELISA封闭液（如50mL）：

- 5×浓缩液，10mL。
- dH_2O，40mL。

2）AIV单克隆抗体，工作浓度为1∶500稀释：

- AIV单克隆抗体（IgG原液，鼠腹液），20μL。
- 1×Dot-ELISA封闭液，10mL。

3）羊抗鼠IgG酶标抗体（二抗），工作浓度为1∶（800～1 000）稀释：

- 碱性磷酸酶抗鼠IgG，10μL。
- 1×Dot-ELISA封闭液，10mL。

4）洗涤缓冲液（如100mL，1×工作浓度）：

- 20×浓缩洗液，5mL。
- dH_2O，95mL。

5）BCIP/NBT磷酸酶底物：BCIP/NBT（5-溴-4-氯-3-吲哚基–磷酸盐/四唑硝基蓝），该底物使用时不需要稀释，原液为1×工作浓度。

6）样品处理液：

- 处理液-A，备用。
- 处理液-B，备用。

注意事项：上述试剂1～4可从订购的“Western Blot试剂盒”厂家获得。样品处理液-A和处理液-B（专利产品）由美国宾夕法尼亚州立大学动物疾病诊断禽病毒学实验室提供。每种试剂和工作溶液均需储存于4℃冰箱。在检测试验开始前应将溶液恢复至室温。

9.3 实验步骤

1）用剪刀将硝酸纤维素膜剪开，30mm×12mm大小的膜条可测2份样品，60mm×12mm大小膜条可测5份样品。处理硝酸纤维素膜时，必须戴手套以防油脂或皮屑沾到膜上。

注意事项：硝酸纤维素膜可从BIO-RAD实验室订购。

2）去除硝酸纤维素膜的保护层，正面朝上放置在层析纸上，用铅笔做好标记。加待检样品，每份样品5～10μL，自然干燥后，将膜条依次排放在洁净平皿中，不可以叠放。

3）加入处理液-A，使之浸透硝酸纤维素膜，室温下作用3～5min。

4）用洗液或PBS洗膜条两次，每次浸泡30～60s。将膜条放置在层析纸上干燥至表面无可见水痕（1～2min）。

5）将膜条转移至新平皿中，加入处理液-B，室温下作用3～5min。然后按上述步骤4进行洗涤。

6）加封闭液（完全覆盖膜），室温下反应15～60min或冰箱内过夜。反应后将膜条放置在层析纸上进行干燥至表面无可见水痕。

7）将膜条转移至新平皿中，加入适当浓度的AIV单抗（完全覆盖膜）。室温下（18～26℃）反应30～60min。然后按上述步骤4洗涤三次。

注意事项：该方法可用于AIV群特异性检测（应用AIV组群单抗）和H5、H7亚型检测（应用H5或H7亚型单抗）。

8）将膜条转移至新的平皿中，加入1:（800～1 000）稀释的抗鼠IgG酶标抗体，室温下反应15～60min。然后按上述步骤4洗涤三次。

9）将膜条转移至新的培养皿中，加入BCIP/NBT，避光反应5～15min。待膜条阳性对照样品呈现清晰紫色圆点时，弃去显色液，加入蒸馏水终止反应。随后取出避光干燥，防止褪色（图16-1和彩图4）。

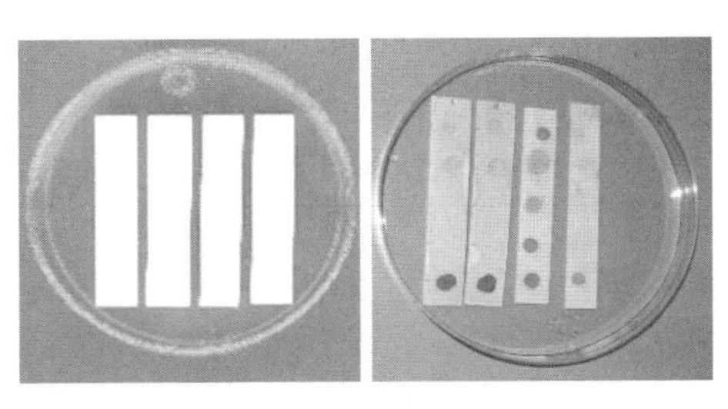

图16-1　Dot-ELISA显色反应

9.4 结果判定

1）阴性反应：样品圆点无色。阴性对照和待检样品都呈无色反应时，该样品判为阴性。

2）阳性反应：样品圆点呈紫色。阳性对照和样品都呈现紫色反应时，该样品判为阳性。AIV组群特异性检测（应用AIV组群单抗）和H5、H7亚型检测（应用H5或H7亚型单抗）阳性结果如图16-2和彩图5所示。

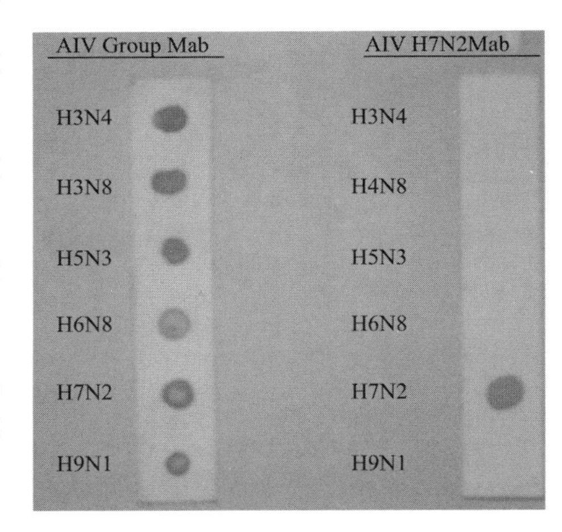

图16-2　AIV Dot-ELISA试验结果

左：AIV组单克隆抗体检测各H型AIV；

右：H7单克隆抗体只检测H7型AIV。

参考文献

Lu H G, 2003. A longitudinal study of a novel Dot-ELISA for detection of avian influenza virus[J]. Avian Dis, 47:361-369.

Lu H G, Dunn P A, Wallner-Pendleton E A, et al, 2004. Investigation of H7N2 avian influenza outbreaks in two broiler breeder flocks in Pennsylvania, 2001-2002[J]. Avian Dis, 48:26-33.

Lu H G, Lin L, Wang R, Li Y, et al, 2012. Development of H5 Subtype-specific Monoclonal Antibodies (MAb) and Mab-based Assays for Rapid Detection of H5 Avian Influenza[J]. Health, 4: 923-926.

第17章 禽呼肠孤病毒的分离与鉴定

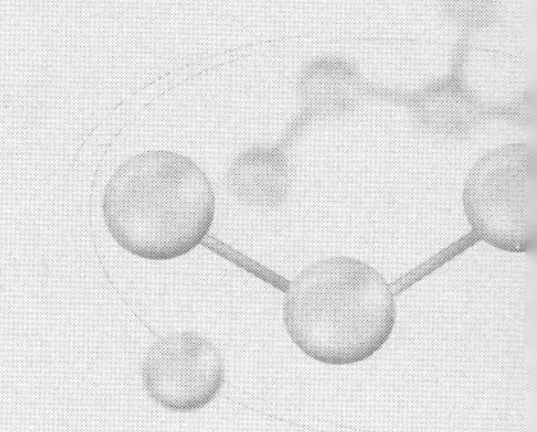

1 目的

禽呼肠孤病毒（Avian Reovirus, ARV）可以感染鸡、火鸡和其他禽类，本章专为分离和鉴定禽呼肠孤病毒而研发制定标准操作规程（SOP）。

2 适用范围

本SOP适用于从事病毒分离鉴定、细胞培养、鸡胚接种的技术人员。

3 安全须知

所有送检样品的制备和鸡胚接种需要在生物安全柜中进行操作。实验室工作人员都要穿好实验室工作服，在处理生物样品或与生物样品相关的所有工作时要戴好乳胶手套，且必须在生物安全柜内进行。如工作期间需暂停工作接听电话、使用电脑、开门等时，要摘下手套以避免生物样品污染此类公共设施。所有接触过病毒样品的实验器材（如培养皿、手套、离心管等）都必须使用双层生物安全袋包装密封。当生物安全袋装满以后，用胶带封口后，进行高压灭菌。将用过的移液管放到盛有消毒液的烧杯中，浸泡后的消毒液可弃于双层生物安全袋中。实验结束后，将所有试验材料从生物安全柜中取出，用70%乙醇擦拭消毒生物安全柜，打开紫外灯进行过夜消毒，注意第二天要及时关闭紫外灯。进行病毒分离时用到的无菌手套、解剖刀、解剖剪、镊子等应使用10%次氯酸钠浸泡消毒后方可重复使用。其他的实验用品也需要清洗和消毒。每天消毒计时器，检查盛放离心管的杯子，防止泄漏。为了防止病原的传播，需要进行严格的生物安全措施。

有关化学物质、生物危害物品及储备材料的安全处理应参照生物实验室的国家标准或国际标准，严格制定和执行细胞实验室安全管理条例，如美国生物危害物质的详细信息可通过CDC网站（www.cdc.gov/od/biosfty/bmbl5/bmbl5toc.htm）中第五版微生物和生物医药的生物安全（BMBL）查询。

4 培训要求

本SOP需进行的培训包括：熟练掌握孵化前的鸡种蛋质量检查方法、孵化中的正常鸡胚发育状态观察、接种后死亡鸡胚的判定方法和检查程序。掌握鸡胚接种与收获、鸡胚细胞培养、血凝（HA）试验/血凝抑制（HI）试验操作及试剂配制、琼脂免疫扩散试验（AGID）和免疫荧光抗体（FA）等常规抗体与抗原反应的免疫试验技术。另外，实验操作人员应该具有判别细胞病变和实验结果判定等实践知识和技能。

5 审阅和修订

本SOP每年或定期审阅，如有程序调整要及时增补修订。

6 存档和分发

本SOP由实验室质量管理员归档并根据标准政策进行发放。本规程原始文件应由实验室的文件管理员存档保存，复印本发送给所有禽病诊断研究室的实验操作人员。

7 质量管理

病毒分离和鉴定的所有实验操作都应该进行质量控制。鸡胚接种时，病毒稀释液（VTM）接种2～3枚胚作为阴性对照。病毒分离时，需用T-25cm^{2}细胞瓶培养细胞作为阴性对照。HA/HI试验需要用禽流感病毒（AIV）或新城疫病毒（NDV）作为阳性对照，正常尿囊液作为阴性对照。用鸡胚或鸡胚细胞进行病毒分离时需用SPF鸡胚。

8 实验方法

8.1 材料与设备

- 生物安全柜。
- 组织匀浆机、组织匀浆机样品袋。
- CO_2培养箱。

- 鸡胚孵化器。
- 照蛋器。
- 各型号微量移液枪和相应型号无菌枪头。
- 超低温冰柜（−80～−70℃）。
- 倒置显微镜。
- 低温离心机（转子适于15mL、45mL离心管）。
- 无菌镊子、剪刀。
- 无菌离心管，15mL、45mL。
- 2mL冻存管。
- 样品试管，12mm×75mm。
- 无菌吸管/移液管，1mL、5mL、10mL。
- 过滤器，0.22μm、0.45μm。
- 注射器，1mL、5mL。
- 25号针头。
- 9～11d SPF鸡胚，每个样品需5枚胚。
- T-25cm^{2}和T-75cm^{2}细胞培养瓶。
- 基础培养基母液（MEM）。
- 病毒稀释液或保存液（VTM）。
- 谷氨酰胺（400mmol/L）。
- 庆大霉素（200μg/mL）。
- 胎牛血清（FBS）（56℃灭活30min）。
- 蛋壳打孔锥。
- 封蛋孔用胶水。
- 70%乙醇。
- 乳胶手套。
- 锐利废品（废弃针头和玻片等）生物安全容器、生物废品安全袋。
- 荧光标记的ARV抗血清（或抗ARV的FA试剂）。
- 组织包埋剂。
- 组织包埋盒（25mm×25mm×15mm）。

8.2 ARV的形态和生物学特性

1）ARV是双链RNA病毒，聚丙烯酰胺凝胶电泳（PAGE）可将全病毒RNA分为10个RNA基因节段。病毒颗粒外形呈二十面体对称并具有双层衣壳结构，完整的病毒粒子直径60～80nm。

2）ARV可接种鸡胚细胞、鸡肝上皮瘤（LMH）细胞或鸡胚进行病毒分离。该病毒感染各种禽类，可导致病毒性关节炎、腱鞘炎、肠炎。

8.3 动物样品选择

腿关节滑液、肌腱鞘，脾、泄殖腔拭子、气管或气管拭子、肠和粪便。

8.4 动物组织样品处理

1）在研磨袋中加入VTM（VTM∶剪碎组织以1∶5为宜，*W/V*），用组织匀浆机高速研磨1～3min，之后将上清液转移到15mL离心管中，做如下标记：

- 样品编号。
- 疑似待检病毒：如ARV、FAV、PHV等。
- 组织样品：如气管、肺、肝、肾、脾、体液等。
- 接种途径：如细胞系CEK、LMH或鸡胚。
- 处理时间：年/月/日。

2）如果是气管或泄殖腔拭子样品，则加2～3mL VTM至1～2个拭子棉签/管；或4～5mL VTM至3～5个拭子棉签/管。棉签试管放试管震荡器上震荡，以使样品融入VTM。

3）样品离心：样品管离心，1 200～1 500r/min（转子半径为15cm的离心机）、4℃离心10min。

4）无菌处理：用5mL注射器取样品上清液，然后卸下针头换上0.45μm的过滤器进行过滤（如果样品很难过滤，可以先用0.8μm的过滤器进行初滤）。处理后的样品，如1～2d接种用，可在4～7℃冰箱内过夜存放；如2d后接种，则存放于－80℃冰柜为宜。

注意事项：过滤可能会降低病毒粒子的浓度，这些病毒粒子可聚集、截留在过滤器内，通过超声处理可减少这种聚集现象。

9 ARV的细胞培养分离和细胞传代

1）鸡胚（CEK、CEL、CEF）细胞或鸡肝上皮瘤（LMH）细胞在细胞培养瓶中培养24～48h内，通常可长满单层细胞，此时适于接种。在细胞瓶上标注样品编号、样品类型、接种日期等。每瓶细胞（如T-25cm^{2}细胞瓶）接种一份样品，或每孔细胞（如6孔、12孔、24孔细胞板）接种一份样品。每次接种均要留有不接种样品（接种VTM）作为空白对照。

注意事项：单层细胞长满至瓶底75%～90%时，也可用于样品接种。

2）接种时，首先弃去生长液，用适量无菌PBS冲洗细胞层一次，以除去残留生长液（含胎牛血清），然后弃去PBS，接种样品。加入样品上清液，T-25cm^{2}细胞瓶加0.5mL；T-75cm^{2}细胞瓶加1.5mL。另加VTM作为阴性对照。

3）接种后的细胞瓶置37℃孵育30～40min后，加入细胞维持液。细胞瓶按4.5mL/T-25cm^{2}瓶为参照计算，即T-25cm^{2}细胞瓶加4.5mL，T-75cm^{2}细胞瓶加13.5mL；多孔细胞板以12mL/板为参照计算，即12孔板加1mL/孔，24孔板加0.5mL/孔。适当拧紧瓶盖，放入5%CO_2、37℃细胞培养箱进行培养。

4）接种样品细胞应每天镜检1～2次，每天观察细胞变化状态，记录结果。ARV感染细胞后的典型细胞病变（CPE）为出现"气球样"大细胞，可出现在单层细胞中或脱离细胞层而游离于培养液中。当细胞层CPE细胞达70%～100%时即可终止培养，放入－80℃冰柜冻存。

5）如细胞培养5～7d后无病变，则终止培养，反复冻融2～3次，接种下代细胞即进行细胞传代培养。每代细胞培养物样品可按1:（2～5）VTM稀释或用原液（不稀释）接种下代细胞。各代次收集的细胞培养物均需保存，直到获得最终结果。如病毒分离阳性，则各代次都保留；病毒分离阴性可不保留。

10 ARV的鸡胚接种分离和鸡胚传代

1）用5～7d鸡胚，通过卵黄囊（YS）或绒毛尿囊膜（CAM）接种，每份样品接种5枚，每枚0.2mL（见鸡胚接种操作程序）。另外，VTM接种3～5枚作为阴性对照。

2）鸡胚接种后放入37℃、湿度80%～90%的孵化器内孵育5～7d。

3）每日照胚一次，检查鸡胚发育或死亡情况。收集死亡鸡胚的尿囊液（CAF）进行HA试验，并观察鸡胚病变（胚体出血或枣红色病变、内脏肿大或出血、发育不良）。接种后的ARV会在3～5d内致死鸡胚。

4）接种5～7d后，所有鸡胚（包括活胚）均终止孵育，转至4℃冰箱冷藏。然后收集尿囊液，检查鸡胚病变。

5）根据临床病变或其他情况进行鸡胚传代。

11 ARV的鉴定方法

1）FA试验：详见第18章（CPE细胞准备，CPE细胞玻片的FA染色法和结果判定）。ARV的FA检测结果如图17-1和彩图6所示。

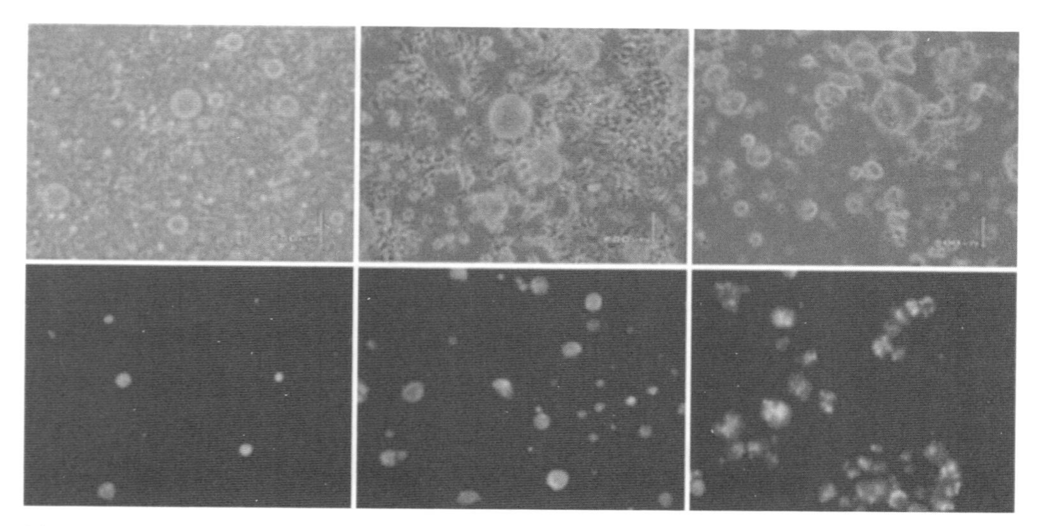

图17-1　ARV感染LMH细胞培养所产生的气球样病变细胞（上行）和应用ARV免疫荧光抗体的FA染色阳性结果（下行）

2）AGID试验：胚体与VTM混合后，用组织研磨器进行研磨。用胚体研磨液作为抗原进行AGID试验，24～48h内出现沉淀线为阳性，无沉淀线为阴性（详见AGID试验之SOP）。CPE（+）细胞培养物冻融后用做AGID试验，检测ARV抗原。

3）血清中和试验（SN）：疑似ARV的CPE（+）细胞液，可用ARV阳性血清做SN试验进行ARV鉴定（详见SN试验之SOP）。

4）透射电子显微镜（TEM）检测：收获CPE（+）的细胞培养物，冻融后经低速离心168～377*g*（1 000～1 500r/min离心机，转子半径15cm），然后取上清液再进行高速离心（50 000r/min，1h），其沉淀物即为TEM检测样品。TEM检测是通过观察病毒颗粒的体积及形状而进行最直观的病毒形态学鉴定方法（图17-2和彩图7）。

注意事项：为了获得电镜观察所需的病毒浓度，病毒需在T-75cm^{2}细胞培养

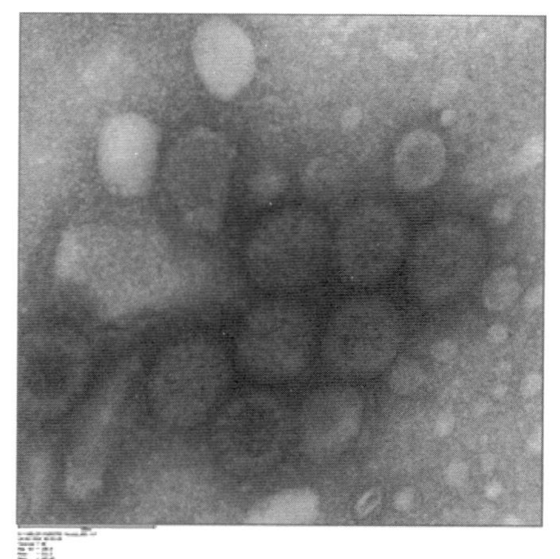

图17-2　电镜观察ARV分离毒株（Reo/PA/Broiler/04455/13）呈颗粒状外形（呈二十面体对称）

瓶中培养，以便获取至少10～15mL的CPE（+）细胞培养物。

5）鸡胚尿囊液（CAF）和细胞培养物上清液需经过HA试验检测（详见HA试验之SOP），以排除AIV或NDV。

6）反转录聚合酶链式反应（RT-PCR）、高通量基因测序（NGS）：详细方法请见RT-PCR和NGS检测鉴定ARV的SOP。

12 结果判定

1）样品接种鸡胚后，鸡胚未死亡、没有胚体病变、尿囊液HA试验阴性者，可初步判定该检测样品为病毒分离阴性。

2）样品接种细胞培养并连续2～3代次细胞传代，均未出现CPE者，则该样品可以判定为ARV或其他病毒分离阴性。

3）FA、SN、AGID试验、RT-PCR、NGS、TEM病毒形态观察等方法都是鉴定ARV的有效方法。

4）由于ARV是常见的禽类肠道病毒，因此在通常情况下，肠道样品分离的ARV可能是非致病性ARV。其他组织脏器，特别是腿关节滑液和肌腱鞘组织中分离到的ARV，则很可能是极有研究价值的ARV致病毒株、变异毒株或新毒株。

参考文献

Cottral G E, 1978. Manual of Standardized Methods for Veterinary Microbiology[M]. Ithaca, New York: Cornell University Press.

Lu H G, Tang Y, et al, 2014. Isolation and molecular characterization of newly emerging avian reovirus variants and novel strains in Pennsylvania, USA, 2011–2014[J]. Nature Scientific Reports | 5:14727 | DOI: 10.1038/srep14727.

Williams S M, Dufour-Zavala, Jackwood M W, et al, 2016. A Laboratory Manual for the Isolation, Identification and Characterization of Avian Pathogens[M]. 6th Edition. Jacksonville, Florida: American Association of Avian Pathogens.

第18章 免疫荧光抗体染色法检测细胞分离培养的禽呼肠孤病毒

1 目的

培养细胞接种禽呼肠孤病毒（Avian Reovirus，ARV）后会产生特定的形似“气球”状细胞病变（CPE）或CPE（+）。本SOP的目的是应用免疫荧光抗体（FA）染色法检测CPE（+）而快速检测和鉴定ARV。

2 适用范围

本SOP适用于禽病毒诊断或研究室从事禽病毒分离鉴定的技术人员。

3 版本

本SOP是原始版本的修订版本。

4 安全须知

实验室工作人员都要穿好实验室工作服，在处理生物样品或与生物样品相关的所有工作时还要戴好乳胶手套，操作必须在生物安全柜内进行。如工作期间需暂停工作接听电话、使用电脑、开门等，须摘下手套以避免生物样品污染公共设施。关于实验室安全规程的详细内容，请参考本书第3章。

有关化学物质、生物危害物品及储备材料的安全处理应参照生物实验室的国家标准或国际标准，严格制定和执行细胞实验室安全管理条例，如美国生物危害物质的详细信息可通过CDC网站（www.cdc.gov/od/biosfty/bmbl5/bmbl5toc.htm）中第五版微生物和生物医药的生物安全（BMBL）查询。

5 培训要求

本SOP需进行的培训包括：家禽样品处理、原代和二代鸡胚细胞和其他细胞系的准备、细胞培养和传代、细胞接种和观察、细胞病变的判别、病变细胞的收获和FA检测、准备和配制FA试剂，熟练掌握基本实验操作技术。技术人员应具备结果分析、辨别非特异性染色的能力。

6 审阅与修订

本SOP每年或定期审阅，如有程序调整要及时增补修订。

7 存档和分发

本SOP由实验室质量管理员归档并根据标准政策进行发放。本规程原始文件应由实验室的文件管理员存档保存，复印本发送给所有禽病诊断研究室的实验操作人员。

8 质量管理

用正常不接种的鸡肝上皮瘤（LMH）细胞作阴性对照。用已知ARV感染的CPE细胞作阳性对照，70%以上细胞出现CPE时收获。

9 实验方法

9.1 材料与设备

- 生物安全柜。
- 乳胶手套。
- 生物废品安全袋。
- 锐利废品（废弃针头和玻片等）生物安全容器。
- 组织匀浆机、组织匀浆机样品袋。
- 无菌移液吸管，1mL、2mL、5mL、10mL。
- 吸管移液器。
- 洁净玻片，25mm × 75mm。
- 玻璃油笔。
- 抗ARV的FA试剂。

- FA稀释液。

9.2 CPE细胞准备

ARV感染细胞后呈现气球状巨型CPE细胞，并随后破裂而释放出病毒，导致产生更多的CPE细胞。为此，按如下步骤收获CPE细胞进行FA检测ARV：

1）从细胞瓶中吸取1.0～1.5mL培养液至无菌2mL微量离心管中。4℃、800r/min离心8～10min。

2）将上清液回收到原培养瓶中，管中留少许（约0.1mL）培养液，重新将管中的CPE细胞悬浮。

3）吸取CPE细胞悬液，滴加至玻璃片上，每份样品1/2滴，每玻片可涂指印大小2份样品，每份样品做2～3个重复玻片。

4）上述步骤需在生物安全柜中进行操作。CPE细胞玻片在安全柜内风干后，将玻片放入－20℃预冷的丙酮液中固定10min（该步骤应在－20℃冰柜中进行）。

5）固定10min后，取出玻片，室温风干，准备FA染色。

9.3 CPE细胞玻片的FA染色法

1）用玻璃油笔在玻片上画出CPE细胞区域（注意不要刮掉CPE细胞）。

2）滴加抗ARV的特异性FA试剂（1∶100稀释），使其浸润CPE细胞，摆放玻片于湿盒内以防FA试剂蒸发，置（37±1）℃温箱中孵育30～40min。

3）用PBS（8.0g NaCl，0.2g KCl，1.15g Na_2HPO_4, 0.2g KH_2PO_4，1 000mL ddH_2O）轻轻冲洗玻片的FA试剂（不要直接冲洗CPE细胞区，让PBS从玻片边缘流过）。另一种洗片方法是，将玻片置于玻片架中，放在带有转子的方形玻片染缸内，倒入PBS直至浸没玻片，将玻片染色缸放在搅拌盘上，让缸内底部转子缓慢搅拌8～10min，然后将玻片取出正面朝上放在纸巾上晾干。

4）FA染色后，滴加FA镜检玻片剂（50%PBS缓冲液，50%甘油，pH8.4），加盖玻片，用荧光显微镜观察FA染色结果。

5）若在1～2h内观察，可将玻片放在室温下，否则应放在4～7℃冰箱保存。所有的玻片应在制作完成后24h内镜检观察。

9.4 结果判定

1）FA阳性：CPE细胞呈现绿色荧光着色，似苹果绿色，即为ARV阳性。

2）FA阴性：CPE细胞无绿色荧光着色，即为ARV阴性。

参考文献

Lu H G, Tang T, Dune P A, et al, 2015. Isolation and molecular characterization of newly emerging avian reovirus variants and novel strains in Pennsylvania, USA, 2011-2014[J]. Nature Scientific Reports |5:14727|DOI:10.1038/srep 14727.

第19章 副黏病毒的分离与鉴定

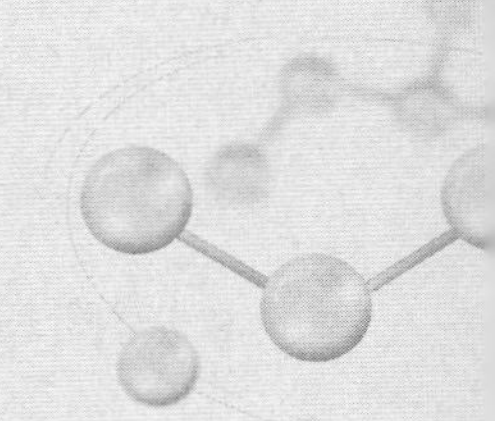

1 目的

禽副黏病毒（Paramyxoviruses，PMVs）有9个亚型（PMV-1～PMV-9），各型PMV对圈养鸡、野鸡及火鸡均有感染性或致病性。本章主要阐述PMVs的分离与鉴定标准程序。

2 适用范围

本SOP适用于从事禽类细胞培养和病毒分离鉴定的所有技术人员。

3 安全须知

实验室工作人员都要穿好实验室工作服，在处理生物样品或与生物样品相关的所有工作时要戴好乳胶手套，且必须在生物安全柜内进行操作。如工作期间需暂停工作接听电话、使用电脑、开门等，须摘下手套以避免生物样品污染公共设施。关于实验室安全规程请参考本书第3章。

有关化学物质、生物危害物品及储备材料的安全处理应参照生物实验室的国家标准或国际标准，严格制定和执行细胞实验室安全管理条例，如美国生物危害物质的详细信息可通过CDC网站（www.cdc.gov/od/biosfty/bmbl5/bmbl5toc.htm）中第五版微生物和生物医药的生物安全（BMBL）查询。

4 培训要求

本章培训内容包括：熟练掌握孵化前的鸡种蛋质量检查方法、孵化中的正常鸡胚发育状态观察、接种后死亡鸡胚的判定方法和检查程序。掌握鸡胚病毒的接种与收获，了解血凝（HA）和血凝抑制（HI）试验及其稀释倍数的计算，了解琼脂凝胶免疫扩散（AGID）试验，熟悉实验室基本操作技能和无菌技术，了解相关病毒或血清滴度（如病毒HA和血清HI效价）的计算。

5 审阅与修订

本SOP每年或定期审阅，如有程序调整要及时增补修订。

6 存档与分发

本SOP由实验室质量管理员归档并根据标准政策进行发放。本规程原始文件应由实验室的文件管理员存档保存，复印本发送给所有禽病诊断研究室的实验操作人员。

7 质量管理

病毒分离与鉴定试验需要进行质量管理。鸡胚接种时用病毒稀释液（VTM）或PBS接种2～3枚鸡胚作为阴性对照。用灭活禽流感病毒（AIV）或新城疫病毒（NDV）和正常尿囊液（CAF）作为HA和HI试验的阳性对照和阴性对照。试验最好用无特定病原（SPF）胚，没有SPF胚时可以用AIV抗体阴性鸡胚、无AIV和NDV的鸡胚。使用以上鸡胚时必须有检测记录。

8 实验方法

8.1 PMV形态学及生物学特性

1）PMV是一种螺旋对称的单链RNA病毒。病毒颗粒直径100～500nm，形状呈丝状，其表面突起大小约8nm，核衣壳具有特殊的“人”字形外观。

2）病毒表面存在一种神经氨酸酶，与血凝素蛋白有关，因此可用HA和HI试验进行病毒亚型的区分鉴定。

8.2 材料与设备

- 生物安全柜。
- 组织匀浆机、组织匀浆机样品袋。
- 鸡胚孵化器。
- 照蛋器。
- 吸管移液器。
- 超低温冰柜（－80～－70℃）。

- 台式冷冻离心机。
- 无菌镊子和剪刀。
- 无菌离心管，15mL、45mL。
- 2mL冻存管。
- 样品试管，12mm × 75mm。
- 无菌吸管/移液管，1mL、2mL、5mL、10mL。
- 过滤器，0.22μm、0.45μm。
- 注射器，1mL、5mL。
- 针头，25G × 5/8″（外径0.5mm × 长15mm）。
- 9 ~ 11d SPF鸡胚，每个样本需5枚胚。
- 病毒稀释液（VTM）。
- 蛋壳打孔椎。
- 70%乙醇。
- 生物废品袋，锐利废品（废弃针头和玻片等）生物安全容器。
- 乳胶手套。
- PMV-1、PMV-2、PMV-3型抗血清。

8.3 动物组织样品选择和处理

1）组织样品选择：气管和泄殖腔拭子、肺、肝、脾、肾、气室、心脏、脑（病鸡有神经症状时采集脑组织）、肠道、粪便。

2）在研磨袋中加入VTM（VTM∶剪碎组织以1∶5为宜，*W/V*），用组织匀浆机高速研磨1 ~ 3min，之后将上清液转移到15mL离心管中，做如下标记：

- 样品编号。
- 疑似待检病毒：如PMV-1、AIV、ARV。
- 组织样品：如气管、肺、肝、肾、脾、体液等。
- 接种途径：如细胞系CEK、LMH或鸡胚。
- 处理日期：年/月/日。

3）如果检测样品是气管或泄殖腔拭子，则加VTM 2 ~ 3mL至1 ~ 2个拭子棉签/管；或加VTM 4 ~ 5mL至3 ~ 5个拭子棉签/管。棉签试管于试管振荡器上震荡，以使样品融入VTM。

4）样品离心：样品管离心，168 ~ 377*g*（1 000 ~ 1 500r/min，离心机转子半径15cm）、4℃离心10min。

5）无菌处理：用5mL注射器取样品上清液，然后卸下针头换上0.45μm的过滤器进行过滤（如果样品很难过滤，可以先用0.8μm的过滤器进行初滤）。处理后的样品，如当日或次日接种用，可在4～7℃冰箱内过夜存放；如2d后接种，则存放于−80℃冰柜为宜。

注意事项：过滤可能会降低病毒粒子的浓度，这些病毒粒子可聚集、截留在过滤器内，通过超声处理可减少这种聚集现象。

8.4 组织样品的鸡胚接种

1）样品接种9～11d鸡胚，尿囊腔途径，每枚鸡胚0.2mL，每份样品3～5枚（见鸡胚接种规程）。另外，用VTM接种3～5枚鸡胚作为阴性对照。

2）接种后鸡胚于37℃、80%～90%湿度的孵化器内孵育3～5d。

3）每日照胚，死亡胚放入4℃冰箱冷却至少2h或隔夜，然后收集尿囊液，检查胚体是否有胚体病变（如胚体出血、脏器肿大等）。①如果死亡鸡胚中存在病变，则取出胚体，去除眼睛、喙、腿翅部位；留胚体部分，加入VTM制成胚体组织液，用于鸡胚传代接种；②HA试验检测尿囊液（见HA试验规程）。如果HA检测为阴性，将胚体研磨液与尿囊液混合接种SPF鸡胚，进行第2代鸡胚的病毒分离。

4）接种鸡胚孵育5d后终止孵育，将所有活的鸡胚转入4℃冰箱冷却至少2h或过夜，然后收集尿囊液，检查胚体是否有异常病变。

9 PMV的鉴定

1）HA试验检测每份样品的尿囊液，HA阴性即为PMV病毒分离阴性。

2）如HA检测阳性，做HI试验鉴定是否是PMV毒株及其血清型。HI试验首先用PMV-1（NDV）特异血清鉴定PMV-1（NDV）毒株；如PMV-1检测阴性，用PMV-2特异血清检测PMV-2毒株；火鸡副流感（PMV-3）特异血清检测火鸡副流感（PMV-3）毒株。这是最常见的PMV毒株的三种血清型，即PMV-1、PMV-2和PMV-3。

3）电子显微镜（EM）鉴定：用电镜观察病毒粒子形态，检测其他HA阳性尿囊液样品（PMV-1、PMV-2和PMV-3皆是阴性的尿囊液样品）是否存在PMV-4～PMV-9、正黏病毒或其他病原微生物（如支原体）。

注意事项：电镜检测尿囊液样品不能冷冻，因冷冻后会形成蛋白沉淀物质而影响电镜观察结果。

10 用于病毒鉴定的HI滴度判定标准及释义

1）HI试验结果示例：用特异性抗血清进行PMV亚型鉴定。例如，阳性对照PMV-2病毒液与其PMV-2抗血清反应的HI滴度为1∶32。如检测样品尿囊液与

PMV-2血清的HI滴度也为1∶32时，即该检测样品与阳性对照毒株的HI滴度完全相同，则该样品判定为PMV-2病毒阳性。

2）如果检测样品与阳性对照毒株的HI滴度是1∶16（比阳性对照1∶32小一个倍量），或是1∶64（比1∶32大一个倍量），则该样品仍判定为PMV-2病毒阳性。这是基于HI滴度的一个倍量差异，是试验误差的允许范围。

3）如果检测样品与阳性对照毒株的HI滴度之差超过两个倍量时，则该样品与阳性对照毒株是不同的，可能是PMV-2的变异株或PMV其他亚型。因此，该PMV疑似样品应送至高级实验室或国家级实验室进行鉴定。

11 结果判定

1）HA效价：HA效价大于等于1∶8的死亡鸡胚则判定为样品中含有HA阳性病毒。通过HA/HI试验或电子显微镜观察病毒形态，从而鉴定和确认病毒为PMV。

2）PMV致病性鉴定：鉴定分离到的PMV是弱毒株/疫苗株（弱毒疫苗）或是强毒株，可通过试验鸡的攻毒试验进行鉴定。鉴定PMV-1分离毒株是否为速发性嗜内脏型新城疫（VV-NDV）、速发性嗜肺脑型新城疫（NV-NDV）、中发型新城疫（M-NDV）或缓发型新城疫（L-NDV）的变异毒株需要接种鸡胚（鸡胚平均死亡时间）或雏鸡进一步评估。

参考文献

Cottral G E, 1978. Manual of Standardized Methods for Veterinary Microbiology[M]. Ithaca, New York: Cornell University Press.

Calnek B W, Barnes H J, Beard C W, et al, 1991. Diseases of Poultry[M]. 9th Edition. Ames, Iowa: Iowa State University Press.

Hitchner S B, Domermuth C H, Purchase H G, et al, 1975. Isolation and Identification of Avian Pathogens[M]. Ithaca, New York: Arnold Printing Corporation.

Swayne D E, Glisson J, Jackwood M W, et al, 1998. A Laboratory Manual for the Isolation and Identification of Avian Pathogens[M]. 4th Edition. Kennett Square, Pennsylvania: American Association of Avian Pathogens.

Swayne D E, Boulianne M, Logue C M, et al, 2020. Diseases of Poultry[M]. 14th Edition. Hoboken, NJ: John Wiley & Sons, Inc.

第20章 副黏病毒的毒力测定

1 目的

本章以副黏病毒Ⅰ型毒株（Paramyxovirus type 1，PMV-1）为例，阐述以接种鸡胚而致死鸡胚的能力为标准来鉴定PMV。

本章内容主要介绍用鸡胚平均致死时间（MDT）的方法对新城疫病毒（NDV或PMV-1）分离株（如强毒型/速发型、中强毒型/中发型或弱毒型/缓发型）进行毒力测定。

2 适用范围

本SOP适用于从事禽病毒学诊断、病毒分离与鉴定的技术人员。

3 安全须知

实验室工作人员都要穿好实验室工作服，在处理生物样品或与生物样品相关的所有工作时还要戴好乳胶手套，且必须在生物安全柜内进行。如工作期间需暂停工作接听电话、使用电脑、开门等，须摘下手套以避免生物样品污染公共设施。关于实验室安全规程请参考本书第3章。

有关化学物质、生物危害物品及储备材料的安全处理应参照生物实验室的国家标准或国际标准，严格制定和执行细胞实验室安全管理条例，如美国生物危害物质的详细信息可通过CDC网站（www.cdc.gov/od/biosfty/bmbl5/bmbl5toc.htm）中第五版微生物和生物医药的生物安全（BMBL）查询。

4 培训要求

本SOP培训内容包括：熟练掌握孵化前的鸡种蛋质量检查方法、孵化中的正常鸡胚发育状态观察、接种后死亡鸡胚的判定方法和检查程序。掌握鸡胚的接种与收获、掌握血凝（HA）和血凝抑制（HI）试验及其稀释倍数的计算、掌握琼脂凝胶免疫扩散（AGID）试验、熟悉实验室基本操作技能和无菌技术、熟练掌握接种后死亡鸡胚的检查程序和病变认证、了解相关病毒或血清的滴度（如病毒HA和血清HI效价）测定和计算方法。

5 审阅与修订

本SOP每年或定期审阅，如有程序调整要及时增补修订。

6 存档与分发

本SOP由实验室质量管理员归档并根据标准政策进行发放。本规程原始文件应由实验室的文件管理员存档保存，复印本发送给所有禽病诊断研究室的实验操作人员。

7 质量管理

病毒分离与鉴定试验需要进行质量管理。鸡胚接种时用病毒稀释液（VTM）或PBS接种2～3枚鸡胚作为阴性对照。用灭活禽流感病毒（AIV）或新城疫病毒（NDV）和正常尿囊液（CAF）作为HA和HI试验的阳性对照和阴性对照。试验最好用无特定病原（SPF）胚，没有SPF胚时可以用AIV抗体阴性鸡胚、无AIV和NDV的鸡胚。使用以上鸡胚时必须有检测记录。

8 实验方法

8.1 材料与设备

- 生物安全柜。
- 鸡胚孵化器。
- 照蛋器。
- 超低温冰柜（−80～−70℃）。
- 低温离心机（转子适于15mL、45mL离心管）。
- 样品试管，12mm × 75mm。
- 无菌吸管/移液管，1mL、2mL、5mL、10mL。

- 吸管移液器。
- 9 ~ 11d SPF鸡胚，每个样本需5枚胚。
- 病毒稀释液（VTM）。
- 蛋壳打孔锥。
- 蜡烛（封蛋壳孔用）。
- 注射器，1mL、5mL。
- 针头，25G × 5/8″（外径0.5mm × 长15mm）。
- 生物废品安全袋、锐利废品（废弃针头和玻片等）生物安全容器。
- 乳胶手套。
- 70%乙醇。

8.2 实验步骤

1）用VTM或PBS制备病毒10倍梯度稀释液，稀释度为10^{-1} ~ 10^{-8}。

2）每个稀释浓度接种5枚9 ~ 11d的鸡胚，经绒毛尿囊膜接种，0.1mL/枚。

3）接种后病毒稀释液置于4℃冰箱保存，8h后每个稀释浓度再接种另外5枚鸡胚，接种方法同上。单次接种也可用于平均死亡时间（Mean Death Time，MDT）/最小致死剂量（Minimum Lethal Dose，MLD）计算。

4）每天照胚2次，连续7d。

5）每次照胚记录死亡数。

6）为简化试验操作，通常跳过中间稀释度，使用低浓度稀释液（如10^{-5}、10^{-6}和10^{-7}的稀释液）进行接种。

9 结果分析

MDT通常指128h内引起鸡胚死亡的平均时间（表20-1）。如果MDT小于60h，那么分离株则为强毒型/速发型，介于60 ~ 90h内的为中强毒型/中发型，超过90h的为弱毒型/缓发型。

表20-1 PVM-1病毒稀释滴度与接种鸡胚死亡数（5枚鸡胚/稀释度）

病毒稀释度	不同时间鸡胚死亡数					
	24h	48h	72h	96h	120h	144h
10^4	0	0	0	4	1	
10^5	0	0	1	2	1	1

（续）

病毒稀释度	不同时间鸡胚死亡数					
	24h	48h	72h	96h	120h	144h
10^6	0	0	0	1	4	
10^7	0	0	0	1	3	1
10^8	0	0	0	0	1	2

MDT的计算公式是：

$$MDT = \frac{（y小时死亡鸡胚数）\times（y小时）+（z小时死亡鸡胚数）\times（z小时）+\cdots}{（死亡鸡胚总数）}$$

$$MDT = \frac{1（72）+8（96）+10（120）+4（144）}{23} = 113.74（h）$$

因此，该PMV-1毒株为弱毒株/缓发型。

参考文献

Beard P D, Spalatin J, Hanson R P, 1970. Strain identification of Newcastle disease virus in tissue culture[J]. Avian Dis, 14(4):636-645.

Hitchner S B, Domermuth C H, Purchase H G, et al,1975. Isolation and Identification of Avian Pathogens[M]. Ithaca, New York: Arnold Printing Corporation.

Khadzhiev H, 1984. Isolation, identification and typing of Newcastle disease virus isolates in a chick embryo cell culture[J]. Vet Med Nauki, 21(10):19-27.

Katz D, Ben-Moshe H, Alon S, 1976. Titration of Newcastle disease virus and its neutralizing antibodies in microplates by a modified hemadsorption and hemadsorption inhibition method[J]. J Clin Microbiol, 3(3):227-232.

Swayne D E, Glisson J, Jackwood M W, et al, 1998. A Laboratory Manual for the Isolation and Identification of Avian Pathogens[M]. 4th Edition. Kennett Square, Pennsylvania: American Association of Avian Pathogens.

Swayne D E, Boulianne M, Logue C M, et al, 2020. Diseases of Poultry[M]. 14th Edition. Hoboken, NJ: John Wiley & Sons, Inc.

第21章 禽传染性支气管炎病毒的分离与鉴定

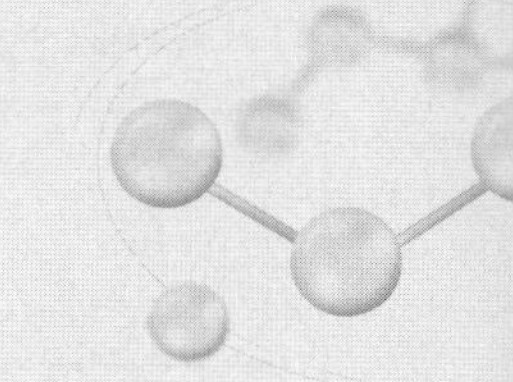

1 目的

鸡传染性支气管炎病毒（Infectious Bronchitis Virus，IBV）属于冠状病毒，主要感染鸡的呼吸系统和泌尿生殖系统。本章主要阐述IBV的分离、鉴定试验方法和试验规程。

2 适用范围

本SOP适用于从事禽病毒实验室诊断、病毒分离鉴定的技术人员。

3 安全须知

实验室工作人员都要穿好实验室工作服，在处理生物样品或与生物样品相关的所有工作时还要戴好乳胶手套，且必须在生物安全柜内进行。如工作期间需暂停工作接听电话、使用电脑、开门等，须摘下手套以避免生物样品污染公共设施。关于实验室安全规程请参考本书第3章。

有关化学物质、生物危害物品及储备材料的安全处理应参照生物实验室的国家标准或国际标准，严格制定和执行细胞实验室安全管理条例，如美国生物危害物质的详细信息可通过CDC网站（www.cdc.gov/od/biosfty/bmbl5/bmbl5toc.htm）中第五版微生物和生物医药的生物安全（BMBL）查询。

4 培训要求

本SOP培训内容包括：熟练掌握孵化前的鸡种蛋质量检查方法、孵化中的正常鸡胚发育状态观察、接种后死亡鸡胚的判定方法和检查程序。掌握鸡胚的接种与收获、绒毛尿囊膜冷冻切片的制作、间接免疫荧光抗体检测（IFA）、免疫过氧化物酶染色（IPS）、斑点酶联免疫吸附试验（Dot-ELISA）、血清中和（SN）试验、血凝（HA）和血凝抑制（HI）试验，熟悉实验室基本操作技能和无菌技术。

5 审阅与修订

本SOP每年或定期审阅，如有程序调整要及时增补修订。

6 存档与分发

本SOP由实验室质量管理员归档并根据标准政策进行发放。本规程原始文件应由实验室的文件管理员存档保存，复印本发送给所有禽病诊断研究室的实验操作人员。

7 质量管理

病毒分离与鉴定试验需要进行质量管理。鸡胚接种时用病毒稀释液（VTM）或PBS接种2～3枚鸡胚作为阴性对照。用灭活禽流感病毒（AIV）或新城疫病毒（NDV）和正常尿囊液（CAF）作为HA和HI试验的阳性对照和阴性对照。试验最好用无特定病原（SPF）胚，没有SPF胚时可以用AIV抗体阴性鸡胚、无AIV和NDV的鸡胚。使用以上鸡胚时必须有检测记录。

8 实验方法

8.1 IBV形态学及生物学特性

1）IBV属于冠状病毒科冠状病毒属，是一种单链RNA病毒，有囊膜，直径为90～200nm，其表面有直径约29nm的棒状纤突，即“冠状”名称的由来。

2）病毒表面纤突包括两种特异性蛋白：S1和S2。S1决定各IBV毒株的血清型；而各血清型IBV的S2纤突蛋白与病毒膜蛋白都是相同的，S2纤突蛋白和病毒膜蛋白共同组成IBV毒株的组群蛋白。

8.2 材料与设备

- 生物安全柜。
- 鸡胚孵化器。
- 照蛋器。
- HB 2号铅笔。
- 70%乙醇。

- 蛋壳打孔锥（自制或购置）。
- 无菌镊子和剪刀。
- 注射器，1mL、5mL。
- 针头，25G×5/8″（外径0.5mm×长15mm）、27G×½″（外径0.4mm×长15mm）、20G×1½″ （外径0.9mm×长40mm）。
- 无菌离心管，15mL、45mL。
- 玻璃平皿或聚丙烯平皿，直径100mm×高15mm。
- 锐利废品（废弃针头和玻片等）生物安全容器。
- 组织包埋剂（O.C.T.）。
- 组织包埋盒（25mm×25mm×15mm）。
- 乳胶手套。
- 生物废品安全袋。
- 洗耳球或吸管移液器。
- 封蛋孔用胶水、透明胶带。
- SPF鸡胚。
- 组织匀浆机、组织匀浆机样品袋。
- 病毒稀释液（VTM）。
- 无菌移液吸管，1mL、2mL、5mL、10mL、25mL。

8.3 动物组织样品选择

气管、肺、肾、盲肠扁桃体、气管拭子和泄殖腔拭子。

9 IBV分离与鉴定

9.1 样品处理

1）IBV分离鉴定时最好选用气管、肾脏、盲肠扁桃体和输卵管等组织或气管、泄殖腔拭子。组织需用VTM进行1∶5稀释，研磨混匀（组织研磨器研磨时需要保持无菌状态）。然后把上清液转移到15mL离心管中。

2）采集气管拭子、泄殖腔拭子时一定要将其放置在VTM中保存，储存拭子的离心管应先充分涡旋，再用无菌镊挤压拭子，最后弃掉拭子。

3）样品离心和过滤：研磨后的组织样品在4℃，168～377*g*（1 000～1 500r/min，离心机转子半径15cm）离心10min，并用0.45μm过滤器进行过滤。

4）抗生素处理：按1∶10加入10×的抗生素，在室温下反应30～60min后再于4℃，168～377*g*离心10min，收集上清液。如果样品在48h内接种鸡胚，可先将样品暂时放置在4～7℃冰箱内冷藏，否则必须放置在－80℃超低温冰柜中保存。

9.2 鸡胚接种方法分离IBV

1）将样品通过尿囊腔（AC）接种的方法接种到9～11d的鸡胚中，每枚鸡胚接种0.2mL，每个样品接种5枚鸡胚。在接种之前，要标记每枚鸡胚的气室边缘和打孔点。

2）将鸡胚置于生物安全柜中，鸡胚气室的周围需用70%乙醇消毒。

3）用蛋壳打孔锥在气室边缘上方2mm处打孔。使用无菌1mL注射器吸取1mL样品，插入针头的2/3，针头向蛋壳倾斜，但不接触蛋壳，将0.2mL样品接种到AC中。接种不同样品时需更换注射器。接种完成后用蜡轻轻封口。

4）接种后的鸡胚置于37℃、80%～90%湿度的培养箱中孵育，每天照胚并弃去在24h内死亡的鸡胚（不超过1～2枚，可能是针头误伤或非特异性死亡）。

5）48h后，从每个接种样品的5枚鸡胚中取出2枚鸡胚（IBV通常在48～72h达到最高病毒滴度，此后病毒滴度降低）放置于4℃冰箱中至少4h或过夜。收获尿囊液（CAF）用于鸡胚传代、绒毛尿囊膜（CAM）用于IFA试验。24h后死亡的鸡胚也要收取尿囊液和绒毛尿囊膜，用于IBV或其他呼吸道病毒检测。所有收获的尿囊液都要用HA试验验证是否含有HA阳性病毒（AIV、NDV），IBV是HA阴性病毒。

6）接种后活胚在培养箱中连续孵育6～7d后终止。检察鸡胚是否出现病变情况，从而确定是否感染IBV。如鸡胚呈现发育不良、羽毛卷曲、肾脏有尿酸盐沉积等症状，这些都是鸡胚感染IBV的典型或特异症状。某些IBV分离株会在鸡胚传代的第1代或者第2代时，至少出现一个鸡胚畸形或病变，而有些野毒株至少传代至第4代或第5代时才能出现畸形胚，通过Dot-ELISA或者IFA可以检测早期传代鸡胚是否感染IBV（通常不会超过3代）。

7）所有的样品在判定阴性前，都应通过鸡胚连续接种至少3代。部分IBV野毒株需要传3～6代才能获得稳定的分离株。

9.3 IBV鉴定

1）通过Dot-ELISA、IFA和IPS技术使用IBV单克隆抗体（Mab）可进行IBV毒株的鉴定和血清分型（方法分别见本书第22章、23章和24章）。

2）Mab Dot-ELISA可用于检测IBV野毒和早期胚胎传代中的IBV，具有高敏感性和高特异性的特点，但其不适于IBV血清型鉴定。

3）基于Mab的IFA和IPS对于IBV的分群或分型都具有特异性，若能够获得IBV特异血清型的Mab，以上两种方法均可用于IBV的分型鉴定。

4）IBV分离株可以通过电镜观察是否为冠状病毒而进行形态学鉴定（图21-1和彩图8）。

5）血清中和试验是IBV血清分型的传统方法。但是该方法目前很少使用，因为该试验耗时长，血清型间还有不同程度的交叉反应。

6）HI试验可用于IBV分型鉴定，但是必须具备IBV标准毒株的HA抗原。因为IBV表面的纤突蛋白不具有HA活性，故必须经过特定的酶（如磷酸酯C）激活程序而制备IBV标准血清型毒株的HA抗原。另外，基于IBV标准血清型毒株的HA抗原的HI试验是检测该血清型抗体的标准方法。

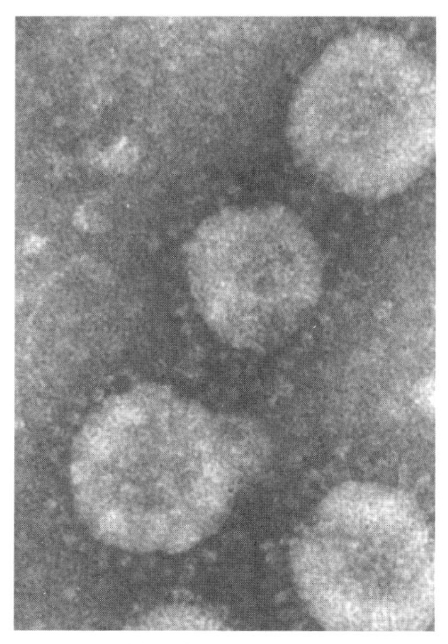

图21-1　电镜观察IBV（IBV/PA/171/99）肾型分离毒株呈冠状病毒颗粒形态

参考文献

Gelb J, Weisman Y, Ladman B S, Meir R, 2005. S1 gene characteristics and efficacy of vaccination against infectious bronchitis virus field isolates from the United States and Israel (1996 to 2000) [J]. Avian Pathology, 34(3):194 -203.

Kingham B F, Keeler C L, Nix W A, et, al, 2000. Identification of avian infectious bronchitis virus by direct automated cycle sequencing of the S-1 gene[J]. Avian Dis, 44: 325-335.

Saif Y M, Fadly A M, Glisson J R, et al,2008. Diseases of Poultry [M]. 12th Edition. Ames, Iowa: Blackwell Publishing.

Swayne D E, Glisson J, Jackwood M W, et al, 1998. A Laboratory Manual for the Isolation and Identification of Avian Pathogens[M]. 4th Edition. Kennett Square, Pennsylvania: American Association of Avian Pathogens.

Ziegler A F, Ladman B S, Dunn P A, et al, 2002. Nephropathogenic infectious bronchitis in Pennsylvania chickens 1997-2000[J]. Avian Dis, 46: 847-858.

第22章 Dot-ELISA检测禽传染性支气管炎病毒

1 目的

斑点酶联免疫吸附试验（Dot-ELISA）是一种快速检测禽传染性支气管炎病毒（Infectious Bronchitis Virus, IBV）的实验方法，该方法检测的临床病理组织（如气管拭子或气管研磨匀浆）和尿囊液需先经过鸡胚接种。

2 适用范围

本SOP适用于从事禽类细胞培养和病毒分离鉴定的所有技术人员。

3 安全须知

实验室工作人员都要穿好实验室工作服，在处理生物样品或与生物样品相关的所有工作时还要好戴乳胶手套，且操作过程必须在生物安全柜内进行。如工作期间需暂停工作接听电话、使用电脑、开门等，须摘下手套以避免生物样品污染公共设施。

有关化学物质、生物危害物品及储备材料的安全处理应参照生物实验室的国家标准或国际标准，严格制定和执行细胞实验室安全管理条例，如美国生物危害物质的详细信息可通过CDC网站（www.cdc.gov/od/biosfty/bmbl5/bmbl5toc.htm）中第五版微生物和生物医药的生物安全（BMBL）查询。

4 培训要求

本SOP培训内容包括：临床病理组织的处理、鸡胚的接种与收获，熟练掌握Dot-

ELISA试验方法的操作，了解Dot-ELISA试验结果的判定，熟悉实验室基本操作技能和无菌技术。

5 审阅与修订

本SOP每年或定期审阅，如有程序调整要及时增补修订。

6 存档与分发

本SOP由实验室质量管理员归档并根据标准政策进行发放。本规程原始文件应由实验室的文件管理员存档保存，复印本发送给所有禽病诊断研究室的实验操作人员。

7 质量管理

Dot-ELISA试验方法检测IBV时必须有阳性和阴性对照。只有在对照结果成立的前提下，Dot-ELISA的判定结果才真实有效。

8 实验方法

8.1 动物组织样本选择

该方法首选病料是尿囊液或气管拭子。

8.2 试剂准备

1）脱脂乳封闭液，1×工作浓度。

- 10mL 5×浓缩脱脂乳稀释液或封闭液。
- 40mL dH_2O。

2）脱脂乳稀释液，稀释抗体（或用FA稀释缓冲液）。

- 10mL浓缩脱脂乳稀释液或封闭液。
- 190mL dH_2O。

3）抗小鼠IgG酶标抗体（二抗）。

- 50μL抗小鼠IgG复合物。
- 25~40mL脱脂乳稀释液。

4）清洗缓冲液。

- 10mL 20×浓缩洗液。
- 190mL 1×脱脂乳稀释液。

5）5-溴-4-氯-3-吲哚基磷酸盐四唑硝基蓝（BCIP/NBT）磷酸酶底物，该底物可以不经稀释使用。

注意事项：每种试剂和工作液均储存于冰箱（4～5℃）中。在测定之前，应将其恢复至室温。

8.3 实验步骤

1）用干净的剪刀裁剪硝酸纤维素膜，30mm×12mm大小可做2个样品，或60mm×12mm可做5个样品。处理硝酸纤维素膜时，必须戴手套以防油脂沾到膜上。

注意事项：硝酸纤维素膜可从BIO-RAD实验室订购。

2）去除硝酸纤维素膜保护层，正面朝上放置在层析纸上，用铅笔做好标记。

3）加待检样品，每份样品5～10μL，室温自然干燥至表面没有水痕后（1～2min），将膜条依次排放在洁净平皿中，但不可以叠放。

4）将膜条转移到干净的平皿中，逐个放置。不同测试样品的膜条可以放在一个平皿中，但不能重叠。

5）加入封闭液（覆盖膜条整个表面），使其在室温下反应15～30min或在4℃冰箱中过夜。

6）反应结束后，取出膜条，放在层析纸上风干（膜表面没有水痕）。

7）将膜条转移到新的平皿中，并将整个膜条表面覆盖抗IBV特异性单克隆抗体（用脱脂乳稀释液做1：400稀释）。室温下孵育30～60min。

8）用洗涤液洗涤膜条3次，每次浸泡3～5min。取出膜条，同第6步晾干。

9）将膜条转移到新的平皿中，加入1∶500稀释的抗鼠IgG酶标抗体（二抗），室温下反应15～60min。反应结束后，按步骤8清洗膜条。

10）将膜条转移至新的培养皿中，加入BCIP/NBT，避光反应5～15min。待膜条阳性对照样品呈现清晰紫色圆点时，弃去染色液，加入蒸馏水终止反应。随后取出膜条避光晾干后，放置于干燥的塑料盒内（避光保存可以防止褪色）。

8.4 结果判断

1）阳性反应：样品圆点呈紫色。阳性对照和待检样品都呈现紫色反应时，该样品判为阳性，即样品中存在IBV抗原。该方法只适用于IBV组群抗原的鉴定，不适用于特异血清型毒株鉴定。

2）阴性反应：样品圆点无色。阴性对照和待检样品都呈无色反应时，该样品判为阴性。

参考文献

Lu H G, 2003. A longitudinal study of a novel Dot-ELISA for detection of avian influenza virus[J]. Avian Dis, 47:361-369.

Lu H G, Dunn P A, Wallner-Pendleton E A, et al, 2004. Investigation of H7N2 avian influenza outbreaks in two broiler breeder flocks in Pennsylvania, 2001-2002[J]. Avian Dis, 48:26-33.

第23章 间接免疫荧光抗体染色法检测禽传染性支气管炎病毒

1 目的

应用间接免疫荧光抗体（IFA）染色法检测禽传染性支气管炎病毒（IBV）以及鉴定IBV血清型。

2 适用范围

本SOP适用于从事禽病毒实验室诊断和病毒分离鉴定的技术人员。

3 安全须知

实验室工作人员都要穿好实验室工作服，在处理生物样品或与生物样品相关的所有工作时还要戴好乳胶手套，且操作过程必须在生物安全柜内进行。如工作期间需暂停工作接听电话、使用电脑、开门等，须摘下手套以避免生物样品污染公共设施。关于实验室安全规程请参考本书第3章。

有关化学物质、生物危害物品及储备材料的安全处理应参照生物实验室的国家标准或国际标准，严格制定和执行细胞实验室安全管理条例，如美国生物危害物质的详细信息可通过CDC网站（www.cdc.gov/od/biosfty/bmbl5/bmbl5toc.htm）中第五版微生物和生物医药的生物安全（BMBL）查询。

4 培训要求

本SOP培训内容包括：熟练掌握病毒实验室基本操作技能和无菌技术，制作动物组织和鸡胚绒毛尿囊膜冷冻切片，配制IFA试验所需试剂，掌握并熟练操作IFA试验步骤，了解IFA试验结果的判定。

5 审阅与修订

本SOP每年或定期审阅，如有程序调整要及时增补修订。

6 存档与分发

本SOP由实验室质量管理员归档并根据标准政策进行发放。本规程原始文件应由实验室的文件管理员存档保存，复印本发送给所有禽病诊断研究室的实验操作人员。

7 质量管理

IFA试验方法检测IBV时必须有阳性和阴性对照。只有在对照结果成立的前提下，IFA检测样品结果才是符合检测标准的有效结果。

8 实验方法

8.1 动物组织样品选择

从接种IBV对照毒株或者疑似含有IBV的鸡胚中收获绒毛尿囊膜（CAM），从发病鸡采集的气管、肺和肾组织样品。

8.2 实验步骤

1）将样品接种到9～11d的SPF鸡胚的尿囊腔中，0.2mL/胚，每组5枚鸡胚。

2）在48～72h内收获尿囊液（CAF）和绒毛尿囊膜（CAM）。尿囊液可暂时于4℃冰箱内冷藏，或于−80℃冰柜内冻存以便后续试验。CAM可用PBS清洗一次，然后置于吸水纸上吸出PBS液体（可用镊子在纸上轻轻地拨动绒毛尿囊膜以助其去除多余液体）。

3）将CAM与组织包埋剂按1∶1（*V/V*）混合，放入组织包埋盒并马上放入−20℃或−80℃冰柜内冷冻，冷冻后即可制作冷冻切片。

4）绒毛尿囊膜和动物脏器组织的冷冻切片以4μm厚度为宜，应保持所有切片厚度相同。将切成的多个切片迅速平展贴放于玻片上，于室温下风干。

5）将风干后的组织玻片放入盛有预冷丙酮（−20℃）的玻璃器皿，并置−20℃冰柜内固定10min。然后从丙酮中取出玻片，室温下晾干。

6）在玻片上用玻璃铅/油笔圈出组织部位（注意不要损伤组织）。

7）用滴液吸管滴加IBV特异性单克隆抗体，恰好覆盖组织区域为宜。每份组织样品应做多个组织玻片，以便于每个组织玻片滴加不同IBV血清型的单抗以进行IBV血清型鉴定。摆放IBV单抗玻片于湿盒内，放入37℃温箱中孵育40min。

8）用PBS缓冲液（8.0g NaCl、0.2g KCl、1.15g Na_2HPO_4、0.2g KH_2PO_4、1 000mL dH_2O）温柔浸洗10min，然后晾干。

9）滴加羊抗鼠IgG荧光标记（FITC）抗体（二抗，1∶128稀释）于切片的组织区域。摆放二抗玻片于湿盒内，放入37℃温箱中孵育40min。

10）按步骤8用PBS清洗玻片、晾干。然后滴加IFA玻片缓冲液（PBS+甘油，1∶1，pH8.4），加盖玻片，平放玻片于玻片盒内。

11）在荧光显微镜下镜检。

注意事项：如不马上镜检，应置IFA玻片盒于4～7℃冰箱中避光保存。但染色后24h内应完成镜检观察和鉴定。

8.3 结果判定

1）IFA阳性：IBV阳性的绒毛尿囊膜或组织样品呈现绿色荧光（似苹果绿色），如图23-1和彩图9所示。IFA试验中，用IBV组群单抗可以检测所有IBV毒株；而用特异血清型单抗则只检测该血清型毒株，因此，IFA试验是IBV血清型鉴定的有效方法或标准程序。

2）IFA阴性：IBV阴性的绒毛尿囊膜或组织样品不呈现绿色荧光（无苹果绿色），如图23-2和彩图10所示。

图23-1 鸡胚感染IBV的CAM切片IFA阳性（+）检测结果

应用IBV组群单克隆抗体的IFA染色。

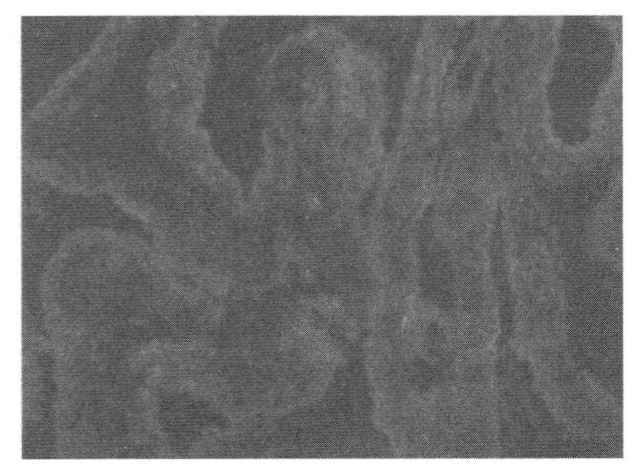

图23-2 阴性对照鸡胚的CAM切片IFA阴性（—）检测结果

应用IBV组群单克隆抗体的IFA染色。

第24章 免疫过氧化物酶标记染色法检测禽传染性支气管炎病毒

1 目的

本章阐述免疫过氧化物酶标记（IPS）染色法用于禽传染性支气管炎病毒（Infectious Bronchitis Virus, IBV）组群毒株鉴定和IBV血清型鉴定。IPS检测病毒是基于病毒抗原与其单克隆抗体的特异免疫反应，应用过氧化物酶标记的一种免疫化学染色方法。因此，IPS类似于间接免疫荧光抗体（IFA）染色，具有高度的特异性和敏感性，是病毒抗原检测和血清型鉴定的标准实验方法。

2 适用范围

本SOP适用于从事禽病毒学诊断、病毒分离鉴定实验的技术人员。

3 安全须知

实验室工作人员都要穿好实验室工作服，在病毒实验室处理生物样品或与生物样品相关的所有工作时还要戴好乳胶手套，且操作过程必须在生物安全柜内进行。如工作期间需暂停工作接听电话、使用电脑、开门等，要摘下手套以避免生物样品污染公共设施。关于实验室安全规程请参考本书第3章。

有关化学物质、生物危害物品及储备材料的安全处理应参照生物实验室的国家标准或国际标准，严格制定和执行细胞实验室安全管理条例，如美国生物危害物质的详细信息可通过CDC网站（www.cdc.gov/od/biosfty/bmbl5/bmbl5toc.htm）中第五版微生物和生物医药的生物安全（BMBL）查询。

4 培训要求

本章培训内容包括：熟练掌握孵化前的鸡种蛋质量检查方法、孵化中的正常鸡胚发育状态观察、接种后死亡鸡胚的判定方法和检查程序。掌握接种鸡胚与收获尿囊液，提取胚胎细胞和制备细胞玻片，配制与保存IPS试验试剂，熟练掌握IPS操作方法和IPS结果判定标准，而且能够识别和排除非特异性反应及无效结果等问题。熟练掌握实验室常规操作技能和无菌技术。

5 审阅与修订

本SOP每年或定期审阅，如有程序调整要及时进行增补修订。

6 存档与分发

本SOP由实验室质量管理员归档并根据标准政策进行发放。本规程原始文件应由实验室的文件管理员存档保存，复印本发送给所有禽病诊断研究室的实验操作人员。

7 质量管理

IPS试验需设定阳性和阴性对照，确保所有试剂的有效性和试验方法的可行性。在IBV的IPS检测中需要用新城疫病毒（NDV）感染胚胎细胞作为阴性对照。

8 实验方法

8.1 动物组织样本选择

从接种IBV毒株或疑似IBV样品的鸡胚中收获的尿囊液和绒毛尿囊膜。

8.2 实验步骤

1）制备IBV感染的胚胎细胞。用0.2mL澄清的无菌组织上清液或疑似含有IBV的尿囊液接种9～11d的鸡胚。接种鸡胚在37℃孵育48h。然后将鸡胚放入4℃冰箱中过夜。

2）将收集的尿囊液（不含血细胞）混合（10～15mL）。取5～10mL尿囊液1 000r/min（转子半径为15cm的离心机）离心10min。

3）弃去上清液，保留沉淀物质。加入5mL PBS洗涤沉淀，1 000r/min离心10min后，弃去上清液，保留沉淀物质。再用约200μL PBS重悬细胞沉淀。

4）在12孔IPS玻片板中，每孔加入20μL细胞悬液，每个样品3～4孔，在室温下晾干。如无多孔IPS玻片，可用普通玻片代替。

5）玻片在冷丙酮（－20℃）中固定10min，室温下干燥。

6）在鸡胚接种后48h收获鸡胚绒毛尿囊膜（从每个样品接种的5枚鸡胚中挑选2枚鸡胚收集）用于IPS。将绒毛尿囊膜用PBS清洗一遍后放在吸水纸上吸干（将绒毛尿囊膜放在纸上吸收液体，用镊子在纸上轻轻移动绒毛尿囊膜，去除多余组织）。

7）将绒毛尿囊膜与组织包埋剂1∶1（*V/V*）混合，放入组织包埋盒，－20℃或－80℃冷冻组织样品。冷冻后进行冷冻切片。

8）冷冻切片切成4μm厚度，并展放在玻片上。所有切片应切成同一厚度。置绒毛尿囊膜玻片于室温自然晾干。

9）将绒毛尿囊膜玻片放入预冷丙酮（－20℃），于－20℃冰柜中固定10min。再从丙酮中取出玻片，晾干。

10）在玻片上用玻璃铅笔圈出组织部位（注意不要损坏划掉组织）。

11）把带有尿囊液细胞或者绒毛尿囊膜的玻片浸没在过氧化物酶中反应10min。用PBS洗涤3次，每次2min。

注意事项：该步骤可省略。

12）每个切片加入2滴5%兔血清封闭10min，弃去液体。

13）每个切片上滴加2滴IBV单克隆抗体（抗IBV组型单抗或特异血清型单抗），在37℃的湿润环境中孵育30～60min。用PBS冲洗3次，每次2min。

14）每个切片上滴加2滴生物素标记的二抗（HRP标记的兔抗鼠IgG，1∶500稀释），孵育10min。用PBS冲洗3次，每次2min。

15）每个切片上滴加2滴酶结合物（HRP-链霉亲和素，1∶500稀释），孵育10min。用PBS冲洗3次，每次2min。

16）氨基乙基咔唑（AEC）底物显色试剂盒（Aminoethyl Carbazole Substrate Kit）：每个切片上滴加2滴AEC显色试剂（应用前配制：1mL dH_2O，加试剂A、B、C各1滴。避光保存，配制后需在30min内使用）。置AEC染色切片于湿润暗盒中孵育5～10min。另外也可选用二氨基联苯胺（DAB）底物试剂盒（Diaminobenzidine Substrate Kit），DAB染色切片于湿润暗盒中孵育3～5min。染色孵育后，用dH_2O冲洗3次，每次2min。

17）滴加2滴苏木精复染切片（1～3min），用自来水冲洗。把切片放入PBS直到显现蓝色（约30s）。用dH_2O冲洗玻片。

18）AEC底物显色试剂盒：在玻片上滴2滴水溶性封片剂，盖上盖玻片。DAB染色试剂盒：在浓度梯度乙醇中脱水，二甲苯中透明，滴加2滴封片剂并盖上盖玻片。

8.3 结果判定

IPS阳性：感染IBV的胚胎细胞应染成红色。使用IBV群特异性抗体的IPS可检测所有IBV毒株，使用IBV特异血清型单抗的IPS仅能检测同一血清型。IPS阴性：检测细胞不着色。

参考文献

Karaca K, Naqi S, Gelb J, 1992. Production and Characterization of Monoclonal Antibodies to Three Infectious Bronchitis Virus Serotypes[J]. Avian Dis, 34: 903-915.

Naqi S, 1990. A monoclonal antibody (MAb)-based indirect immunoperxidase (IP) procedure for rapid detection of infectious bronchitis virus in infected tissue[J]. Avian Dis, 34: 893-838.

第25章 RT-PCR检测传染性支气管炎病毒和鉴定毒株血清型

1 目的

禽传染性支气管炎病毒（IBV）属于冠状病毒，主要感染鸡的呼吸系统和泌尿生殖系统。本章主要介绍IBV的反转录聚合酶链式反应（RT-PCR）检测方法及血清分型。

2 适用范围

本SOP适用于从事禽类细胞培养和病毒分离鉴定的所有技术人员。

3 安全须知

实验室工作人员都要穿好实验室工作服，在处理生物样品或与生物样品相关的所有工作时还要好乳胶手套，且操作过程必须在生物安全柜内进行，如工作期间需暂停工作接听电话、使用电脑、开门等，须摘下手套以避免生物样品污染公共设施。关于实验室安全规程请参考本书第3章。

有关化学物质、生物危害物品及储备材料的安全处理应参照生物实验室的国家标准或国际标准，严格制定和执行细胞实验室安全管理条例，如美国生物危害物质的详细信息可通过CDC网站（www.cdc.gov/od/biosfty/bmbl5/bmbl5toc.htm）中第五版微生物和生物医药的生物安全（BMBL）查询。

4 培训要求

本章培训内容包括：熟练掌握孵化前的鸡种蛋质量检查方法、孵化中的正常鸡胚发育状态观察、接种后死亡鸡胚的判定方法和检查程序。掌握鸡胚接种与收获、鸡胚绒毛尿囊膜（CAM）冷冻切片的制作，理解和熟练掌握间接免疫荧光抗体（IFA）染色法、免疫过氧化物酶标记染色（IPS）、斑点酶联免疫吸附试验（Dot-ELISA）、血凝（HA）和血凝抑制（HI）试验，熟练掌握实验室基本操作技能和无菌技术。

5 审阅与修订

本SOP每年或定期审阅，如有程序调整要及时增补修订。

6 存档与分发

本SOP由实验室质量管理员归档并根据标准政策进行发放。本规程原始文件应由实验室的文件管理员存档保存，复印本发送给所有禽病诊断研究室的实验操作人员。

7 质量管理

病毒分离与鉴定需要进行质量控制。每次进行鸡胚接种时需接种3～5枚鸡胚，同时设立阴性和阳性对照。在IFA、IPS、Dot-ELISA中可以用IBV对照毒株作为阳性对照，普通尿囊液作为阴性对照。

8 实验方法

8.1 IBV形态学及生物学特性

1）IBV属于冠状病毒科冠状病毒属，是一种单链RNA病毒，有囊膜，直径90～200nm，其表面有直径约29nm的棒状纤突，即“冠状”名称的由来。

2）病毒表面纤突包括两种特异性蛋白：S1和S2。S1决定各IBV毒株的血清型；而各血清型IBV的S2纤突蛋白和病毒膜蛋白都是相同的，S2纤突蛋白和病毒膜蛋白共同组成IBV毒株的组群蛋白。

8.2 材料与设备

- 生物安全柜。
- 鸡胚孵化器。
- 照蛋器。
- HB 2号铅笔。
- 70%乙醇。
- 蛋壳打孔锥（自制或购置）。
- 无菌镊子和剪刀。

- 注射器，1mL、5mL。
- 针头，25G × 5/8″（外径0.5mm × 长15mm）、27G × 1/2″（外径0.4mm × 长15mm）、20G × 1½″（外径0.9mm × 长40mm）。
- 无菌离心管，15mL、45mL。
- 玻璃平皿或聚丙烯平皿，直径100mm × 高15mm。
- 锐利废品（废弃针头和玻片等）生物安全容器。
- 生物废品安全袋。
- 乳胶手套。
- 洗耳球或吸管移液器。
- 封蛋孔用胶水、透明胶带。
- SPF鸡胚。
- 组织匀浆机、组织匀浆机样品袋。
- 病毒稀释液（VTM）。
- 无菌移液吸管，1mL、2mL、5mL、10mL、25mL。

8.3 动物组织样本选择

气管、肺、肾、盲肠扁桃体、气管拭子和泄殖腔拭子。

9 RT-PCR试验

9.1 IBV参考毒株或标准毒株

对IBV的*S1*基因测序，建立IBV毒株综合数据库，为IBV毒株的基因型鉴定提供数据。美国常见IBV参考毒株包括Mass，Conn，Ark，PAnpIBV，De1/072，JMK，H52，Holte，MW34，Australia，Iowa97，Iowa609和Cal15等。

9.2 IBV增殖、收获、浓缩

1）将各IBV毒株分别接种到9～11d的SPF鸡胚中繁殖。在接种后48～72h收获尿囊液（CAF），即为IBV增殖病毒。

2）如需提取病毒RNA，则将尿囊液在377*g*（1 500r/min，离心机转子半径15cm）离心10min，离心后取上清液用于IBV毒株的RNA提取。

3）如需高浓度IBV，则可进行超速离心，以55 000r/min、4℃，超速离心60min进行浓缩。弃去上清液，留存离心管底部的离心物，即为浓缩病毒颗粒。加0.5mL TESV缓冲液（0.02mol/L Tris-HCl，1.0mmol/L EDTA，0.1mol/L NaCl，pH7.4）重悬浓缩病毒颗粒，用于病毒RNA提取或病毒抗原制备。

9.3 IBV病毒RNA提取

从尿囊液或浓缩病毒颗粒悬液中提取病毒RNA，步骤如下：

1）取250μL病毒悬液转移到离心管中。

2）每管加入750μL TRIzol试剂。

3）在15～30℃环境温度下反应5min，使核蛋白复合物完全解离。

4）加入0.2mL氯仿，盖紧管盖，剧烈摇动15s，在15～30℃环境温度下孵育2～3min。

5）在4℃下以12 000r/min离心15min，收集水相进行RNA提取。

6）取上层水相于离心管中，加入0.5mL异丙醇。在15～30℃环境温度下反应10min，然后在4℃以12 000r/min离心10min。

7）取出并弃去上清液，加入1mL75%乙醇至管中，涡旋混匀，4℃ 7 500r/min离心5min。

8）干燥RNA沉淀（晾干或真空干燥5～10min）。

9）用15μL的分子级别纯水（DEPC水）重悬干燥的RNA，55～60℃水浴10min，并储存于—70℃冰柜。

9.4 实验试剂与材料

1）GeneAmp®RNA PCR Core试剂盒。

2）DEPC水（无菌、无RNA/DNA的分子生物学试验用水）。

3）用于RT-PCR的微型离心管。

4）IBV的*S1*基因测序引物（组群鉴定和血清型鉴定）：

CK4T7：TAATACGACTCACTATAGGGATGCTACTAG

TCAAAGCTTCANGGNGGNGCNTA

CK2：CTCGAATTCCNGTRTTRTAYTGRCA

5）IBV组群鉴定PCR引物（组群鉴定）：IB3、IB4。

6）移液器和耐气溶胶防污染枪头，规格分别为10μL、20μL、200μL、1 000μL。

7）微量离心管。

8）pGEM DNA Marker。

9.5 实验步骤

1）制备足量的反转录（RT）反应混合物。

2）取出冻存试剂盒（—25～—15℃），使用前解冻除酶以外的所有试剂。试剂解冻后置于冷冰上。使用前要将酶（Ampli Taq Gold DNA聚合酶、MultiScribe逆转录酶和RNA酶抑制剂）放置于冰上。通过涡旋混合（或缓慢温和地混合）

试剂盒组分，使用微型离心机将管壁上的液滴离心至管底。试剂盒用完后，将其放回−25～−15℃冰柜中。

3）从−70℃冰柜中取出RNA样品。

4）制备RT反应试剂混合液，每个RNA样品的RT反应混合试剂合计总容量是20μL（表25-1）。

表25-1　RT反应试剂混合液配方

RT试剂成分①	1份样品容量（μL）	样品总数总容量②（μL）
5×RT-PCR缓冲液	4.0	
25mmol/L $MgCl_2$	2.0	
10mmol/L dNTPs	2.0	
随机引物	0.5	
100mmol/L DTT	2.0	
RNA酶抑制剂	0.5	
MutiScribe逆转录酶	0.3	
RNA	2.0	
DEPC水	6.7	
合计	20.0	

注：①该列各种试剂成分的浓度或含量单位是分子生物学PCR试验所规范的试剂单位标准。
②样品总数总容量（μL）=1份样品容量（μL）×样品总数。

9.6 RT热循环参数

RT热循环参数设定为：25℃10min，42℃15min，99℃5min，40℃5min。RT样品热循环结束后，应立即进行PCR反应，将其RT管置于冷冰环境进行操作。如果在次日进行PCR步骤，则将RT管冷冻储存。

9.7 PCR反应过程

制备PCR反应试剂混合液（表25-2），加入上述RT管中，包括RT步骤的20μL样品反应产物和新加入的PCR试剂混合液，合计每份PCR反应混合液均为50μL。

表25-2　PCR反应试剂混合液配方

PCR试剂成分①	1份样品容量（μL）	样品总数总容量②（μL）
5×RT-PCR缓冲液	6.0	
25mmol/L $MgCl_2$	1.5	
10mmol/L dNTPs	2.0	
CK4T7序列	0.5	

（续）

PCR试剂成分①	1份样品容量（μL）	样品总数总容量②（μL）
CK2序列	0.5	
Ampli Taq Gold DNA聚合酶	0.5	
DEPC水	19.0	
RT反应物	20.0	
合计	50.0	

注：①该列各种试剂成分的浓度或含量单位是分子生物学PCR试验所规范的试剂单位标准。

②样品总数总容量（μL）= 1份样品容量（μL）× 样品总数。

9.8 PCR热循环参数

PCR循环参数设定为：94℃5min预热；94℃45s，50℃45s，72℃1min，45个循环；然后延伸72℃10min，再4℃保存。每份PCR产物取10μL，在1%琼脂糖凝胶中电泳，观测PCR产物的电泳位置。

10 RT-PCR产物纯化

用含有溴化乙锭（染色凝胶）的1%琼脂糖凝胶进行电泳来纯化15μL的RT-PCR产物并显色。从溴化乙锭染色的凝胶上切下DNA条带，按照说明书的要求，用QIAquick凝胶提取试剂盒提取，具体步骤如下：

1）从凝胶上切下每个条带，并称量凝胶。

2）每1体积的凝胶加入3倍体积的缓冲液。

3）在50℃温育5～10min。

4）加1倍体积异丙醇混匀。

5）加入800μL样品到收集管的吸附柱中。

6）6 000～10 000r/min离心1min（PCR试验用小型离心机）。

7）弃去滤液，重复以上操作。

8）用750μL稀释的清洗缓冲液清洗。

9）6 000～10 000r/min离心1min。

10）弃去滤液，放置于收集管中。

11）6 000～10 000r/min离心1min。

12）将吸附柱放入新的2mL收集管中，加入30μL DNA洗脱缓冲液或分子生物学级别TE（Tris-EDTA）缓冲液（10mmol/L Tris,1mmol/L EDTA，pH7.4）。

13）6 000～10 000r/min离心1min。

14）回收的样品电泳鉴定，置于−80℃冰柜保存。

11 序列分析

1）将纯化的RT-PCR产物用自动测序仪进行测序。

2）将测序数据保存到Internet Explorer PC文件中，用DNASTAR专业序列分析软件（DNASTAR，Inc，2001）进行编辑和分析。

3）将IBV标准/参考毒株序列与检测毒株序列进行比较分析。

参考文献

Gelb J, Weisman Y, Ladman B S, et al, 2005. S1 gene characteristics and efficacy of vaccination against infectious bronchitis virus field isolates from the United States and Israel (1996 - 2000) [J]. Avian Pathology, 34(3):194 -203.

Kingham B F, Keeler C L, Nix W A, et al, 2000. Identification of avian infectious bronchitis virus by direct automated cycle sequencing of the S-1 gene[J]. Avian Dis, 44: 325-335.

Ziegler A F, Ladman B S, Dunn P A, et al, 2002. Nephropathogenic infectious bronchitis in Pennsylvania chickens 1997-2000[J]. Avian Dis, 46: 847-858.

第26章 传染性喉气管炎病毒的分离与鉴定

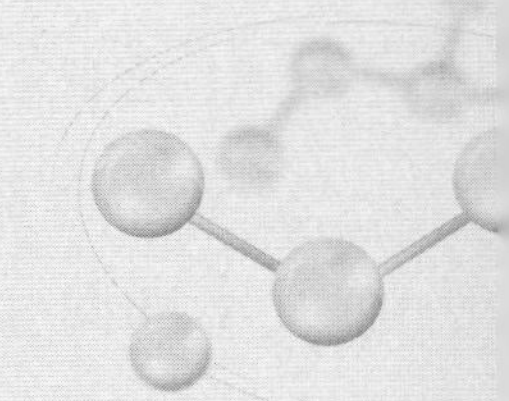

1 目的

传染性喉气管炎病毒（Infectious Laryngotracheitis Virus，ILTV）属于疱疹病毒科，其主要感染鸡或野鸡。本章阐述ILTV分离鉴定的标准实验方法。

2 适用范围

本SOP适用于禽病毒诊断或研究室从事禽病毒分离鉴定的技术人员。

3 安全须知

有关生物样品的所有工作必须在生物安全柜内完成。在病毒学实验室处理生物样品时，必须随时穿好实验室工作服，戴好乳胶手套。如工作期间需暂停工作接听电话、使用电脑、开门等，须摘下手套以避免生物样品污染公共设施。关于实验室安全规程其他内容，请参考本书第3章。

有关化学物质、生物危害物品及储备材料的安全处理应参照生物实验室的国家标准或国际标准，严格制定和执行细胞实验室安全管理条例，如美国生物危害物质的详细信息可通过CDC网站（www.cdc.gov/od/biosfty/bmbl5/bmbl5toc.htm）中第五版微生物和生物医药的生物安全（BMBL）查询。

4 培训要求

本SOP中的培训内容应包括：熟练掌握孵化前的鸡种蛋质量检查方法、孵化中的正常鸡胚发育状态观察、接种后死亡鸡胚的判定方法和检查程序。掌握鸡胚的接种与收获，熟练掌握血凝（HA）及血凝抑制（HI）试验操作及其HA滴度稀释倍数的计算，掌握琼脂免疫扩散（AGID）试验、免疫荧光抗体（FA）试验的原理和操作方法，熟悉实验室基本操作技能和无菌技术。

5 审阅与修订

本SOP应每年或定期审阅，如有程序调整要及时增补修订。

6 存档与分发

本SOP由实验室质量管理员归档并根据标准政策进行发放。本规程原始文件应由实验室的文件管理员存档保存，复印本发送给所有禽病诊断研究室的实验操作人员。

7 质量管理

病毒分离和鉴定需要进行质量管理。如病毒分离需使用鸡胚时，鸡胚接种时用病毒稀释液（VTM）接种2～3枚鸡胚作为阴性对照。用灭活禽流感病毒（AIV）或新城疫病毒（NDV）和正常（未接种）尿囊液（CAF）作为HA和HI试验的阳性对照和阴性对照。试验最好使用无特定病原（SPF）鸡胚，没有SPF胚时可以选用无AIV和NDV的鸡胚。使用以上鸡胚时必须有检测记录。用免疫荧光抗体（FA）、琼脂免疫扩散（AGID）试验对传染性喉气管炎病毒（ILTV）进行鉴定时，需设立阴性和阳性对照。

8 实验方法

8.1 材料与设备

- 生物安全柜。
- 组织匀浆机、组织匀浆机样品袋。
- 鸡胚孵化器。
- 照蛋器。
- 各型号微量移液枪及相应型号无菌枪头。
- 超低温冰柜（−80～−70℃）。
- 低温离心机（转子适于15mL、45mL离心管）。
- 无菌镊子和剪刀。
- 无菌离心管，15mL、45mL。
- 无菌样品试管，5～10mL或12mm×75mm。

- 无菌移液吸管，1mL、5mL、10mL。
- 吸管移液器。
- 过滤器，0.22μm、0.45μm。
- 注射器，1mL、5mL。
- 针头，25G×5/8″（外径0.5mm×长15mm）、20G×1½″（外径0.9mm×长40mm）。
- 9～11d的SPF鸡胚，每个样品接种5枚。
- 病毒稀释液（VTM）。
- 蛋壳打孔锥。
- 胶水或蜡烛（封蛋壳孔）。
- 组织包埋剂（O.C.T.，胶状，冷冻成固体）。
- 组织包埋盒（长25mm×宽20mm×深15mm）。
- 70%乙醇。
- 生物废品安全袋（盛生物废品，高压灭菌处理）。
- 锐利废品（废弃针头和玻片等）生物安全容器。
- 乳胶手套。
- 组织研磨器。
- 荧光标记的ILTV特异性抗血清（抗ILTV的免疫荧光抗体试剂）。
- FA稀释液。
- 25mm×75mm×1mm（宽×长×厚）玻片。

8.2 ILTV的形态学和生物学特性

ILTV属于疱疹病毒科，有囊膜，是核衣壳二十面体对称的双链DNA病毒。病毒核衣壳大小为10nm，囊膜大小为195～250nm。该病毒有特征性衣壳粒。

8.3 ILTV组织样品

动物气管、气管分泌物和肺是分离ILTV的首选组织样品。

8.4 动物组织样品处理

1）鸡的气管和肺脏按1∶5（*W/V*）与VTM稀释，用乳钵研磨或用组织匀浆机高速研磨1～3min。然后将组织混合液转移到15mL离心管中，做如下标记：

- 样品编号。
- 疑似待检病毒：如ILTV、IBV、ARV。
- 组织样品：如气管、肺、肝、肾、脾、体液等。
- 接种途径：如细胞系CEK、LMH或鸡胚。
- 处理日期：年/月/日。

2）如果组织样品是棉签拭子，拭子管中应含有PBS或VTM等病毒缓冲液，通常每1～2个拭子2～3mL；或3～5个拭子5mL。拭子管涡旋震荡后取出棉签。

3）样品离心，设1 500r/min（转子半径为15cm的离心机）、4℃离心10min。取上清液，经0.45μm的过滤器过滤后即可用于鸡胚接种。如果在1～2d内接种，样品可暂时储存在5～7℃冰箱内。如果在2d后接种，样品则储存至－80℃冰柜为宜。

4）**注意事项：**样品过滤可能会降低病毒粒子的浓度，特别是0.22μm过滤器过滤时，聚集的病毒粒子会被截留在过滤器内而影响检测结果。样品可通过超声波处理而促使聚集的病毒粒子离散。

9 ILTV分离步骤和连续传代

1）使用9～11d的鸡胚，采用绒毛尿囊膜（CAM）接种途径，每份样品接种至少5枚鸡胚，每枚鸡胚0.2mL。详细步骤请参考第3章。

2）使用VTM接种3～5枚鸡胚，作为阴性对照。

3）接种后的鸡胚置于湿度为80%～90%的37℃鸡胚孵化箱孵育5～6d。

4）每日照胚，收取死亡鸡胚的尿囊液（CAF）进行血凝试验（HA），以排除HA阳性病毒（如AIV、NDV）感染。ILTV无HA活性蛋白，故HA检测阴性。

5）检测死亡鸡胚绒毛尿囊膜（CAM），如接种样品含有效感染量的ILTV，CAM会出现水肿增厚及不透明的白色空斑（图26-1和彩图11）。当观察到此类病变时，可将病变CAM分为几份用于ILTV的鉴定试验（如FA、AGID、H&E染色）和传代种毒［CAM与VTM按1:（5～10）稀释研磨后，再通过CAM接种鸡胚］。

6）接种鸡胚孵育5～6d后终止，所有存活的鸡胚均置于4℃冰箱内冷却3～4h或过夜。收集尿囊液和CAM，并观察CAM是否出现水肿增厚或病毒空斑。

7）疑似ILTV成果的样品，应在鸡胚上至少连续传代两代再进行鉴定。

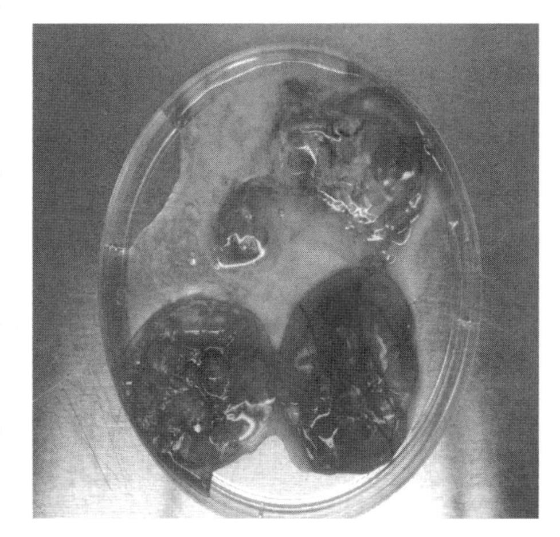

图26-1　鸡胚感染ILTV的CAM病变

水肿增厚（平皿内下方的两个CAM）、不透明白色空斑（平皿内上方的CAM）。

10 ILTV的鉴定

10.1 免疫荧光抗体（FA）染色试验

1）收获CAM，在收获CAM之前需收获尿囊液并进行血凝（HA）试验检测（ILTV为HA阴性，见HA规程）。

2）ILTV免疫荧光抗体（FA）试验的具体步骤如下：

- 将CAM与组织包埋剂1∶1（*V/V*）混合，放入组织包埋盒，在−20℃或−80℃冰柜内冷冻组织样品，然后做冷冻切片。
- 冷冻切片：将CAM切成3～4μm薄片并贴敷于玻片中央（一个玻片一份样品）或一侧（一个玻片两份样品）。所有CAM切片都应切成同一厚度，每份样品CAM均应制作至少两份CAM玻片，以供保留备用。
- 将CAM玻片置冷丙酮液（−20℃）固定10min，然后取出玻片，室温晾干。用玻璃油笔在玻片上将CAM组织圈出（注意不要损坏组织部分）。
- FA染色：滴加ILTV免疫荧光抗体于CAM组织切片，水平放置FA玻片于湿盒内（盒子底部加水，上部玻片支架，目的是防止FA试剂蒸发），置湿盒于37℃温箱内孵育30～40min。
- FA玻片清洗：使用PBS缓冲液（8.0g NaCl，0.2g KCl，1.15g Na_2HPO_4，0.2g H_2PO_4，1 000mL dH_2O）缓慢轻柔冲洗玻片3次，然后将玻片置于吸水纸上吸干溶液。
- 滴加适量FA玻片缓冲液（50%PBS缓冲液，50%甘油，pH8.4），加盖玻片，FA染色完成。
- 随即用荧光显微镜观察FA染色试验结果。FA染色玻片可于冰柜内低温保存，但FA染色玻片都应在24h内完成镜检观察和结果判定。ILTV的FA检测阳性结果见第27章。

10.2 琼脂凝胶免疫扩散（AGID）试验

1）ILTV抗原：收获CAM与PBS缓冲液（1∶1）一起研磨，CAM悬液为检测抗原。

2）特异性ILTV抗血清：用ILTV标准毒株接种SPF鸡制备或从生物制剂厂家购得。

3）AGID试验：具体操作方法请参考AGID试验规程。如果检测样品中含有ILTV，则可在24～48h内观察到一条白色沉淀线，使用未接种病毒的CAM作为阴性对照。

10.3 H&E染色

通过组织学方法观察CAM中的疱疹病毒核内包涵体。

10.4 电子显微镜（EM）观察

CAM匀浆按电子显微镜样品程序处理，提交电子显微镜实验室，制作负染电镜片，观察疱疹病毒颗粒。

11 结果判定

1）鸡胚病变：如果将病毒接种CAM后没有鸡胚死亡，且CAM上没有空斑，尿囊液无血凝性，则样品为ILTV阴性。如果CAM上出现了空斑或水肿增厚等病变（图26-1），则需要用ILTV的试验方法进行验证。

2）不同ILTV毒株之间存在毒力差异，合理鉴定毒株需通过鸡胚接种而进行分离，或通过限制性酶切图谱分析（目前尚未用于诊断程序）。

参考文献

Cottral G E, 1978. Manual of Standardized Methods for Veterinary Microbiology[M]. Ithaca, New York: Cornell University Press.

Saif Y M, Fadly A M, Glisson J R, et al, 2008. Diseases of Poultry [M]. 12th Edition. Ames, Iowa: Blackwell Publishing.

Williams S M, Dufour-Zavala, Jackwood M W, et al, 2016. A Laboratory Manual for the Isolation, Identification and Characterization of Avian Pathogens[M]. 6th Edition. Jacksonville, Florida: American Association of Avian Pathogens.

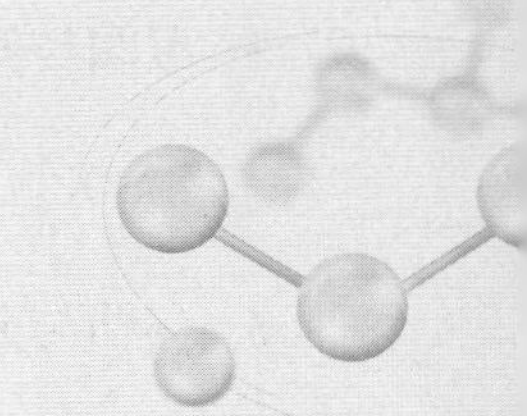

第27章 免疫荧光抗体染色法检测禽传染性喉气管炎病毒

1 目的

传染性喉气管炎病毒（Infectious Laryngotracheitis Virus，ILTV）属于疱疹病毒科，其主要感染鸡或野鸡。本SOP的目的在于使用直接免疫荧光抗体（FA）染色法对禽ILTV进行检测。

2 适用范围

本SOP适用于禽病毒诊断或研究实验室从事禽病毒分离鉴定的技术人员。

3 安全须知

所有与生物样品相关的实验操作必须在生物安全柜中进行，在病毒实验室处理生物样品时，必须穿好实验室工作服，戴好乳胶手套，遵守实验室安全规程。

有关化学物质、生物危害物品及储备材料的安全处理应参照生物实验室的国家标准或国际标准，严格制定和执行细胞实验室安全管理条例，如美国生物危害物质的详细信息可通过CDC网站（www.cdc.gov/od/biosfty/bmbl5/bmbl5toc.htm）中第五版微生物和生物医药的生物安全（BMBL）查询。

4 培训要求

本SOP培训内容包括：鸡胚的接种与收获，冷冻切片所用动物组织和绒毛尿囊膜（CAM）样品的前处理，了解FA试验原理，熟练掌握冷冻切片的制备和FA试验操作技能，熟悉实验室常规操作技能和无菌技术，具备FA试验结果判定以及辨别非特异性染色的能力。

5 审阅与修订

本SOP应每年或定期审阅，如有程序调整要及时增补修订。

6 存档与分发

本SOP由实验室质量管理员归档并根据标准政策进行发放。本规程原始文件应由实验室的文件管理员存档保存，复印本发送给所有禽病诊断研究室的实验操作人员。

7 质量管理

将标准毒株或已确定的ILTV分离株通过CAM途径接种在鸡胚CAM细胞中进行增殖。在接种ILTV阳性病毒5～7d后，收获含有ILTV的尿囊液（CAF）用于后续接种，并将收获的每个CAM剪为两份，分别用于ILTV种毒和CAM切片（FA染色检测ILTV）阳性对照。收获未接种鸡胚的CAM作为FA检测阴性对照。

8 实验方法

8.1 材料与设备

- 生物安全柜。
- 孵化器。
- 照蛋器。
- HB 2号铅笔。
- 70%乙醇。
- 蛋壳打孔锥。
- 无菌镊子和剪刀。
- 注射器，1mL、5mL。
- 针头，27G×1/2″（外径0.4mm×长12mm）、25G×5/8″（外径0.5mm×长15mm）、20G×1½″（外径0.9mm×长40mm）。
- 无菌离心管，15mL、45mL。
- 玻璃/聚乙烯平皿，直径100mm×厚15mm。
- 乳胶手套。
- 锐利废品（废弃针头和玻片等）生物安全容器。
- 生物废品安全袋（盛生物废品，高压灭菌处理）。

- 洗耳球或吸管移液器。
- 透明胶带。
- 胶水或蜡烛（封蛋壳孔）。
- SPF鸡胚。
- 组织匀浆机、组织匀浆机样品袋。
- 病毒培养液（VTM）。
- 无菌移液吸管，1mL、2mL、5mL、10mL、25mL。
- 组织包埋盒（长25mm×宽20mm×深15mm）。
- 组织包埋剂（O.C.T.，胶状，冷冻成固体。）
- 玻片，25mm×75mm×1mm。
- 荧光标记的ILTA血清抗体（抗ILTV的免疫荧光抗体试剂）。
- FA稀释液。

8.2 动物组织样品选择

标准毒株或疑似ILTV的样品接种鸡胚后收获的CAM，动物组织样品选择发病鸡的气管。

9 实验步骤

1）将已知的ILTV标准毒株或疑似临床样品通过CAM途径接种9～11d的SPF鸡胚，每胚0.2mL，每个样品接种3～5枚鸡胚。

2）接种后5～7d时，自每份样品接种的鸡胚中取出2枚鸡胚，分别收获尿囊液和CAM。如果1～2d内样品需进行鸡胚再传代，则将尿囊液置于4℃冰箱保存，如果确定是ILTV阳性而无需再传代时，则将尿囊液置于−80℃冰柜内冻存。具有ILTV典型病变的CAM，应将其一部分留存为种毒，另一部分用PBS冲洗后，置于吸水纸吸除多余PBS。

注意事项：用镊子将CAM放在纸巾上，吸干CAM表面液体。

3）将CAM与组织包埋剂1：1（*V/V*）混合，放入组织包埋盒，于−20℃或−80℃冰柜内冷冻组织样品，然后制作冷冻切片。

4）将冷冻的CAM组织切成3～4μm薄片并吸附于玻片上，所有切片都应切成同一厚度。所有CAM均制作两份切片，保留一份备用。

5）将玻片置于冷丙酮（−20℃）中，于−20℃冰柜固定10min。从丙酮中取出玻片，晾干。

6）用玻璃油笔在玻片上将组织圈出（注意不要损坏组织部分）。

7）滴加荧光标记的抗ILTV的FA试剂至圈出的组织区域内并将组织覆盖。于

37℃ ± 1℃恒温箱中孵育40min。

8）用PBS缓冲液（8.0g NaCl，0.2g KCl，1.15g Na_2HPO_4，0.2g KH_2PO_4，1 000mL dH_2O）从玻片的一端轻轻冲去多余的FA试剂（不要直接冲洗组织切片），然后将玻片置于玻片架上，并放置在有转子的玻片缸中，加入PBS浸没玻片，将玻片缸置于磁力搅拌器上，慢速搅拌8～10min，然后把玻片朝上放在纸巾上晾干。

9）滴加FA玻片缓冲液（50%PBS，50%甘油，pH8.4），加盖玻片，镜检。

注意事项： 如果在1～2h内镜检观察，FA染色玻片可于室温避光放置，否则放入冰箱保存。所有的FA染色切片都应在24h内完成镜检观察。如超过2～3d后镜检，FA染色阳性切片会有褪色而影响结果判定。

10 结果判定

FA染色阳性结果是，CAM的ILTV感染部位或组织样品中的ILTV感染细胞被染成发亮的苹果绿色荧光（图27-1和彩图12、图27-2和彩图13）。FA阴性则为无苹果绿色荧光（图27-3和彩图14）。

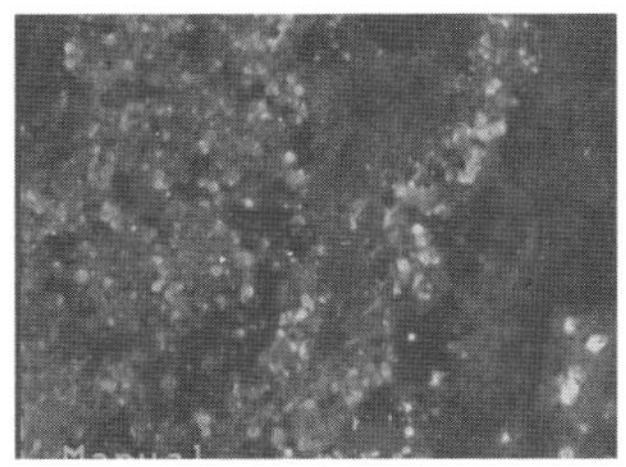

图27-1 鸡胚感染ILTV的CAM切片FA检测强阳性（+++）。应用ILTV免疫荧光抗体的FA染色

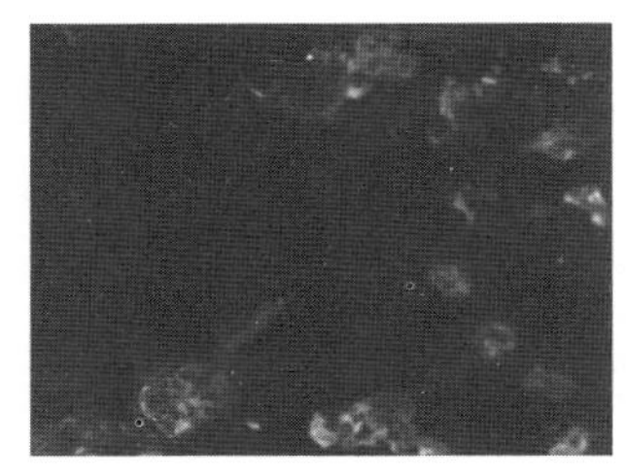

图27-2 鸡胚感染ILTV的CAM切片FA检测阳性（+）

图27-3 阴性对照鸡胚的CAM切片，FA检测阴性（—）

参考文献

Cottral G E, 1978. Manual of Standardized Methods for Veterinary Microbiology[M]. Ithaca, New York: Cornell University Press.

Swayne D E, Glisson J, Jackwood M W, et al, 1998. A Laboratory Manual for the Isolation and Identification of Avian Pathogens[M]. 4th Edition. Kennett Square, Pennsylvania: American Association of Avian Pathogens.

Swayne D E, Boulianne M, Logue C M, et al, 2020. Diseases of Poultry[M]. 14th Edition. Hoboken, NJ: John Wiley & Sons, Inc.

第28章 传染性法氏囊病病毒的分离与鉴定

1 目的

传染性法氏囊病病毒（Infectious Bursal Disease Virus，IBDV）主要感染家禽，本SOP的目的是阐述IBDV的分离鉴定方法和操作规程。

2 适用范围

本SOP适用于禽病毒诊断或研究室从事禽病毒分离鉴定的技术人员。

3 安全须知

有关生物样品的所有工作必须在生物安全柜内完成。在病理实验室处理生物样品时，必须穿好实验室工作服，戴好乳胶手套。实验室安全规程请参考本书第3章。

有关化学物质、生物危害物品及储备材料的安全处理应参照生物实验室的国家标准或国际标准，严格制定和执行细胞实验室安全管理条例，如美国生物危害物质的详细信息可通过CDC网站（www.cdc.gov/od/biosfty/bmbl5/bmbl5toc.htm）中第五版微生物和生物医药的生物安全（BMBL）查询。

4 培训要求

本SOP中的培训内容包括：熟练掌握孵化前的鸡种蛋质量检查方法、孵化中的正常鸡胚发育状态观察、接种后死亡鸡胚的判定方法和检查程序。掌握鸡胚接种与收获，掌握血凝（HA）和血凝抑制（HI）试验的操作方法及其HA、HI效价滴度判定和稀释倍数的计算，熟练掌握琼脂凝胶免疫扩散（AGID）试验的原理与方法，熟悉实验室常规操作技能和无菌技术。

5 审阅与修订

本SOP应每年或定期审阅，如有程序调整要及时增补修订。

6 存档与分发

本SOP由实验室质量管理员归档并根据标准政策进行发放。本规程原始文件应由实验室的文件管理员存档保存，复印本发送给所有禽病诊断研究室的实验操作人员。

7 质量管理

病毒分离和鉴定需要进行质量管理。如病毒分离需使用鸡胚时，鸡胚接种时用病毒稀释液（VTM）接种2～3枚鸡胚作为阴性对照。用灭活禽流感病毒（AIV）或新城疫病毒（NDV）和正常（未接种）尿囊液（CAF）作为HA和HI试验的阳性对照和阴性对照。

试验最好用无特定病原（SPF）种蛋鸡胚，没有SPF胚时可以用无AIV和NDV的鸡胚。使用以上鸡胚时必须有检测记录。

8 实验方法

8.1 材料与设备

- 生物安全柜。
- 孵化器。
- 照蛋器。
- HB 2号铅笔。
- 70%乙醇。
- 蛋壳打孔锥。
- 无菌镊子和剪刀。
- 注射器，1mL、5mL。
- 针头，27G×1/2″（外径0.4mm×长15mm）、25G×5/8″（外径0.5mm×长15mm）、20G×1½″（外径0.9mm×长40mm）。
- 无菌离心管，15mL、45mL。
- 玻璃/聚乙烯平皿，直径100mm×厚15mm。

- 乳胶手套。
- 锐利废品（废弃针头和玻片等）生物安全容器。
- 生物废品安全袋（盛生物废品，高压灭菌处理）。
- 洗耳球或吸管移液器。
- 无菌移液吸管，1mL、5mL、10mL。
- 透明胶带。
- 胶水或蜡烛（封蛋壳孔）。
- SPF鸡胚。
- 组织匀浆机、组织匀浆机样品袋。
- 病毒稀释液（VTM）。
- 无菌移液吸管，5mL、10mL、25mL。
- 组织包埋盒（长25mm × 宽20mm × 深15mm）。
- 组织包埋剂（O.C.T.，胶状，冷冻成固体）。
- 玻片，25mm × 75mm × 1mm。
- IBDV抗体、抗原。

8.2 IBDV的形态学和生物学特性

IBDV为双链RNA病毒，二十面体对称，直径为60nm。已知存在Ⅰ型和Ⅱ型两种血清型（无交叉保护）。

8.3 动物组织样本选择

首选法氏囊、淋巴组织和脾脏（于发病后第一周收集）。

8.4 动物组织样品处理

1）鸡的组织样品按1：5（*W/V*）与VTM稀释，用乳钵研磨或用组织匀浆机高速研磨1～3min。然后将组织混合液转移到15mL离心管中，做如下标记：
- 样品编号。
- 疑似待检病毒：如IBDV、FAV、NDV。
- 组织样品：如气管、肺、肝、肾、脾、体液等。
- 接种途径：如细胞系CEK、LMH或鸡胚。
- 处理日期：年/月/日。

2）如果是棉签拭子样品，将拭子置于涡旋管中，加入PBS或VTM等病毒缓冲液，通常1～2个拭子2～3mL；或3～5个拭子5mL。拭子管涡旋震荡后取出棉签。

3）样品于1 500r/min、4℃离心10min，取上清液经0.45μm的过滤器过滤后，即可用于鸡胚接种。

注意事项：样品过滤可能会降低病毒粒子的浓度，因为聚集的病毒粒子会被截留在过滤器内，可通过超声处理以减少病毒粒子聚集现象。

4）病毒样品通常储存至−80℃冰柜冻存，如果在1～2d内接种，样品可暂时储存在5～7℃冰箱内直至接种。如果在2d后接种，则样品储存于−80℃冰柜为宜。当样品需接种鸡胚或受到细菌污染时，可用0.22μm或0.45μm的过滤器再过滤或加抗生素处理。

9 鸡胚接种与分离IBDV

9.1 鸡胚绒毛尿囊膜（CAM）途径接种IBDV

1）每份样品通过CAM途径接种5枚9～11d的鸡胚，0.2mL/胚（具体步骤见第3章）。这是分离IBDV的最佳方法。

2）通常IBDV会在3～5d内致死鸡胚，保留死亡胚蛋，冰箱冷却后收获尿囊液（CAF）、CAM、鸡胚体。若鸡胚未死亡，接种后6d收获CAF和CAM。

9.2 鸡胚卵黄囊（YS）途径接种IBDV

1）每份样品经YSM接种5枚6～7d的鸡胚，0.2mL/胚（具体步骤见第3章）。

2）IBDV通常在3～5d内致死鸡胚，保留死亡胚蛋，冰箱冷却后收获尿囊液、卵黄囊、鸡胚体。若鸡胚未死亡，6d后收获鸡胚。在未死亡的IBDV感染鸡胚中可观察到胚体的脾肿大和肝坏死。

9.3 IBDV的鉴定

1）IBDV感染的鸡胚会出现充血、出血（瘀点或瘀斑）。出血一般出现在大脑、足部和羽毛部位。IBDV毒株会导致胚体萎缩、水肿，但一般情况下不会致死鸡胚。接种后6～7d鸡胚的CAM和胚体的病毒含量最高。收集胚体和CAM制备匀浆液（见8.4）。匀浆液可经超声波（可不用）处理后168～377*g*（1 000～1 500r/min，离心机转子半径15cm）离心10min，将上清液提交给电镜实验室进行鉴定。

2）CAM和胚体研磨液也可通过琼脂凝胶免疫扩散（AGID）试验进行鉴定，但需使用IBDV标准抗血清进行检测（具体步骤见AGID试验规程）。

10 细胞接种与分离IBDV

10.1 细胞接种

1）培养鸡胚肾（CEK）细胞或鸡肝上皮瘤（LMH）细胞24h后，标记细胞瓶，标记内容包括：样品编号、组织类型和接种日期，每瓶接种一个样品。另取一个细胞瓶作为阴性对照。

注意事项：单层细胞密度达到75%～90%时接种为宜。

2）弃去细胞生长液，用约1.0mL VTM或PBS轻柔冲洗单层细胞一次（洗去胎牛血清），弃去洗液。

3）每份待测样品取上清液0.5mL（T-25cm^{2}细胞瓶）或者1.5mL（T-75cm^{2}细胞瓶）接种细胞。阴性对照用VTM接种。

4）接种后将细胞瓶置于37℃培养箱中吸附30～40min，每隔5min轻轻晃动细胞瓶，以确保样品液能覆盖单层细胞。每个细胞瓶补加4.5mL（T-25cm^{2}细胞瓶）或13.5mL（T-75cm^{2}细胞瓶）细胞维持液。将瓶盖适当拧紧，置于37℃、5%CO_2培养箱中继续培养5～6d。

5）每日镜检，观察是否出现细胞病变（CPE）。

6）**注意事项：**某些原始病料中的新毒株可能不适于细胞生长或不引起细胞病变，此种情况下可首先用鸡胚接种传代，然后再进行细胞接种传代。

10.2 细胞培养物鉴定

1）当接毒后的单层细胞出现CPE至75%～100%时，即可进行收获，拧紧细胞瓶盖，置于−80℃冰柜中，单层细胞面朝下，直至完全冻结。然后取出细胞瓶于37℃或室温进行融化（注意：不要把细胞瓶长时间放置在室温下），再放回−80℃冰柜直至完全冻结。重复此过程2～3次后收获细胞培养物病毒。

2）吸取细胞悬液至15mL离心管（约10mL），其余移入冻存管中（长期存储），做好标记如编号、组织类型、代次、细胞类型和冻存日期。

3）取10mL悬液送往电子显微镜室进行形态学鉴定。将冻存管置于−80℃冰柜中，直至获得电镜结果。如果电镜结果确定样品为阳性，可以按上述标记并置于相同种类和来源的病毒库中。如果电镜结果为阴性，则需继续传代。

4）若分离产物使CEK细胞产生细胞病变（CPE），也可以通过血清中和（SN）试验或AGID试验规程进行病毒血清型的鉴定。

10.3 IBDV的连续细胞传代

1）若在细胞培养第一代后没有观察到细胞病变，则按上述程序反复冻融细胞瓶2～3次。将细胞悬液转入15mL离心管中，168～377*g*（1 000～1 500r/min，离心机转子半径15cm）离心10min。

2）取上清液接种下代细胞，参考上述分离程序，接种培养24h的CEK单层细胞。

3）病毒传至第2或第3代，如果出现细胞病变，收获病毒后进行电镜观察或者用特异性抗血清进行血清学鉴定，如AGID试验、SN试验。

4）如果在病毒传至3～4代后仍未出现细胞病变，停止分离，判定为IBDV阴性。

11 IBDV结果判定

1）如接种样品引起鸡胚病变，且电镜观察到病毒颗粒为IBDV形态时，通常可以判定样品为IBDV阳性。

2）用特异性抗体进行AGID试验鉴定也是判定IBDV的有效方法。但在此试验中需要注意，悬液中往往存在其他病毒，标准血清应无腺病毒及呼肠孤病毒的抗体。

3）用IBDV抗血清进行微量滴定法也可以鉴定IBDV。

参考文献

Cottral G E, 1978. Manual of Standardized Methods for Veterinary Microbiology[M]. Ithaca, New York: Cornell University Press.

Saif Y M, Fadly A M, Glisson J R, et al, 2008. Diseases of Poultry [M]. 12th Edition. Ames, Iowa: Blackwell Publishing.

Swayne D E, Glisson J, Jackwood M W, et al, 1998. A Laboratory Manual for the Isolation and Identification of Avian Pathogens[M]. 4th Edition. Kennett Square, Pennsylvania: American Association of Avian Pathogens.

Williams S M, Dufour-Zavala, Jackwood M W, et al, 2016. A Laboratory Manual for the Isolation, Identification and Characterization of Avian Pathogens[M]. 6th Edition. Jacksonville, Florida: American Association of Avian Pathogens.

第29章 禽腺病毒的分离与鉴定

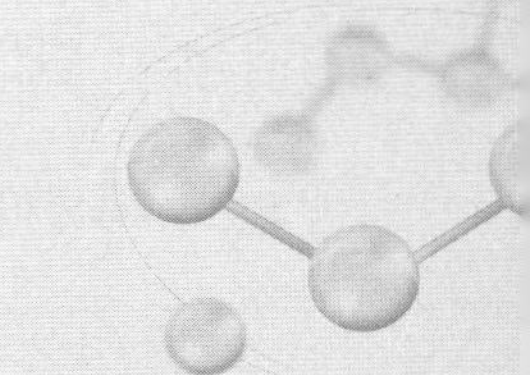

1 目的

禽腺病毒（Fowl Adenoviruses，FAV）主要感染火鸡、鸡、鹌鹑、鸭子或者野鸡。本SOP的目的是阐述分离鉴定临床样品中腺病毒的方法和实验规程。

2 适用范围

本SOP适用于禽病毒诊断或研究室从事FAV分离鉴定的技术人员。

3 安全须知

有关生物样品的所有工作必须在生物安全柜内完成。在病毒学实验室处理生物样品时，必须穿好实验室工作服，戴乳胶手套。关于实验室安全规程请参考本书第3章。

有关化学物质、生物危害物品及储备材料的安全处理应参照生物实验室的国家标准或国际标准，严格制定和执行细胞实验室安全管理条例，如美国生物危害物质的详细信息可通过CDC网站（www.cdc.gov/od/biosfty/bmbl5/bmbl5toc.htm）中第五版微生物和生物医药的生物安全（BMBL）查询。

4 培训要求

本SOP中的培训内容应包括：熟练掌握孵化前的鸡种蛋质量检查方法、孵化中的正常鸡胚发育状态观察、接种后死亡鸡胚的判定方法和检查程序。掌握鸡胚的接种与收获，掌握血凝（HA）和血凝抑制（HI）试验及其HA和HI效价滴度的判定、稀释倍数的计算，掌握琼脂凝胶免疫扩散（AGID）试验的原理与方法，熟悉实验室常规操作技能和无菌技术。

5 审阅与修订

本SOP应每年或定期审阅，如有程序调整要及时增补修订。

6 存档与分发

本SOP由实验室质量管理员归档并根据标准政策进行发放。本规程原始文件应由实验室的文件管理员存档保存，复印本发送给所有禽病诊断研究室的实验操作人员。

7 质量管理

病毒分离和鉴定需要进行质量管理。如病毒分离需使用鸡胚，鸡胚接种时用病毒稀释液（VTM）接种2～3枚鸡胚作为阴性对照。用灭活禽流感病毒（AIV）或新城疫病毒（NDV）和正常（未接种）尿囊液（CAF）作为HA和HI试验的阳性对照和阴性对照。

试验最好用无特定病原（SPF）种蛋鸡胚，没有SPF胚时可用无AIV和NDV的鸡胚。使用以上鸡胚时必须有检测记录。

8 实验方法

8.1 材料与设备

- 生物安全柜。
- CO_2细胞培养箱。
- 各型号微量移液枪及相应型号无菌枪头。
- 超低温冰柜（－80～－70℃）。
- 倒置显微镜。
- 低温离心机（转子适于15mL、45mL离心管）。
- 无菌镊子和剪刀。
- 2mL冻存管。
- 无菌离心管，15mL、45mL。
- 无菌移液管，1mL、5mL、10mL。
- 过滤器，0.22μm、0.45μm。

- 注射器，1mL、5mL。
- 针头，27G × 1/2″（外径0.4mm × 长15mm）、25G × 5/8″（外径0.5mm × 长15mm）、20G × 1½″（外径0.9mm × 长40mm）。
- 玻璃/聚乙烯平皿，直径100mm × 厚15mm。
- 乳胶手套。
- 锐利废品（废弃针头和玻片等）生物安全容器。
- 生物废品安全袋（盛生物废品，高压灭菌处理）。
- 洗耳球或吸管移液器。
- 透明胶带。
- 胶水或蜡烛（封蛋壳孔）。
- SPF鸡胚。
- 组织匀浆机、组织匀浆机样品袋。
- 病毒稀释液（VTM）。
- FAV抗体、抗原。
- T-25cm^{2}细胞瓶，培养24h的鸡胚肾（CEK）细胞或鸡胚肝（CEL）细胞，或LMH细胞，每个样品需设置一个阴性对照。
- T-75cm^{2}细胞瓶，培养CEK细胞进行传代、分离和电镜鉴定。

8.2 腺病毒的形态和生物学特性

1）FAV具有二十面体对称结构，直径为70 ~ 90nm。

2）目前FAV分为3个群。Ⅰ群FAV有12个血清型，且各型都有相同的Ⅰ群抗原；Ⅱ群FAV有1个常见的血清型，包括出血性肠炎病毒（Hemorrhagic Enteritis Virus，HEV）、大理石脾病病毒（Marble Spleen Disease Virus，MSDV）和禽脾肿大病病毒（Avian Splenomegaly Virus，ASV）；Ⅲ群FAV与产蛋下降综合征（EDS-76）相关。

8.3 首选动物组织样品

- 禽腺病毒Ⅰ群（FAV-Ⅰ）：排泄物、肠、肝、咽、肾。
- 禽腺病毒Ⅱ群（FAV-Ⅱ）：肠和脾。
- 禽腺病毒Ⅲ群（FAV-Ⅲ）：输卵管，畸形蛋。

8.4 动物组织样品处理

1）鸡的组织样品按1∶5（*W/V*）与VTM稀释，用乳钵研磨，或用组织匀浆机高速研磨1 ~ 3min。然后将组织混合液转移到15mL离心管中，做如下标记：

- 样品编号。

- 疑似待检病毒：如FAV-Ⅰ、AIV、ARV。
- 组织样品：如气管、肺、肝、肾、脾、体液等。
- 接种途径：细胞系如CEK、LMH或鸡胚。
- 处理日期：年/月/日。

2）如果待检样品是棉签拭子，则将拭子置于涡旋管中，加入PBS或VTM等病毒缓冲液，通常1～2个拭子2～3mL；或3～5个拭子5mL。拭子管涡旋震荡后取出棉签。

3）样品于168～377g（1 000～1 500r/min，离心机转子半径15cm）4℃离心10min，取上清液经0.45μm的过滤器过滤后即可用于鸡胚接种。病毒样品通常储存至－80℃冰柜内冻存，如在1～2d内接种，样品可暂时储存在5～7℃冰箱直至接种。

4）**注意事项：**样品过滤可能会降低病毒粒子的浓度，因为聚集的病毒粒子会被截留在过滤器内，此时可通过超声处理以减少聚集现象。当样品受到细菌污染时，可用0.22μm或0.45μm的过滤器再过滤或加抗生素处理。

9 FAV-Ⅰ群毒株的分离方法

说明事项：因为FAV-Ⅱ群毒株不适于常用细胞培养方式进行传代，需使用RP19细胞系，在41℃条件下悬浮培养，并保持定期的随时维护，故本章不介绍FAV-Ⅱ群毒株分离方法。

1）用T-25cm^{2}细胞瓶培养LMH细胞、CEL细胞或CEK细胞，标记细胞瓶，标记内容包括：样品编号、组织类型和接种日期，每瓶接种一个样品。另取一个细胞瓶作为阴性对照。

2）**注意事项：**单层细胞密度达到75%～90%时即可进行病毒接种。

3）弃去LMH、CEL或CEK细胞瓶中的培养液，用大约1.0mL的VTM轻柔冲洗细胞，洗除残留细胞生长液中的胎牛血清，弃去VTM洗液。

4）每份样品取上清液0.5mL（T-25cm^{2}细胞瓶）或1.5mL（T-75cm^{2}细胞瓶）接种细胞。阴性对照用VTM接种。

5）接种后将细胞瓶置于37℃培养箱中吸附30min，每隔5min轻轻晃动细胞瓶以确保病毒液能完全覆盖单层细胞。每个细胞瓶补加4.5mL（T-25cm^{2}细胞瓶）或者13.5mL（T-75cm^{2}细胞瓶）的细胞维持液。适当拧紧瓶盖，置于37℃、5%CO_2培养箱中，连续培养5～7d。

6）每日镜检，观察细胞是否出现细胞病变（CPE），并在细胞培养工作表中记录结果。如果样品中有FAV-Ⅰ群毒株，则4～6d就会出现CPE。有时需要多次细胞传代，如用LMH、CEL或者CEK进行细胞传代培养才会出现CPE。FAV感染细胞的CPE表现为细胞变圆、内呈小颗粒状聚集似葡萄串样，折射度增强。

10 FAV-I群毒株的鉴定方法

1）当接毒后的单层细胞出现CPE病变至75%～100%时即可收获。拧紧细胞瓶盖，置于－80℃冰柜中，单层细胞面朝下，直至完全冻结。然后取出细胞瓶置37℃或室温下融化（注意：不要把细胞瓶长时间放置在室温下），再放回－80℃冰柜直至完全冻结。重复此过程2～3次后，收获细胞培养物病毒。

2）琼脂凝胶免疫扩散（AGID）试验。收获的细胞培养物可以用腺病毒抗血清进行AGID试验以检测是否有I群腺病毒。在37℃或室温条件下，阳性对照和阳性样品会在24～48h出现白色沉淀线。

3）如果用细胞培养方法分离的FAV，再次细胞传代需要对收获的细胞培养物与VTM进行1∶10（*V/V*））稀释为宜。如需要增殖病毒供电镜检测，可用T-75cm^2细胞瓶的LMH、CEL或CEK进行传代增值。

4）吸取冻融后的细胞培养物至15mL离心管（大约共10mL）和冻存管（储存），标记样品编号、组织类型、代次、细胞类型和冻存日期。

5）将离心管样品提交给电子显微镜实验室做病毒形态鉴定，将冻存管样品置于－80℃冰柜中保存（FAV分离毒株，如FAV阳性），直至获得电镜（EM）检测结果。

6）如果电镜结果确定样品是FAV阳性时，可如上标记并放置于相同种类和来源的种毒库中。

11 FAV-Ⅰ群毒株的连续传代方法

1）通常FAV-Ⅰ群毒株在第一次细胞传代的时候会出现CPE。如果接种检测样品的细胞无CPE，则需要收获第一代细胞培养物用于第二代细胞接种，即样品的细胞传代。LMH、CEL或CEK都可用作FAV的连续传代细胞。如果在接种细胞后的6～7d没有出现CPE，如前所述，将细胞反复冻融3次后收集到15mL离心管中，168～377*g*（1 000～1 500r/min，离心机转子半径15cm）离心10min，取上清液供传代接种。

2）在第一次细胞传代时，将收获的细胞毒原液上清液直接加到培养24h的LMH、CEL或CEK细胞中。每天观察是否出现CPE，6～7d后收获细胞培养物，用于

AGID试验或者电子显微镜鉴定。

3）如果细胞连续传至第2～3代仍没有CPE，且AGID或PCR或电镜检测阴性，则终止病毒分离，样品的腺病毒分离诊断为阴性。

12 FAV-Ⅲ群毒株（EDS-76）的分离方法

1）从临床样品中分离FAV-Ⅲ群毒株的最佳方法是接种不含EDS-76病毒抗体的鹅胚或者鸭胚。此外，也可使用CEL细胞（敏感）或CEK、LMH 细胞。

2）鹅胚和鸭胚通过尿囊腔途径接种，接种后孵育3～5d收获尿囊液进行HA试验。如果尿囊液有血凝性即HA阳性，则要用EDS-76抗血清进行HI试验来对分离的病毒进行鉴定。

3）用细胞分离EDS-76或FAV-Ⅲ群毒株，通常需要连续细胞传代2～5代才能产生明显CPE。

13 FAV鉴定的其他试验方法

1）AGID试验，可用肺或者脾的研磨液和特异性抗血清进行鉴定（见AGID试验规程）。

2）气管、肺、细支气管、细胞传代后的CPE都可通过电镜直接鉴定；利用脾和肠的研磨液进行AGID试验可鉴定FAV-Ⅱ群毒株。

14 FAV检测结果判定

1）FAV-Ⅰ群和FAV-Ⅲ群毒株：如用LMH、CEL或CEK进行病毒分离，细胞连续传2代次后没有CPE病变，则判定样品为FAV-Ⅰ群和FAV-Ⅲ群腺病毒分离阴性。

2）FAV-Ⅱ群毒株（HEV、MSDV）：如检测组织（脾脏、肝脏）样品的AGID试验结果是阴性，则判定样品FAV-Ⅱ抗原检测阴性（没有FAV-Ⅱ群毒株），AGID试验是检测FAV-Ⅱ群腺病毒的首选方法。AGID试验结果呈现阳性说明被检样品可能含有HEV、MSDV和ASV。

3）电镜检测结果为阴性，说明样品中不存在FAV或者病毒的浓度低于电镜的观察范围（<5log）。电镜检测结果为阳性，说明样品中含有FAV。

4）CPE细胞，如LMH、CEL或者CEK细胞培养物可以用AGID试验或者电镜进行FAV-Ⅰ群毒株的鉴定。

5）FAV-Ⅲ群毒株分离的样品经过LMH、CEL或者CEK细胞连续传代后，HA和HI

试验结果为阳性，说明分离到EDS-76病毒。

6）禽的组织样品中可能有很多非致病性的FAV毒株或FAV疫苗毒株（CELO），因此分离株FAV血清型鉴定很有必要。

7）考虑FAV各群毒株的分离诊断、调查和分析种群的临床病史（如死亡、鸡蛋产量下降、肠炎）将有助于决定采用哪种分离方法。

参考文献

Cottral G E, 1978. Manual of Standardized Methods for Veterinary Microbiology[M]. Ithaca, New York: Cornell University Press.

Swayne D E, Boulianne M, Logue C M, et al, 2020. Diseases of Poultry[M]. 14th Edition. Hoboken, NJ: John Wiley & Sons, Inc.

Williams S M, Dufour-Zavala, Jackwood M W, et al, 2016. A Laboratory Manual for the Isolation, Identification and Characterization of Avian Pathogens[M]. 6th Edition. Jacksonville, Florida: American Association of Avian Pathogens.

第30章 实时荧光PCR法检测禽腺病毒Ⅰ群毒株

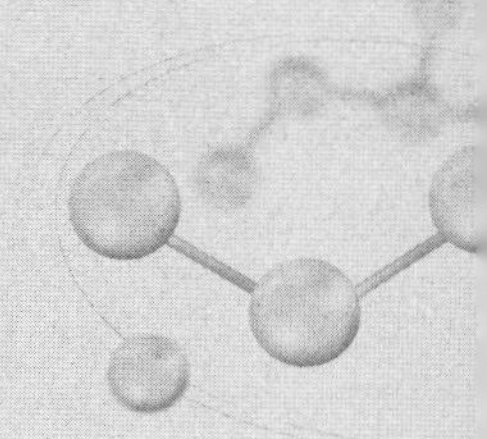

1 目的

设计禽腺病毒Ⅰ群（Fowl Adenovirus Type Ⅰ, FAV-Ⅰ）毒株引物和荧光标记核酸探针，应用实时荧光PCR方法检测FAV-Ⅰ群毒株。检测样品包括细胞培养物、鸡胚尿囊液（CAF）或禽组织病料。

2 适用范围

本SOP适用于禽病毒诊断或研究室从事FAV分离与诊断的技术人员。

3 安全须知

所有与生物样品相关的实验操作必须在生物安全柜中进行。在病理实验室处理生物样品时，必须穿好实验室工作服，戴好乳胶手套。如工作期间需暂停工作接听电话、使用电脑、开门等，须摘下手套以避免生物样品污染公共设施。所有实验室用品（如培养皿、手套、离心管等）接触生物样品或试剂后均应放置于生物安全柜附近的生物安全袋中。当袋子装满时，用胶带封口并高压处理。更换新的生物安全袋时，一定要使用双层袋。

提取核酸进行PCR检测时需使用溴化乙锭和苯酚-氯仿-异戊醇。溴化乙锭是一种强有力的诱变剂和致癌物，必须小心处理。苯酚-氯仿是有毒有机物质，需小心处理。当处理这些试剂或用溴化乙锭制备凝胶时，必须戴好乳胶手套，穿好实验室工作服，避免吸入溴化乙锭。处理溴化乙锭和有机废物请参考该化学物质的安全数据参数（Material Safety Data Sheet，MSDS）。在紫外线照射下，若无保护罩，应戴防护眼镜。

有关化学物质、生物危害物品及储备材料的安全处理应参照生物实验室的国家标准或国际标准，严格制定和执行细胞实验室安全管理条例，如美国生物危害物质的详细信息可通过CDC网站（www.cdc.gov/od/biosfty/bmbl5/bmbl5toc.htm）中第五版微生物和生物医药的生物安全（BMBL）查询。

4 培训要求

本SOP培训内容包括：熟练掌握孵化前的鸡种蛋质量检查方法、孵化中的正常鸡胚发育状态观察、接种后死亡鸡胚的判定方法和检查程序。掌握鸡胚接种与收获，制备绒毛尿囊膜（CAM）冷冻切片，从尿囊液（CAF）中收集受感染的细胞，了解并掌握间接免疫荧光抗体（IFA）染色、免疫化学染色（IPS）、斑点酶联免疫吸附试验（Dot-ELISA）、血清中和试验、血凝（HA）试验和血凝抑制（HI）试验，熟悉实验室常规操作技能和无菌技术。另外，执行此操作规程的人员应接受培训并具有相关工作知识及良好的实验室操作技术。培训涉及的PCR技术和防护措施是确保人员安全和样品完整性的关键。

5 审阅与修订

本SOP应每年或定期审阅，如有程序调整要及时增补修订。

6 存档与分发

本SOP由实验室质量管理员归档并根据标准政策进行发放。本规程原始文件应由实验室的文件管理员存档保存，复印本发送给所有禽病诊断研究室的实验操作人员。

7 质量管理

PCR技术需要严格的质量管理。病毒DNA/RNA提取、扩增（PCR/RT-PCR）和凝胶电泳试验应在三个单独的工作区域（最好是3个不同的房间）进行。应注意避免污染样品。在处理病毒和病毒RNA样品、试管和试剂时，技术人员应穿好实验室工作服，戴好乳胶手套，以避免DNA酶污染。应使用带有滤芯的移液器吸头，以避免移液器被样品污染。每个PCR反应和凝胶电泳都应包括阳性和阴性对照。

通过细胞培养或鸡胚（ECE）分离病毒及通过其他试验（如FAV的AGID试验）进行病毒鉴定时也要进行质量管理。使用FAV-Ⅰ的标准毒株和细胞培养液作为阳性和阴性对照。

8 实验方法

8.1 准备

1）在进行RNA操作时要始终佩戴乳胶手套。

2）所有试剂的制备都需要使用分子分析纯度级别。

8.2 材料与设备

- 常规PCR仪。
- 乳胶手套。
- 微型离心机（转子适于1.5～2mL离心管，用于RNA/DNA样品提取）。
- 微型震荡器。
- 微型涡旋震荡器。
- 凝胶电泳系统。
- 紫外灯。
- 凝胶电泳拍照设备。
- 无菌移液吸管，1mL、2mL、5mL、10mL。
- 吸管移液器。
- 各型号微量移液枪及相关型号无菌枪头。
- 无菌离心管，15mL、45mL。
- 超低温冰柜。
- 实时荧光PCR仪。

8.3 FAV-Ⅰ实时荧光PCR引物和探针

FAV-Ⅰ的实时荧光PCR引物和荧光标记核酸探针（probe）是使用Biosearch Real Time Design软件进行设计的（表30-1）。

表30-1　FAV-Ⅰ群毒株的实时荧光PCR引物和探针

寡核苷酸	温度	3′位置	长度	序列
正向引物	58.2℃	482	17	CCAAGGTGTCCAATGAG
反向引物	59.1℃	571	16	GCGTTGTTCCAAGTGA
探针	69.6℃	499	21	AACACGCGCCTGGCTTATGGA

8.4 从细胞培养液或组织匀浆液中提取FAV-Ⅰ DNA的步骤

1）将各病毒液600μL置于2.0mL离心管。

2）每样品离心管中加60μL 10%SDS和10μL蛋白酶K。

3）混匀，于55℃孵育2h。

4）加入由苯酚、氯仿和异戊醇组成的溶液720μL（苯酚：氯仿：异戊醇=25:24:1），将离心管盖拧紧，混匀15s。10 000r/min离心5min。

5）将水相转移到新的2.0mL离心管中，重复第4步骤1～2次。

6）将水相转移到新的2.0mL离心管中并计算其体积；加入3mol/L醋酸钠（水相体积的1/10）和预冷的100%乙醇（水相体积的1/5）。

7）混匀，于−70℃冰柜孵育30min。

8）12 000r/min离心10min。

9）干燥DNA（晾干或真空干燥5～10min）。

10）用20μL无菌水溶解DNA，50℃水浴15min。立即使用或于−20℃冰柜内存储。

8.5 FAV-Ⅰ的实时荧光PCR程序

1）配制实时荧光PCR反应混合物（表30-2）：

表30-2 FAV-Ⅰ的实时荧光PCR反应试剂混合物

试剂	容量（μL）	最终浓度
H_2O（无RNA/DNA水）	10.45	
10×缓冲液	2.5	1×
25mmol/L $MgCl_2$	1.25	1.25mmol/L
dNTPs（10mmol/L）	0.8	320μmol/L
正向引物（20pmol/μL）	0.5	0.4pmol/μL
反向引物（20pmol/μL）	0.5	0.4pmol/μL
聚合酶	0.5	
探针	0.5	
合计（PCR反应试剂混合液）	17	
模板	8	
总计	25	

2）热循环参数：FAV-Ⅰ的实时荧光PCR热循环参数如表30-3所示。

表30-3 FAV-Ⅰ实时荧光PCR的热循环参数（适于ABI-7300 PCR仪）

探针/引物		步骤	时间	温度
准备	1循环	步骤-1	10min	50℃
		步骤-2	15min	95℃
PCR反应	45循环	变性	20s	94℃
		低温退火	1min	60℃

8.6 PCR结果分析

1）使用ABI实时定量软件绘制的荧光定量PCR扩增曲线表示Ct，Rn（总荧光背景或噪声荧光背景）与循环数的关系。Ct，Rn可以用线性或对数图谱绘制。图30-1和彩图15所示线性图谱扩增曲线所具有的4个典型特征：①曲线峰值段；②线性段；③增值上升段；④背景。基线（b与c两曲线段间的平行线）是确定PCR扩增曲线循环数（Cycle）的平行基线，即Ct值阈值线（Threshold），该基线可自动设计或人工设计。

2）对数图谱的显著优点是，荧光曲线所显示阳性扩增样品随循环次数的增加而上升，故为实时荧光PCR。

3）当PCR循环完成时（通常为40或45个循环），扩增效率为100%。按PCR仪器数据分析说明进行数据分析。图30-2和彩图16显示一个成功有效的PCR检测FAV-Ⅰ试验，数据分析曲线图形具备如图30-1和彩图15所示的4个典型特征。

4）如果PCR试验数据分析曲线图形不具备如图30-1和彩图15所示的4个特征，应马上查找原因重复试验。影响因素通常包括，样品中存在非特异性抑制剂、PCR试剂过期失效或质量差或工作浓度不准确以及不良反应体系时都将影响扩增的效率。

5）如果阳性对照扩增曲线的斜率低于正常值，则检查试剂的质量。个别扩增曲线斜率降低表明可能存在非特异性抑制剂或低质量RNA，但结果仍会是阳性。

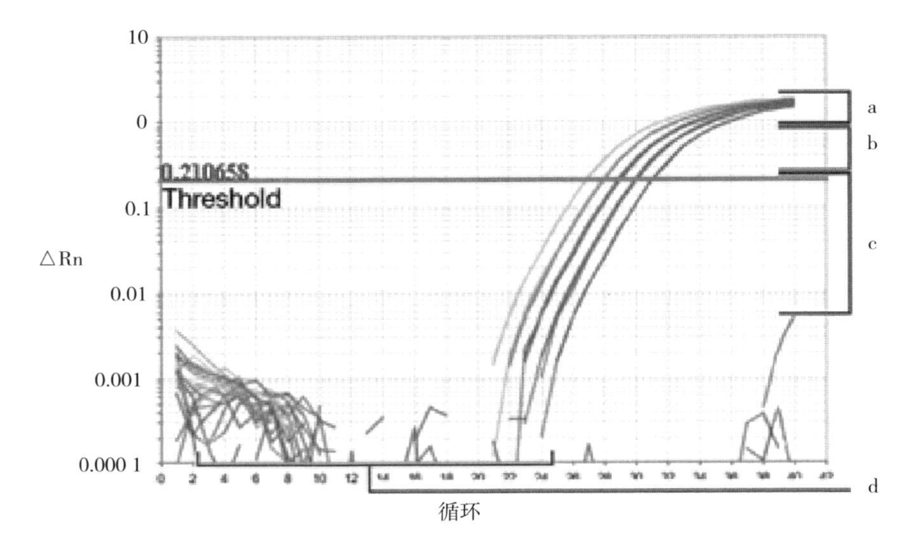

图30-1　实时荧光PCR曲线数据分析

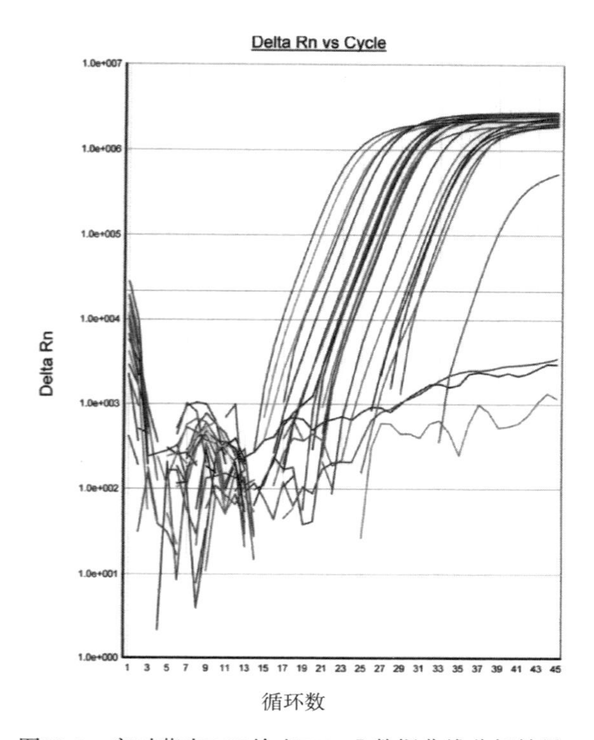

图30-2　实时荧光PCR检查FAV-Ⅰ数据曲线分析结果

第31章 禽肠道病毒的分离与鉴定

1 目的

禽肠道病毒（Avian Enteric Viruses，AEnV）主要感染幼鸟，对火鸡、鸡、家禽或野禽具有感染性或肠致病性。本SOP的目的是阐述用于禽肠道病毒分离和鉴定的通用方法。

2 适用范围

本SOP适用于禽病毒诊断或研究室从事禽病毒分离鉴定的技术人员。

3 安全须知

所有与生物样品相关的实验操作必须在生物安全柜中进行。在实验室工作时，必须穿好实验室工作服，戴好乳胶手套。如工作期间需暂停工作接听电话、使用电脑、开门等，须摘下手套以避免生物样品污染公共设施。所有实验室用品（如培养皿、手套、离心管等）接触生物样品或试剂后均应放置于生物安全柜附近的生物安全袋中。当袋子装满时，用胶带封口并高压处理。更换新的生物安全袋时，一定要使用双层袋。当处理可能含有衣原体的组织时，要佩戴面罩。处理哺乳动物组织的有关人员要接种狂犬病疫苗，且抗体滴度要达到有效保护效价滴度。

有关化学物质、生物危害物品及储备材料的安全处理应参照生物实验室的国家标准或国际标准，严格制定和执行细胞实验室安全管理条例，如美国生物危害物质的详细信息可通过CDC网站（www.cdc.gov/od/biosfty/bmbl5/bmbl5toc.htm）中第五版微生物和生物医药的生物安全（BMBL）查询。

4 培训要求

本SOP中的培训内容包括：熟练掌握孵化前的鸡种蛋质量检查方法、孵化中的正常鸡胚发育状态观察、接种后死亡鸡胚的判定方法和检查程序。掌握鸡胚的接种与收获，掌握血凝（HA）和血凝抑制（HI）试验、效价滴度判定及其稀释倍数计算，掌握琼脂凝胶免疫扩散（AGID）试验的原理与方法，熟悉实验室常规操作技能和无菌技术。

5 审阅与修订

本SOP应每年或定期审阅，如有程序调整要及时增补修订。

6 存档与分发

本SOP由实验室质量管理员归档并根据标准政策进行发放。本规程原始文件应由实验室的文件管理员存档保存，复印本发送给所有禽病诊断研究室的实验操作人员。

7 质量管理

病毒分离和鉴定需要进行质量管理。如病毒分离需使用鸡胚，鸡胚接种时用病毒稀释液（VTM）接种2～3枚鸡胚作为阴性对照。使用细胞培养进行病毒分离时也应设置对照。用灭活禽流感病毒（AIV）或新城疫病毒（NDV）和正常（未接种）尿囊液（CAF）作为HA和HI试验的阳性对照和阴性对照。试验需使用无特定病原（SPF）种蛋鸡胚进行病毒分离及鸡胚原代细胞制备。

8 AEnV分离方法

8.1 AEnV的形态及生物学特征

AEnV包括呼肠孤病毒科病毒，即呼肠孤病毒、正呼肠孤病毒属（幼禽）和轮状病毒（70～90nm），以及小核糖核酸病毒（26～30nm）、星状病毒、冠状病毒（蓝冠病）和腺病毒（Ⅰ群、Ⅱ群、Ⅲ群）。

8.2 材料与设备

- 生物安全柜。
- 组织匀浆机、组织匀浆机样品袋。
- CO_2细胞培养箱。
- 鸡胚孵化器。

- 照蛋器。
- 超低温冰柜（—80～—70℃）。
- 倒置显微镜。
- 低温离心机（转子适于15mL、45mL离心管）。
- 无菌镊子和剪刀。
- 细胞/病毒冻存管，1.5～2.0mL。
- 无菌试管，12mm×75mm。
- 无菌移液吸管，1mL、2mL、5mL、10mL。
- 吸管移液器或洗耳球。
- 过滤器，0.22μm、0.45μm。
- 注射器，1mL、5mL。
- 针头，27G×1/2″（外径0.4mm×长15mm）、25G×5/8″（外径0.5mm×长15mm）、20G×1½″（外径0.9mm×长40mm）。
- 无菌离心管，15mL、45mL。
- 玻璃/聚乙烯平皿，直径100mm×厚15mm。
- SPF鸡胚。
- T-25cm^{2}或T-75cm^{2}细胞瓶：T-25cm^{2}或T-75cm^{2}细胞瓶中24h培养的鸡胚肾（CEK）细胞或鸡胚肝（CEL）细胞或鸡肝上皮瘤（LMH）细胞，每个细胞瓶加入一个样品，设置一瓶阴性对照。T-75cm^{2}细胞瓶进行CEK传代，收获后用于电子显微镜（EM）进行病毒形态鉴定。
- 基础培养基母液（MEM）、病毒稀释液（VTM）。
- 400mmol/L谷氨酰胺。
- 200μg/mL庆大霉素。
- 胎牛血清（FBS），500mL/瓶（56℃灭活30min）。
- 70%乙醇。
- 生物废品安全袋、锐利废品（废弃针头和玻片等）生物安全容器。
- 乳胶手套。

8.3 AEnV组织样品

动物AEnV检测的首选组织包括胃肠道、肠内容物、粪便或泄殖腔拭子。此外，动物脏器组织有时也用于检测肠道病毒（病毒血症期，如病毒性关节炎病毒感染的关节囊、肌腱、肝脏）或其他病毒。

8.4 动物组织样品处理

1）鸡的组织样品按1∶5（*W/V*）与VTM稀释，用乳钵研磨，或用组织匀浆机高速研磨1～3min。之后将上清液转移到15mL离心管中，做如下标记：

- 样品编号。
- 疑似待检病毒：如FAV、LBDV、ARV。
- 组织样品：如气管、肺、肝、肾、脾、体液等。
- 接种途径：细胞系如CEK、LMH或鸡胚。
- 处理日期：年/月/日。

2）如果是棉签拭子样品，则将拭子置于涡旋管中，加入PBS或VTM等病毒缓冲液，通常1～2个拭子2～3mL；或3～5个拭子5mLPBS。拭子管涡旋震荡后取出棉签。

3）样品于1 500r/min、4℃离心10min，取上清液经0.45μm的过滤器过滤后即可用于鸡胚接种。病毒样品通常储存至－80℃冰柜内冻存，如果1～2d内接种，则样品可暂时储存在5～7℃冰箱直至接种。如2d后接种，样品则储存至－80℃冰柜为宜。

4）当样品需接种鸡胚或受到细菌污染时，可用0.22μm或0.45μm的过滤器再过滤或加抗生素处理。

5）**注意事项：**样品过滤可能会降低病毒粒子的浓度，因为聚集的病毒粒子会被截留在过滤器内，此时可通过超声处理以减少病毒粒子聚集现象。

8.5 细胞培养病毒的分离程序

1）在T-25cm^{2}细胞瓶中培养LMH、CEK或CEF细胞24h后，标记细胞瓶，标明编号、样品类型、接种日期，每个样品接种一个细胞瓶。设置一瓶阴性对照。

注意事项：75%～90%的单层细胞适于接种病毒样品。

2）接种前弃掉LMH、CEK或CEF细胞瓶中的培养液，用约2.0mL无菌PBS清洗单层细胞一次（去除残留培养液中的胎牛血清），弃去PBS。

3）每个样品取0.5mL（T-25cm^{2}细胞瓶）或1.5mL（T-75cm^{2}细胞瓶，需用于电镜鉴定）上清液接种至细胞瓶。用VTM接种一个相同的细胞瓶作为阴性对照。

4）将接种后的细胞瓶置于37℃培养箱中，吸附30min。在每个细胞瓶补加4.5mL（T-25cm^{2}细胞瓶）或13.5mL（T-75cm^{2}细胞瓶）细胞维持液。适当拧紧瓶盖，置于37℃、CO_2培养箱培养。

5）每日镜检，观察细胞生长情况及有否细胞病变（CPE），并在细胞培养工作表中记录结果，连续观察5～6d终止培养。CPE表现为细胞形态改变、聚集、破裂、脱落等现象。

9 AEnV鉴定方法

9.1 电镜（EM）检测CPE病变细胞培养物

1）CPE病变细胞培养物的电镜观察检测用样品的容量，以T-75cm^{2}培养瓶生产的CPE细胞培养物容量为宜（约15mL）。

2）当接毒后的单层细胞出现CPE达75%～100%时，终止培养并收获。拧紧细胞瓶盖，置于－80℃冰柜中，单层细胞面朝下，直至完全冻结。然后拿出细胞瓶置室温下融化。再放回－80℃冰柜直至完全冻结，重复此过程2～3次，收获全部细胞培养物。

3）在每个接种的T-75cm^{2}培养瓶中，分别吸取3mL细胞悬液放入两个冻存管中。剩余部分（10～12mL）吸入15mL离心管中。在管上标记编号、组织、代次、细胞类型和冻存日期。

4）将细胞悬液提交至电子显微镜实验室，留存部分则保存于－80℃冰柜，直至电子显微镜观察结束，完成病毒的形态学诊断。如果电镜结果确定样品是阳性时，可以做好上述标记并且置于相同种类和来源的禽病毒库中。

9.2 CPE病变细胞的FA鉴定方法

1）当细胞生长液中出现CPE细胞或有悬浮的游离圆形细胞时，收集1～2mL细胞生长液，以1 000～1 200r/min离心10min，将上清液的一部分放回细胞瓶中，保留约100μL与离心沉淀细胞混合为细胞悬液。

2）将离心沉淀细胞重新悬浮后，吸取30～40μL的细胞悬液滴加到玻片上，面积约为指甲大小，晾干，用冷丙酮于－20℃冰柜中固定10min。

3）按照直接免疫荧光抗体染色法对CPE细胞进行染色（见第18章，FA染色方法9.2和9.3），用荧光显微镜观察FA染色结果。

4）如果细胞瓶仍存在超过50%的单层细胞，将其置于37℃的培养箱中继续培养。每日继续观察，待70%～90%的细胞出现CPE时收获。如需再鉴定，重复上述的CPE细胞玻片制备和FA染色程序。

10 病毒分离样品的连续细胞传代

1）禽肠道病毒（如呼肠孤病毒、腺病毒和小核糖核酸病毒）通常会在LMH或CEK中传代1～2代时产生CPE。如第1代不出现CPE，细胞培养至接种后第

5～6天终止培养，置－80℃冰柜内冻存。

2）第1代细胞瓶反复冻融2～3次，进行第2代细胞接种。吸取细胞瓶内容物于15mL离心管中并标记，同时取0.5mL接种于T-25cm^{2}细胞瓶中。每份病毒分离样品通常需要连续传代2～3代，如仍无CPE，则该样品判定为病毒分离阴性。

3）如果在第1或第2代细胞中观察到CPE，于3～4+CPE停止培养。反复冻融细胞瓶2～3次。取接种用量悬液，按1：10与VTM稀释并混匀，将稀释后的悬液接种到T-25cm^{2}或T-75cm^{2}细胞瓶进行病毒增殖和其他病毒鉴定试验。将剩余悬液分装于冻存管，置－80℃冰柜冻存，直至病毒鉴定完成后登记入库。

4）如果连续细胞传至2～3代后出现CPE，如前所述，收集CPE病变细胞培养物，做相应病毒鉴定试验或电镜观察。如果在第2代没有出现CPE，如前所述，继续传代。

5）如果在传至第3代时仍无病变，则停止分离，说明样品为呼肠孤病毒及其他常见肠病毒阴性。

6）个别病毒可能不引起CPE，可用下述病毒检测的其他方法进行鉴定。

7）取部分细胞培养物上清液进行PCR或RT-PCR检测，基因测序或用传统的聚丙烯酰胺凝胶电泳（PAGE）检测。

8）有特殊需求的疑似病毒感染样品，可接种两瓶T-75cm^{2}细胞或一瓶T-150cm^{2}细胞而获得足够的上清液，用于电镜检测、基因测序鉴定。

11 鸡胚中冠状病毒的分离

将组织匀浆液接种到12～15d鸡胚或火鸡胚的卵黄囊中，可进行冠状病毒的分离（0.2mL/胚）。此过程费时费力，较少使用。

12 结果判定

1）当火鸡和鸡发病时，大多数禽类肠道病毒可在细胞上进行分离培养。某些肠道病毒（如呼肠孤病毒和原肠病毒）在细胞上传1～2代即可适应在LMH、CEK上生长。

2）当病毒在传代过程中CPE变弱（1～2+CPE）时，病毒液可不经稀释进行传代，这样可以增加每个细胞的病毒感染数量。

3）对于健康鸡群样品的禽类肠病毒检测，如两次连续传代后没有CPE，可停止传代。

4）许多肠道病毒与雏鸡腹泻相关，但其致病病原尚未确定。

5）由于一些病毒（如星状病毒）不能在体外进行复制，因此只能通过电镜进行形态学诊断。

参考文献

Cottral G E, 1978. Manual of Standardized Methods for Veterinary Microbiology[M]. Ithaca, New York: Cornell University Press.

Lu H G, Tang T, Dune P A, et al, 2015. Isolation and molecular characterization of newly emerging avian reovirus variants and novel strains in Pennsylvania, USA, 2011-2014[J]. Nature Scientific Reports |5:14727|DOI:10.1038/srep 14727.

Swayne D E, Boulianne M, Logue C M, et al, 2020. Diseases of Poultry[M]. 14th Edition. Hoboken, NJ: John Wiley & Sons, Inc.

Williams S M, Dufour-Zavala, Jackwood M W, et al, 2016. A Laboratory Manual for the Isolation, Identification and Characterization of Avian Pathogens[M]. 6th Edition. Jacksonville, Florida: American Association of Avian Pathogens.

第32章 禽轮状病毒的分离与鉴定

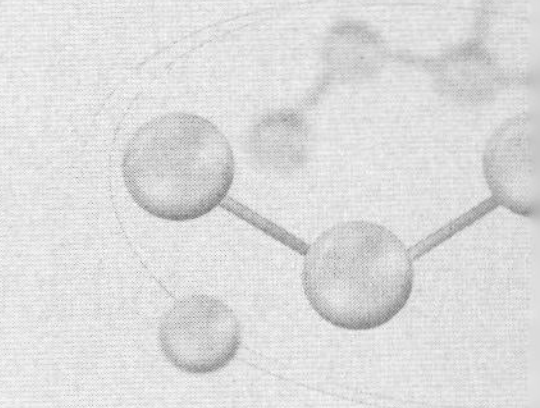

1 目的

分离和鉴定7种血清型中的4种禽轮状病毒（Avian Rotaviru，ARoV）：A、D、F、G四型，即已知能感染各种禽类的轮状病毒。此方法通过电镜和酶联免疫吸附试验（ELISA）综合鉴定轮状病毒（A型），并用聚丙烯酰胺凝胶电泳（PAGE）区分A型和非A型轮状病毒。

2 适用范围

本SOP适用于禽病毒诊断或研究实验室从事禽病毒分离鉴定的技术人员。

3 安全须知

所有与生物样品相关的实验操作必须在生物安全柜中进行。在实验室处理生物样品时，必须穿好实验室工作服，戴好乳胶手套。如工作期间需暂停工作接听电话、使用电脑、开门等，须摘下手套以避免生物样品污染公共设施。所有实验室用品（如培养皿、手套、离心管等）接触生物样品或试剂后均应放置于生物安全柜附近的生物安全袋中。当袋子装满时，用胶带封口并高压处理。更换新的生物安全袋时，一定要使用双层袋。关于实验室安全规程其他内容，请参考本书第3章。

当处理可能含有衣原体的组织时，要佩戴面罩。处理哺乳动物组织的有关人员要接种狂犬病疫苗，且抗体滴度要达到有效保护效价滴度。

有关化学物质、生物危害物品及储备材料的安全处理应参照生物实验室的国家标准或国际标准，严格制定和执行细胞实验室安全管理条例，如美国生物危害物质的详细信息可通过CDC网站（www.cdc.gov/od/biosfty/bmbl5/bmbl5toc.htm）中第五版微生物和生物医药的生物安全（BMBL）查询。

4 培训要求

本SOP需要的实验技能培训内容包括：熟练掌握孵化前的鸡种蛋质量检查方法、孵化中的正常鸡胚发育状态观察、接种后死亡鸡胚的判定方法和检查程序。掌握鸡胚的接种与收获和鸡胚细胞的培养，掌握血凝（HA）试验和血凝抑制（HI）试验、病毒HA和血清HI效价及其稀释倍数的计算，掌握琼脂凝胶免疫扩散（AGID）试验、直接免疫荧光抗体（FA）染色和间接免疫荧光抗体（IFA）染色的试验原理与方法，熟悉实验室常规操作技能和无菌技术。

5 审阅与修订

本SOP每年或定期审阅，如有程序调整要及时增补修订。

6 存档与分发

本SOP由实验室质量管理员归档并根据标准政策进行发放。本规程原始文件应由实验室的文件管理员存档保存，复印本发送给所有禽病诊断研究室的实验操作人员。

7 质量管理

病毒分离和鉴定需要进行质量管理。如病毒分离需使用鸡胚，鸡胚接种时用病毒稀释液（VTM）接种2~3枚鸡胚作为阴性对照。用灭活禽流感病毒（AIV）或新城疫病毒（NDV）和正常（未接种）尿囊液（CAF）作为HA和HI试验的阳性对照和阴性对照。试验最好选用无特定病原（SPF）种蛋鸡胚。

8 实验方法

8.1 ARoV的形态和生物学特性

ARoV具有双层衣壳，形如车轮状，直径为70~75nm，核衣壳直径为50nm。当提取RNA并进行PAGE电泳时，可观察到ARoV具有11条独特的核糖核酸双螺旋分子。A型轮状病毒可用ELISA进行检测。

8.2 ARoV组织样品选择

动物ARoV检测样品包括肠管及肠腔内容物或粪便。

8.3 设备与材料

- 生物安全柜。
- 组织匀浆机、组织匀浆机样品袋。
- 超声波细胞裂解仪。
- 鸡胚孵化器。
- 照蛋器。
- 吸管移液器。
- 超低温冰柜（−80～−70℃）。
- 低温离心机（转子适于15mL、45mL离心管）。
- 无菌镊子和剪刀。
- 无菌离心管，15mL、45mL。
- 细胞/病毒冻存管，1.5～2.0mL。
- 无菌样品试管，12mm×75mm。
- 无菌吸管/移液管，1mL、5mL、10mL。
- 过滤器，0.22μm、0.45μm、0.80μm。
- 注射器，1mL、5mL。
- 针头，27G×1/2″（外径0.4mm×长15mm）、25G×5/8″（外径0.5mm×长15mm）、20G×1½″（外径0.9mm×长40mm）。
- 玻璃/聚乙烯平皿，直径100mm×厚15mm。
- 5～7d的SPF鸡胚，每个样品需5枚胚。
- 病毒稀释液（VTM）。
- 蛋壳打孔锥。
- 胶水或蜡烛（封蛋壳孔）。
- 组织研磨乳钵。
- 无菌砂砾（二氧化硅）。
- 70%乙醇。
- 生物废品安全袋、锐利废品（废弃针头和玻片等）生物安全容器。
- 乳胶手套。

8.4 组织样品处理

1）组织样品按1：5（*W/V*）与VTM稀释，用乳钵研磨，或用组织匀浆机高速研磨1～3min。之后将上清液转移到15mL离心管中，做如下标记：

- 样品编号。
- 疑似待检病毒：如ARoV、FAV、ARV。
- 组织样品：如气管、肺、肝、肾、脾、体液等。
- 接种途径：细胞系如CEK细胞、LMH细胞或鸡胚。
- 处理日期：年/月/日。

2）如果是棉签拭子样品，则将拭子置于涡旋管中，加入PBS或VTM等病毒缓冲液，通常1～2个拭子2～3mL；或3～5个拭子5mL。拭子管涡旋震荡后取出棉签。

3）样品于1 500r/min、4℃离心10min，取上清液经0.45μm的过滤器过滤后即可用于鸡胚接种。

4）病毒样品通常储存至－80℃冰柜内冻存，如1～2d内接种，样品可暂时储存在5～7℃冰箱直至接种。如果2d后接种，样品则储存至－80℃冰柜为宜。

5）当样品需接种鸡胚或细胞后发现受到细菌污染时，可用0.22μm或0.45μm的过滤器再过滤或加抗生素处理。

注意事项：样品过滤可能会降低病毒粒子的浓度，因为聚集的病毒粒子会被截留在过滤器内，此时可通过超声处理以减少病毒粒子聚集现象。

8.5 ARoV鸡胚分离方法

1）使用6～7d的鸡胚（ECE），采用卵黄囊（YS）途径接种，每个样品接种至少5枚鸡胚，0.2mL/枚。

2）阴性对照用VTM接种3～5枚鸡胚，0.2mL/枚。

3）接种后鸡胚于80%～90%湿度、37℃温箱内孵育至7～10d。

4）每日照胚，观察并记录死亡鸡胚，死亡鸡胚在4℃冰箱内存放，7～10d后终止孵育。

5）收获鸡胚时，打开蛋壳并记录鸡胚病变，如出血、发育不良或绒毛尿囊膜（CAM）增厚。收获尿囊液（CAF）、鸡胚的卵黄囊膜（YSM）和胚胎肝脏（可混合后，并加入少量的VTM）。收获的鸡胚样品可用于鸡胚传代接种和病毒鉴定。阳性样品于－80℃冰柜内冻存。

6）所有卵黄囊途径接种的鸡胚在10d后停止孵育，如果鸡胚没有死亡且胚体无病变，则可弃去鸡胚；死亡的胚胎需进一步研究，可收获卵黄囊膜和尿囊液用于传代接种。

8.6 卵黄囊膜（YSM）的处理与连续传代

1）当处理接种用的卵黄囊膜时，每份样品鸡胚的卵黄囊膜需一套无菌的研钵、杵和砂砾。

2）使用少量的砂砾和病毒稀释液将每个鸡胚的卵黄囊膜进行研磨，直至其为细粉状匀浆，将其倒入50mL离心管中。

3）用168～377*g*（1 000～1 500r/min，离心机转子半径15cm）离心15min。取上清液，用VTM进行1∶5稀释，置于15mL离心管中涡旋混匀。二次离心，168～377*g*离心15min。

4）在接种鸡胚之前需过滤上清液，为了便于过滤，首先将上清液超声处理30s以上以解离病毒聚集体，然后使用0.8μm过滤器过滤，再使用0.45μm过滤器过滤。

5）如上重复鸡胚接种。将病毒收获物标记为第2代。

6）收获前冷藏鸡胚。记录死亡和胚胎病变。若没有死亡和病变，则丢弃组织并终止记录，判为阴性。若鸡胚出现死亡或病变，则将收获的卵黄囊膜分别保存。取适量的卵黄囊膜收获物，使用电子显微镜（EM）进行病毒形态学鉴定。

7）**注意事项：**电子显微镜试验检测之前，勿冷冻卵黄囊膜收获物。

8.7 电子显微镜检测ARoV

用电子显微镜观察病毒形态可以使用负染法（4%磷钨酸）直接对肠内容物、全肠或粪便匀浆液进行处理进行检测。

8.8 结果判定

1）病毒分离结果，临床样品须在鸡胚或细胞中连续传代至少两代。

2）受ARoV感染的死胚会出现出血和发育迟缓，无其他可见病变。

3）当使用负染法进行电子显微镜观察时，即可观察到ARoV颗粒。

4）为了鉴定分离株的血清型是否为A型，离心病毒收集沉淀，并用ELISA方法检测沉淀。

5）分离毒株的PAGE结果应显示有11个条带，具有a7、a8和a9三个联体的ARoV。

6）如果样本是电子显微镜检测ARoV阳性，ELISA阴性，PAGE有11个条带，则该分离株为非A型轮状病毒，可能属于D、F或G型。

7）可以用型特异性抗体进行鸡胚中和试验以鉴别D、F和G型。

参考文献

Castro A E, Hammami M S, Manalac R B, et al, 1992. Direct isolation of rotaviruses from turkeys in embryonating chicken eggs[J]. Veterinary Record, 379-380.

Cottral G E, 1978. Manual of Standardized Methods for Veterinary Microbiology[M].Ithaca, New York: Cornell University Press.

Swayne D E, Boulianne M, Logue C M, et al, 2020. Diseases of Poultry[M]. 14th Edition. Hoboken, NJ: John Wiley & Sons, Inc.

Woolcock P R, et al, 1992. Isolation in embryonating chicken eggs of rotaviruses from turkey poults[C]// The 41st Western Poultry Disease Conference. Sacramento CA: Proceeding: 9-10.

Williams S M, Dufour-Zavala, Jackwood M W, et al, 2016. A Laboratory Manual for the Isolation, Identification and Characterization of Avian Pathogens[M]. 6th Edition. Jacksonville, Florida: American Association of Avian Pathogens.

第33章 常规RT-PCR检测禽呼肠孤病毒

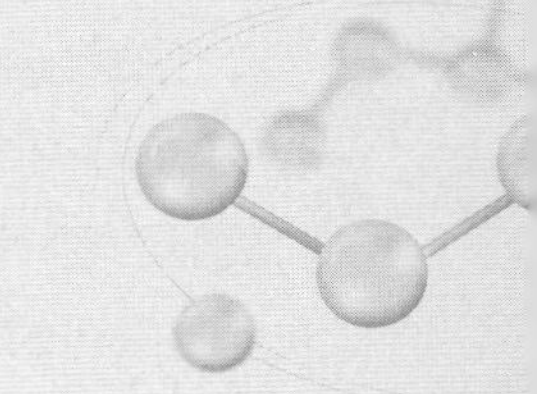

1 目的

禽呼肠孤病毒（Avian Reovirus，ARV）是禽（尤其是幼禽）肠炎、腹泻及生长发育迟缓的主要病原，可以引起禽类排水样粪便，死亡率增加。本章介绍常规RT-PCR（cRT-PCR）用于检测ARV实验方法及操作程序。

2 适用范围

本SOP适用于禽病毒诊断或实验室从事禽病毒分离鉴定的技术人员。

3 安全须知

本实验所有操作在BSL-2实验室进行。所有与生物样品相关的实验操作必须在生物安全柜中进行。在病理实验室处理生物样品时，必须穿好实验室工作服，戴好乳胶手套。如工作期间需暂停工作接听电话、使用电脑、开门等，须摘下手套以避免生物样品污染公共设施。所有实验室用品（如培养皿、手套、离心管等）接触生物样品或试剂后均应放置于生物安全柜附近的生物安全袋中。当袋子装满时，用胶带封口并高压处理。更换新的生物安全袋时，一定要使用双层袋。关于实验室安全规程其他内容，请参考本书第3章。

提取核酸进行PCR检测会用到溴化乙锭和苯酚-氯仿-异戊醇。溴化乙锭是一种强有力的诱变剂和致癌物，苯酚- 氯仿是一种有毒物质，必须谨慎使用。制备试剂或凝胶时必须穿好工作服，戴好乳胶手套，同时避免吸入含有溴化乙锭的凝胶。根据化学品安全说明书处理溴化乙锭的废弃物。紫外线下观察时，若无保护罩，则需佩戴防护眼镜。

有关化学物质、生物危害物品及储备材料的安全处理应参照生物实验室的国家标准或国际标准，严格制定和执行细胞实验室安全管理条例，如美国生物危害物质的详细信息可通过CDC网站（www.cdc.gov/od/biosfty/bmbl5/bmbl5toc.htm）中第五版微生物和生物医药的生物安全（BMBL）查询。

4 培训要求

本SOP培训内容包括：分子生物学实验操作技术。PCR规范性操作（以确保人员安全及样本的完整性）包括PCR样品处理、病毒RNA/DNA提取、PCR试剂制备、PCR试验、聚丙烯酰胺凝胶电泳（PAGE）、PCR结果及数据分析。

5 审阅与修订

本SOP每年或定期审阅，如有程序调整要及时增补修订。

6 存档与分发

本SOP由实验室质量管理员归档并根据标准政策进行发放。本规程原始文件应由实验室的文件管理员存档保存，复印本发送给所有禽病诊断研究室的实验操作人员。

7 质量管理

PCR实验需要严格的质量控制。需要有三个独立区域（最好是三个房间）：DNA/RNA提取、PCR/RT-PCR扩增、凝胶成像，应注意避免样品污染。技术人员处理病毒、病毒RNA、离心管和试剂时应戴乳胶手套，穿实验服以避免污染。需要用带滤芯的吸头以避免非特异性污染。PCR反应和凝胶成像都应该有阳性对照和阴性对照。

标准毒株和鸡胚传代、LMH细胞传代分离到的ARV作为PCR试验的阳性对照，细胞培养物作为阴性对照。

8 实验方法

8.1 准备

做RNA试验时，始终需要戴手套。所有试剂选用分析纯级。

8.2 样品选择

细胞培养液、鸡胚接种后的尿囊液（CAF）、组织匀浆液、拭子等样品。

8.3 材料与设备

- PCR仪（如ABI-9800/9700）。
- 低温离心机（转子适于15mL、45mL离心管）。
- 微型离心机（DNA/RNA提取），PCR试管、离心管、试管架等器材。
- 微型涡旋震荡器。
- 移液吸管，1mL、2mL、5mL、10mL。
- 吸管移液器。
- 各型号微量移液枪及相应型号无菌枪头。
- 带滤芯的枪头，15μL、10～100μL、10～200μL。
- CO_2细胞培养箱（37℃）。
- 冰箱（4℃）。
- 低温冰柜（－20℃）。
- 超低温冰柜（－80℃）。

9 组织病毒或细胞培养毒的RNA提取步骤

细胞培养物或拭子样品RNA的提取使用Qiagen核酸提取试剂盒。提取步骤如下：

1）将拭子样品涡旋混匀后，取500μL转移至离心管中，标记样品、编号。

2）将500μL Qiagen RLT缓冲液（含β-ME）加入到离心管中，涡旋混匀。

3）瞬时离心甩下离心管盖上的液体。加入70%乙醇500μL，涡旋。应用适于PCR核酸提取的微型离心机，5 000r/min离心5min。

4）将上清液转移至新的离心柱中。8 000r/min离心15s。重复离心直至液体全部沉降。

5）加700μL RW1至离心柱中，8 000r/min离心15s，然后将离心柱转移至收集管中。

6）加入500μL RPE至离心柱中，8 000r/min离心15s，弃去收集管中液体。

7）重复用RPE洗离心柱，洗完后把离心柱放入收集管中。

8）8 000r/min离心2min后弃去收集管。

9）离心柱转移至新离心管中，加入50μL DEPC水，勿触摸离心管壁，孵育1min。10 000r/min离心1min，弃去离心柱。

10）RNA短期保存放在4℃冰箱，长期保存需放在－15℃以下冰柜。

10 ARV的cRT-PCR引物

cRT-PCR试验检测ARV，引物核苷酸序列见表33-1。

表33-1 ARV cRT-PCR引物序列及相关参数

引物/寡核苷酸	Tm值	5′端	长度	序列（5′-3′）
正向引物	46.1	533	20	AGT ATT TGT GAT ACC ATT G
反向引物	58.1	1605	17	GGC GCC ACA CCT TAG GT

注：cRT–PCR的引物参考Kant等（2003）。

11 ARV的cRT-PCR检测

1）配制反转录体系和Taq酶体系时，要比实际样品数量多一个。

2）试剂盒存放在－25～－15℃冰柜中。使用前取出除酶以外的组分。各反应组分解冻后均放置在冰盒上。

3）将酶试剂仍保留在冰柜（－25～－15℃）中存放。这些酶试剂包括Ampli Taq Gold DNA 聚合酶、MultiScribe 逆转录酶和RNA酶抑制剂，使用前再取出，用后即刻放回。

4）将各组分混合后，轻微涡旋混匀。体系配制完成后，将全部试剂盒放回－25～－15℃冰柜中。

5）从－80℃冰柜中取出模板RNA。

6）20μL反应体系如表33-2所示。

表33-2 ARV RT反应体系

PCR试剂成分①	1份样品容量（μL）	样品总数总容量②（μL）
5×RT-PCR缓冲液	4.0	
25mmol/L $MgCl_2$	2.0	
10mmol/L dNTPs混合物	2.0	
随机引物	0.5	
100mmol/L DTT	2.0	
RNA酶抑制剂	0.5	
MultiScribe逆转录酶	0.3	

（续）

PCR试剂成分①	1份样品容量（μL）	样品总数总容量②（μL）
RNA	2.0	
RNase-free water	6.7	
合计	20.0	

注：①该列各种试剂成分的浓度或含量单位是分子生物学PCR试验所规范的试剂单位标准。
②样品总数总容量（μL）= 1份样品容量（μL）× 样品总数。

7）cRT-PCR反应的参数设置如表33-3所示（适于ABI-9800快速型PCR仪）。

表33-3　ARV的RT反应条件（ABI-9800快速型PCR仪）

	循环数	步骤	温度	时间
RT准备	1	RT	42℃	60min
		失活	99℃	50min

8）ARV的PCR反应程序

反应物：使用RT-PCR步骤的全部20μL反应液，并加入ARVcRT-PCR的PCR反应试剂混合物（表33-4），至总容量50μL用于PCR反应。

表33-4　ARV cRT-PCR的PCR反应体系

PCR试剂成分①	1份样品容量（μL）	样品总数总容量②（μL）
5 × RT-PCR缓冲液	6.0	
25mmol $MgCl_2$	1.5	
10mmol/L dNTPs混合物	2.0	
引物P1	0.5	
引物P4	0.5	
Ampli Taq Gold DNA聚合酶	0.5	
RT反应物	20.0	
无DNA/RNA纯水	19.0	
合计	50.0	

注：①该列各种试剂成分的浓度或含量单位是分子生物学PCR试验所规范的试剂单位标准。
②样品总数总容量（μL）= 1份样品容量（μL）× 样品总数。

9）PCR反应参数设置

PCR反应参数设置如表33-5所示（ABI-9800快速型PCR仪）。

表33-5　ARV PCR反应参数设置

探针/引物	循环数	步骤	时间	温度
Pre-PCR	1	变性	5min	94℃
PCR反应	45	变性	1min	94℃
		退火	1min	55℃
		延伸	1min	72℃
最后延伸	1	延伸	10min	72℃

10）每管PCR产物取10μL，用1.8%琼脂糖凝胶进行电泳检测。

参考文献

Karat A, Balk F, Born L, et al, 2003. Classification of Dutch and German avian reoviruses by sequencing the sigma C protein[J]. Veterinary Research, 34: 203-212.

Lu H G, 2009. Development of Rear-Time PCR for Avian Enteric Viral Pathogens[C]//The 81th Northeastern Conference on Avian Diseases. Holiday Inn Harrisburg/Hershey, Grantville, PA: Sept 17-18.

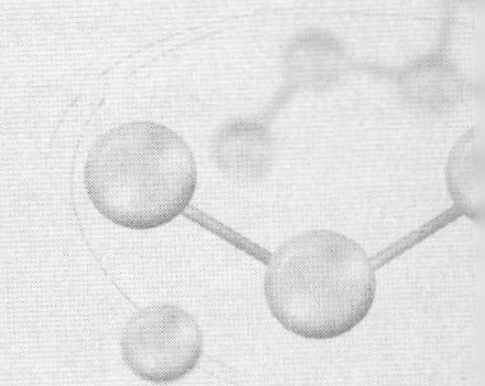

第34章 实时荧光rRT-PCR检测禽呼肠孤病毒和轮状病毒

1 目的

禽呼肠孤病毒（Avian Reovirus，ARV）和禽轮状病毒（Avian Rotavirus，ARoV）同为RNA病毒，同属于禽呼肠孤病毒科，是禽（尤其是幼禽）肠炎、腹泻及生长发育迟缓的主要病原，可以引起禽类排水样粪便，死亡率增加。本章介绍实时荧光Real-time RT-PCR（rRT-PCR）用于检测ARV和ARoV的实验方法及操作程序。

2 适用范围

本SOP适用于禽病毒诊断或研究实验室从事禽病毒分离鉴定的技术人员。

3 安全须知

本实验所有操作在BSL-2实验室进行。提取核酸进行PCR检测会用到溴化乙锭和苯酚-氯仿-异戊醇。溴化乙锭是一种强有力的诱变剂和致癌物，苯酚-氯仿是一种有毒物质，必须谨慎使用。制备试剂或凝胶时必须穿好工作服，戴好乳胶手套，同时避免吸入含有溴化乙锭的凝胶。根据化学品安全说明书处理溴化乙锭的废弃物。紫外线下观察时，若无保护罩，则需佩戴防护眼镜。

有关化学物质、生物危害物品及储备材料的安全处理应参照生物实验室的国家标准或国际标准，严格制定和执行细胞实验室安全管理条例，如美国生物危害物质的详细信息可通过CDC网站（www.cdc.gov/od/biosfty/bmbl5/bmbl5toc.htm）中第五版微生物和生物医药的生物安全（BMBL）查询。

4 培训要求

本SOP培训内容包括：分子生物学实验操作技术。PCR规范性操作（以确保人员安全及样本的完整性）包括PCR样品处理、病毒RNA/DNA提取、PCR试剂制备、PCR试验、聚丙烯酰胺凝胶电泳（PAGE）、PCR结果及数据分析。

5 审阅与修订

本SOP每年或定期审阅，如有程序调整要及时增补修订。

6 存档与分发

本SOP由实验室质量管理员归档并根据标准政策进行发放。本规程原始文件应由实验室的文件管理员存档保存，复印本发送给所有禽病诊断研究室的实验操作人员。

7 质量管理

PCR实验需要严格的质量控制。需要有三个独立区域（最好是三个房间）：DNA/RNA提取、PCR/RT-PCR扩增、凝胶成像，应注意避免样品污染。技术人员处理病毒、病毒RNA、离心管和试剂时应戴乳胶手套，穿实验服以避免污染。需要用带滤芯的吸头以避免非特异性污染。PCR反应和凝胶成像都应该有阳性对照和阴性对照。

标准毒株和鸡胚传代、LMH细胞传代分离到的ARV和ARoV作为PCR试验的阳性对照，细胞培养物作为阴性对照。

8 实验方法

8.1 准备

做RNA试验时，始终需要戴手套。所有试剂选用分析纯级。

8.2 样品选择

细胞培养液、鸡胚接种后的尿囊液、组织匀浆液、拭子等样品。

8.3 材料与设备

- RT-PCR仪器（如ABI-7300/7500）。
- PCR试管、离心管、试管架。
- 低温离心机（转子适于15mL、45mL离心管）。
- 微型离心机（RNA/DNA提取离心机）。

- 微型涡旋震荡器。
- 96孔PCR反应板。
- 8联PCR管。
- 无菌移液吸管，1mL、2mL、5mL、10mL。
- 吸管移液器。
- 各型号微量移液枪及相应型号无菌枪头。
- 带滤芯的枪头，15μL、10～100μL、10～200μL。
- 无菌离心管，15mL、45mL。
- CO_2细胞培养箱（37℃）。
- 冰箱（4℃）、冰柜（—20℃、—80℃）。

9 ARV和ARoV的引物和荧光探针

1）ARV rRT-PCR的引物和探针。基于*σC*基因序列设计引物和探针见表34-1a，基于*M1*基因序列设计引物和探针见表34-1b。ARV检测试验选择其中一套引物和探针即可。

表34-1a ARV实时荧光rRT-PCR的引物和荧光探针（*σC*基因）

引物	Tm值	5′端	长度	序列（5′-3′）
正向引物	63.1	13	22	ATG GCC TMT CTA GCC ACA CCY G
反向引物	59.6	35	21	TGC TAG GAG TCG GTT CTC GYA
荧光标记探针	61.92	71	23	FAM-CAA CGA RAT RGC ATC AAT AGT AC-BHQ1

注：rRT-PCR的引物和探针是用Biosearch Real Time Design软件设计的。

表34-1b ARV实时荧光rRT-PCR的引物和荧光探针（*M1*基因）

引物	基因序列位置	长度	序列（5′-3′）
正向引物	13～34（*M1*）	22	ATG GCC TMT CTA GCC ACA CCY G
反向引物	71～93（*M1*）	23	CAA CGA RAT RGC ATC AAT AGT AC
荧光标记探针	35～55（*M1*）	21	FAM-TGC TAG GAG TCG GTT CTC GYA-BHQ1

注：引自Tang Y和Lu H（2016）。

2）ARoV实时荧光rRT-PCR的引物和探针见表34-2。

表34-2 ARoV实时荧光rRT-PCR的引物和探针

引物	Tm值	5′端	长度	序列（5′-3′）
正向引物	65.8	115	22	GAC GCG AAC TAT GGT CAG ATT G
反向引物	66.2	219	22	GTA ACC GGA CAG AGT TGT AGC T
荧光标记探针	68.6	148	30	FAM-ACT CAT ATG GTA TAT CGA GGA GAT CAC AC-BHQ1

注：rRT-PCR的引物和探针是用Biosearch Real Time Design软件设计的。

10 组织病毒或细胞培养毒的RNA提取步骤

细胞培养物或拭子样品RNA的提取使用Qiagen核酸提取试剂盒。提取步骤如下：

1）将拭子样品涡旋混匀后，取500μL转移至离心管中，标记样品、编号。

2）将500μL RLT缓冲液（含β-ME）加入到离心管中，涡旋混匀。

3）瞬时离心甩下离心管盖上的液体。加入70%乙醇500μL，涡旋。应用适于PCR核酸提取的微型离心机，5 000r/min离心5min。

4）将上清液转移至新的离心柱中。8 000r/min离心15s。重复离心直至液体全部沉降。

5）加700μL RW1至离心柱中，8 000r/min离心15s，然后将离心柱转移至收集管中。

6）加入500μL RPE至离心柱中，8 000r/min离心15s，弃去收集管中液体。

7）重复用RPE洗离心柱，洗完后把离心柱放入收集管中。

8）8 000r/min离心2min后弃去收集管。

9）离心柱转移至新离心管中，加入50μL DEPC水，勿触摸离心管壁，孵育1min。10 000r/min离心1min，弃去离心柱。

10）RNA短期保存（24h）放在4℃冰箱，长期保存需放在－15℃以下冰柜。

11 使用Applied Biosystems®序列检测系统的实时荧光rRT-PCR

11.1 实时荧光PCR仪器

ABI-7300/7500实时荧光PCR仪器用于ARV和ARoV的扩增。ABI系统可检测荧光信号。该系统需使用96孔板或8联管。在设置反应前，将96孔板或8联管放置到RT-PCR

仪的反应盘孔中。反应盘孔可用来保护管底，防止底部粒子干扰荧光信号的捕获。操作过程中尽可能保持洁净，因为灰尘、消毒剂等均会影响荧光信号。

11.2 rRT-PCR体系

rRT-PCR体系反应物总容量为25μL，其中模板RNA 8μL（表34-3）。具体操作步骤：

1）加入17μL反应体系于反应板中各样品孔，包括阳性和阴性对照孔，枪头在离心管壁上蘸一下，将枪头上残余液体留在离心管中。

2）加入8μL样品RNA于反应体系中。

3）所有样品RNA均加入后，在事先设计的阳性孔和阴性孔，分别加入8μL阳性样品作为阳性对照和8μL DEPC水作为阴性对照。

4）体系配制完后，盖紧PCR管盖，确保体系密封。若未盖紧盖子，反应体系易蒸发而影响结果或造成污染。

5）确定反应体系均位于管底，若反应体系挂在壁上或有气泡，则需离心使之沉入管底。

6）放置防震垫后，将反应体系放入到ABI实时荧光定量PCR仪中。注意事项：反应样品数量应与仪器设置相匹配。

7）设置rRT-PCR反应程序。ARV和ARoV实时荧光rRT-PCR反应体系如表34-3所示。

表34-3　ARV和ARoV的rRT-PCR反应体系

PCR试剂成分[①]	1份样品容量（μL）	样品总数总容量[②]（μL）
DEPC水	6.45	
5× 缓冲液	5	
25mmol/L $MgCl_2$	1.25	
dNTP	0.8	
上游引物	0.5	
下游引物	0.5	
RNA酶抑制剂	0.5	
酶混合物	1.0	
荧光探针	0.5	
ROX荧光强化染液	0.5	

（续）

PCR试剂成分[1]	1份样品容量（μL）	样品总数总容量[2]（μL）
合计（PCR反应试剂混合液）	17	
RNA模板	8	
总计（1份样品rRT-PCR容量）	25	

注：引物和探针均已用ABI-7300/7500 PCR仪器验证。
①该列各种试剂成分的浓度或含量单位是分子生物学PCR试验所规范的试剂单位标准。
②样品总数总容量（μL）= 1份样品容量（μL）× 样品总数。

12 设置实时荧光rRT-PCR反应程序

ARV和ARoV的rRT-PCR选用实时荧光PCR仪器（ABI-7300/7500），其PCR反应参数设置如表34-4所示。

表34-4 ARV和ARoV的rRT-PCR反应参数设置

探针/引物设计	循环次数	步骤	时间	温度
RT制备	1个循环	步骤-1	10min	50℃
		步骤-2	15min	95℃
PCR 反应	45次循环	变性	20s	94℃
	ABI-7300仪	退火	1min	60℃
	或ABI-7500仪	退火	30s	60℃

13 数据分析

ABI的实时荧光PCR工具软件绘制△Rn（总荧光背景或荧光噪声）与循环数的荧光扩增曲线；△Rn与循环数可绘制成线性或对数形式。数据分析程序步骤：①查看整个反应板的扩增曲线；②设置基线和阈值；③按照操作手册，使用“数据分析”选项分析结果。

参考文献

Karat A, Balk F, Born L, et al, 2003. Classification of Dutch and German avian reoviruses by sequencing the sigma C protein[J]. Veterinary Research (34): 203-2I2.

Lu H G, 2009. Development of Rear-Time PCR for Avian Enteric Viral Pathogens[C]//The 81th Northeastern Conference on Avian Diseases. Holiday Inn Harrisburg/Hershey, Grantville, PA: Sept 17-18.

Tang Y, Lu H G, 2016. Whole genome alignment based one-step real-time RT-PCR for universal detection of avian orthoreoviruses of chicken, pheasant and turkey origins [J].Infect Genet Evol, 39:120-126.

第35章 禽呼肠孤病毒临床分离毒株的δC基因序列分析和基因型鉴定

（唐熠：山东农业大学兽医学院）

1 目的

禽呼肠孤病毒（Avian Reovirus，ARV）感染鸡、火鸡和其他禽类。本规程阐述ARV临床分离毒株的δC基因序列分析及δC基因型鉴定。

2 适用范围

本SOP适用于禽病毒诊断或研究室从事禽病毒分离鉴定的技术人员。

3 版本

本SOP是原始版本的修订版本。

4 安全须知

所有与生物样品相关的实验操作必须在生物安全柜中进行。在病理实验室处理生物样品时，必须穿好实验室工作服，戴好乳胶手套。如工作期间需暂停工作接听电话、使用电脑、开门等，须摘下手套以避免生物样品污染公共设施。所有实验室用品（如培养皿、手套、离心管等）接触生物样品或试剂后均应放置于生物安全柜附近的生物安全袋中。当袋子装满时，用胶带封口并高压处理。更换新的生物安全袋时，一定要使用双层袋。关于实验室安全规程其他内容，请参考本书第3章。

提取核酸进行PCR检测会用到溴化乙锭和苯酚-氯仿-异戊醇。溴化乙锭是一种强有力的诱变剂和致癌物，苯酚-氯仿是一种有毒物质，必须谨慎使用。制备试剂或凝胶时必须穿好工作服，戴好乳胶手套，同时避免吸入含有溴化乙锭的凝胶。根据化学品安全说明书处理溴化乙锭的废弃物。紫外线下观察时，若无保护罩，则需配带防护眼镜。

有关化学物质、生物危害物品及储备材料的安全处理应参照生物实验室的国家标准或国际标准，严格制定和执行细胞实验室安全管理条例，如美国生物危害物质的详细信息可通过CDC网站（www.cdc.gov/od/biosfty/bmbl5/bmbl5toc.htm）中第五版微生物和生物医药的生物安全（BMBL）查询。

5 培训要求

本SOP培训内容包括：分子生物学实验操作技术。PCR规范性操作（以确保人员安全及样本的完整性）包括PCR样品处理、病毒RNA/DNA提取，PCR试剂制备、PCR实验、凝胶电泳、PCR结果及数据分析。FA等常规抗体与抗原反应免疫实验技术。

6 审阅与修订

本SOP应每年或定期审阅，如有程序调整要及时进行增补修订。

7 存档与分发

本SOP由实验室质量管理员归档并根据标准政策进行发放。本规程原始文件应由实验室的文件管理员存档保存，复印本发送给所有禽病诊断研究室的实验操作人员。

8 质量管理

PCR技术需要严格的质量管理。病毒DNA/RNA提取、扩增（PCR/RT-PCR）和凝胶电泳实验应在三个单独的工作区域（最好是3个不同的房间）进行。应注意避免污染样品。在处理病毒和病毒RNA样品、试管和试剂时，技术人员应穿好实验室工作服，戴好乳胶手套，以避免DNA酶污染。应使用带有滤芯的移液枪枪头，以避免移液器被样品的污染。每个PCR反应和凝胶电泳都应包括阳性和阴性对照。通过细胞培养分离病毒进行病毒鉴定时也要进行质量管理。使用ARV的标准毒株和细胞培养液作为阳性和阴性对照。

9 ARV分离株的基因序列分析

9.1 材料与设备

- 生物安全柜。
- 各型号微量移液枪及相应型号无菌枪头。

- 超低温冰柜（−80～−70℃）。
- 低温离心机（转子适于15mL、45mL离心管）。
- RT-PCR仪。
- 无菌离心管，15mL、45mL。
- 细胞/病毒冻存管，1.5～2.0mL。
- 微量离心管，1.5～2.0mL。
- 微量离心机（用于RNA/DNA提取）。
- 无菌移液吸管，1mL、5mL、10mL。
- 吸管移液器。
- 过滤器，0.22μm、0.45μm。
- 乳胶手套。
- 废品（废弃针头、玻片、刀片等）生物安全容器。
- 生物废品安全袋（可以高压灭菌）。

9.2 ARV引物

用于RT-PCR试验的ARV引物序列见表35-1。

表35-1 ARV引物序列

名称	引物序列（5′-3′）	扩增产物长度
P1	5′-AGTATTTGTGAGTACGATTG-3′	1 088bp
P4	5′-GGCGCCACACCTTAGGT-3′	1 088bp

注：①引物参考Kant A等发表的引物序列。
②该引物由睿博兴科生物技术有限公司合成。

9.3 RNA提取步骤

细胞培养物或组织匀浆样品RNA的提取使用Qiagen核酸提取试剂盒。提取步骤如下：

1）将细胞培养液样品取500μL转移至离心管中，标记样品编号。

2）将500μL Qiagen RLT缓冲液（含β-ME）加入到离心管中，涡旋混匀。

3）瞬时离心甩下离心管盖上的液体。加入70%乙醇500μL，涡旋混匀。5 000r/min离心5min。

4）将上清液转移至新的离心柱中。8 000r/min离心15s。重复离心直至液体全部沉降。

5）加700μL RW1至离心柱中，8 000r/min离心15s，然后将离心柱转移至收集管中。

6）加入500μL RPE至离心柱中，8 000r/min离心15s，弃去收集管中液体。

7）重复用RPE洗离心柱，洗完后把离心柱放入RNA收集管中。

8）10 000～12 000r/min离心2min，保留离心柱，弃去收集管。

9）将离心柱转移至新离心管中，加入50μL DEPC水，勿触摸离心管壁，孵育1min。10 000r/min离心1min，弃去离心柱。

10）RNA短期保存（1～2d内），放在（2～8℃）冰箱为宜，长期保存需放在—15℃以下冰柜。

9.4 ARV的PCR扩增

以提取的RNA为模板，以P1/P4为上/下游引物进行PCR扩增，反应体系见表35-2。

表35-2　ARV的RT-PCR反应体系

序号	反应物名称	容量（μL）
1	DEPC水	25
2	5× 缓冲液	10
3	dNTP	2
4	PCR酶混合物	1
5	上游引物	1
6	下游引物	1
7	RNA模板	10
	总计	50

9.5 PCR运行程序参数（表35-3）

表35-3　ABI-9800 FAST PCR仪禽呼肠孤病毒的RT-PCR反应参数设置

名称	循环数	步骤	时间	温度
RT	1	反转录	15min	95℃
PCR反应	38	变性	30s	94℃
		退火	30s	50℃
		延伸	5min	72℃

9.6 PCR产物纯化

1）准备1.0%的琼脂糖凝胶100mL：于100mL TBE缓冲液（Tris-Borate-EDTA buffer，三硼酸EDTA缓冲液）中加入1.0g琼脂糖（分子生物学试验规格），微波炉加热煮沸3min，至琼脂糖全部融化，倒入制胶板，并在固定位置放好梳子，室温下静置直至凝胶凝固。

2）取20μL的PCR产物加入到1.0%的琼脂糖凝胶加样孔中，并在其中两个空孔中分别加入同体积的阴性对照和DL2000bp DNA Marker标记。

3）在电泳仪中以135V的电压、180mA的电流进行电泳30～40min完成。

4）电泳结束后，置于凝胶成像仪下观察结果并拍照记录。

5）切取琼脂糖凝胶中的目的条带，置于干净离心管中称重。

6）加入3倍体积的凝胶样品缓冲液（GSB），于55℃水浴溶胶6～10min，每2～3min摇晃混合。胶块完全融化后，加入等体积的异丙醇。

注意事项：6～10步骤应用PCR-DNA及凝胶带纯化试剂盒试剂。

7）待融化的凝胶溶液降至室温，加入离心柱中静置1min，10 000r/min离心1min，弃流出液。

8）加入650μL清洗缓冲液（WB），10 000r/min离心1min，弃离出WB。

9）10 000r/min离心1～2min，去除残留的WB。

10）将离心柱置于一干净离心管中，开盖静置1min，在柱中央加入预热至室温的30～50μL DNA溶脱缓冲液（EB），室温静置1min。

11）保持离心柱于离心管中，10 000r/min离心1min，移除离心柱，保留收集溶脱DNA的离心管，于−20℃冻存。

12）使用分光光度计测量纯化的PCR产物浓度并稀释至40ng/μL作为测序模板。

10 相似性分析和遗传进化树构建

10.1 测序数据下载

1）打开DNAStar软件中的SeqMan软件，点击Add sequences查找并选中要拼接的序列（可按住control键进行多选），点击Add按钮添加选择的序列，添加完点击Done。

2）人工去除序列末端测序质量差或是载体序列，双击要去除侧翼序列的目标序列，将鼠标放到测序图谱左边的一个黑色的竖线上，此时鼠标会变成一个有两个箭头的水平线，按住左键拖动黑竖线，会发现侧翼序列颜色变浅，变浅的序列则被去除。

10.2 序列拼接和比对

1）点击Assemble按钮，在新出现窗口处点击拼接好的contig1，然后在出现的Alignment of contig1窗口中点击左三角显示的测序图谱，点击菜单contig-strategy view可以观察到序列拼接的宏观图。然后点击File-Saveas保存到目标位置。

2）将拼接好的ARV目标序列在GenBank中进行BLAST检索比对（http://blast.ncbi.nim.nih.gov/Blast.cgi）,下载其他ARV参考毒株序列。

3）打开MegAlign软件，点击File-New新建一个工作文件，再点击File-Entersequences添加需要比对的序列，此时有支持多种格式的文件（如seq;.abi;.pro;.fas等），点击Add可添加多个文件，点击Done导入选中的文件。

4）点击Align选择序列比对的算法，其中多序列比对有三种算法：The Jotun Hein method，Clustal V和Clustal W；一般选择Clustal W即可。序列比对的红色区域表示的是相似性最高的区域，蓝色和绿色是同源性较低的区域。

5）利用MEGA7.0软件构建遗传进化树，需要将进行建树的序列保存为fasta格式，并将文件扩展名改为.fasta。

6）点击Align-Edit/built Alignment，选择创建一个新的比对文件，点击OK。

7）打开需要比对的.fasta文件，点击Alignment-Align by Clustal W，选择所有序列，所有参数为默认，点击OK。

8）比对之前，需将序列对齐。由于序列长度不一，需要以所有比对序列中最短的序列为准，删除其他序列5′和3′多余的部分。

9）对比结束后点击Data-Export Alignment-MEGA format，选择目标文件夹保存，输入Title，关闭多序列比对窗口，点击NO。

10.3 构建进化树

1）点击File，打开比对后保存的.Meg文件。

2）点击phylogeny，有5个构建进化树的方法，一般选择Maximum Likelihood（最大似然法）Neighbor-Joining（邻接法）和Minimum-Evolution（最小进化法）方法，UPGMA和Maximum Parsimony不常用，点击YES，运用当前数据。

3）在Test of Phylogeny选择Booststrapmethod；No of Bootstrap replications输入1 000；Mode/Method核酸选择Maximum Composite Likehood，氨基酸序列选择Poisson model；Rates among sites选择Uniform rates；Gaps/Missing Data Treatment选择Complete deletion点击Compute。

注意事项：通常情况，如果选择同一基因序列长度较一致，物种间亲缘关系较近，每种模型构建的进化树差别不会太大。

4）选择在original tree中显示进化树，进化树数字代表bootstrap值>70以上的进化树可信是有可信度。工具栏上的不同按钮可以对进化树进行修饰。

5）最后在Image下的Save as保存，有三种不同的图片格式（.EMF、.PNG和.PDF）。如果还需要用其他软件对其进行修饰，建议保存为.EMF格式。

11 ARV基因型示例

始于2011年，美国宾夕法尼亚州许多鸡场包括肉鸡、蛋鸡、火鸡及鸽子、鹌鹑等持续发生ARV感染流行。研究人员从2011—2014年间分离到的301例毒株中，选出114例毒株进行δC基因序列分析和基因型鉴定，成功建立了ARV毒株的6个δC基因型（图35-1和彩图17）。基于ARV6个δC基因型的建立，新分离毒株即可按此标准而进行基因型鉴定（图35-2和彩图18）。

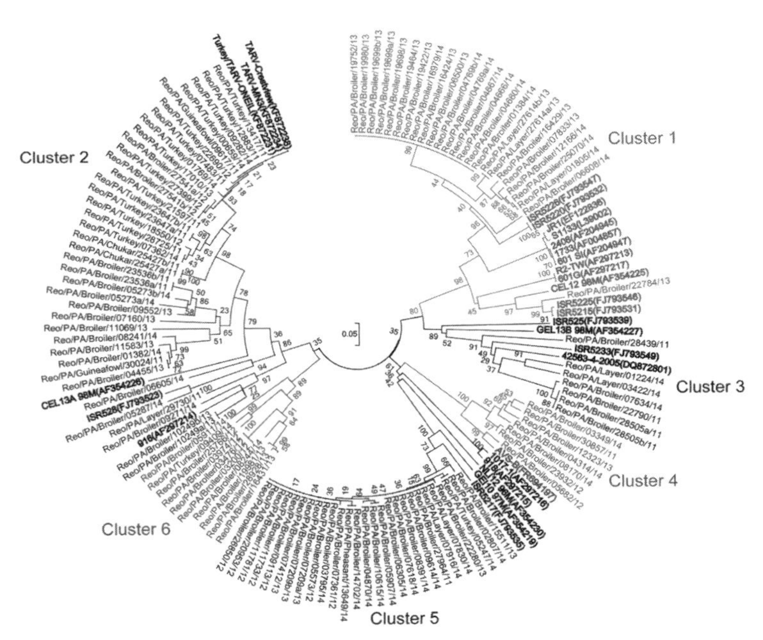

图35-1 ARV临床分离毒株的δC基因序列分析和基因型确定

该示例是由美国宾夕法尼亚州立大学吕化广教授的禽病毒室科研组建立的ARV6个δC基因型，由唐熠博士在博士后研究期间完成。通过比对114例ARV临床分离毒株的δC基因序列分析而建立的ARV6个δC基因型。

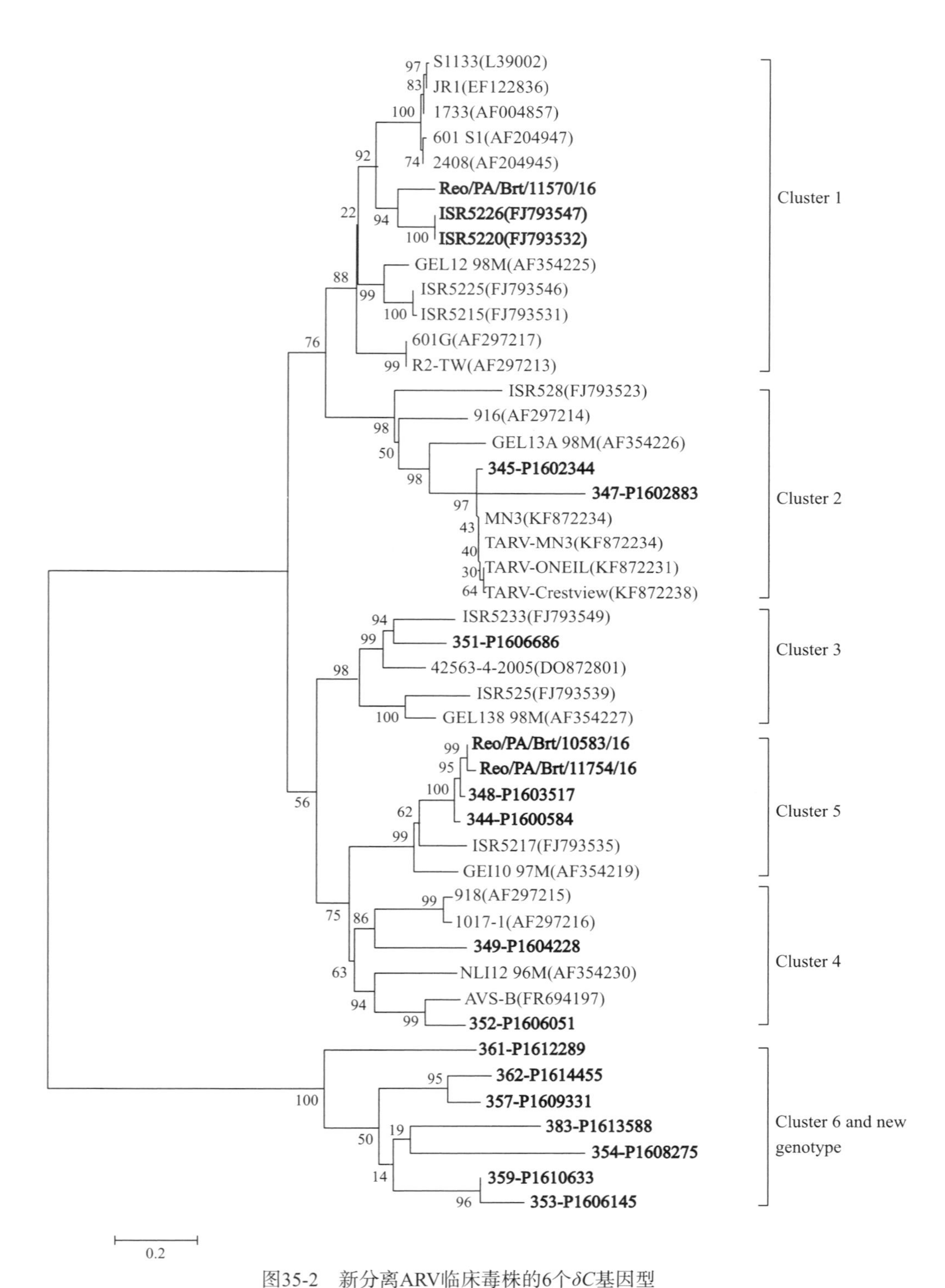

图35-2 新分离ARV临床毒株的6个δC基因型

图中的黑色标注毒株（美国宾夕法尼亚州立大学禽病毒室，2016—2017）。

参考文献

Karat A, Balk F, Born L, et al, 2003. Classification of Dutch and German avian reoviruses by sequencing the sigma C protein[J]. Veterinary Research (34): 203-2I2.

Lu H G, Tang T, Dune P A, et al, 2015. Isolation and molecular characterization of newly emerging avian reovirus variants and novel strains in Pennsylvania, USA, 2011-2014[J]. Nature Scientific Reports |5:14727|DOI:10.1038/srep 14727.

Rosenberger J K, Sterner F J, Botts S, et at, 1989. In vitro and in vivo characterization of avian reoviruses. I. Pathogenicity and antigenic relatedness of several avian reovirus isolates[J]. Avian Dis (33): 535-544.

Songserm T, et al, 2002. Experimental reproduction of malabsorption syndrome with different combinations of reovirus, Escherichia coli, and treated homogenates obtained from broilers[J]. Avian Dis (46): 87-94.

Tang Y, Lin L, Knoll E A, et al, 2015. The σC Gene Characterization of Seven Turkey Arthritis Reovirus Field Isolates in Pennsylvania during 2011-2014[J]. J Vet Sci Med, 3(1): 7.

第36章 NGS测序技术分析和鉴定禽呼肠孤病毒变异株基因型

（唐熠：山东农业大学兽医学院）

1 目的

新出现的禽呼肠孤病毒（Avian Reovirus，ARV）感染的肉鸡大多数伴有关节炎和腱鞘炎等临床症状，给养鸡业带来巨大的经济损失。本章的目的是应用高通量基因测序（Next-Generation Segueneing, NGS）对新出现的ARV临床分离毒株进行全基因组序列特征研究。

2 适用范围

本SOP适用于禽病毒诊断或研究实验室从事禽病毒分离鉴定的技术人员。

3 版本

本SOP是原始版本的修订版本。

4 安全须知

所有与生物样品相关的实验操作必须在生物安全柜中进行。在病理实验室处理生物样品时，必须穿好实验室工作服，戴好乳胶手套。如工作期间需暂停工作接听电话、使用电脑、开门等，须摘下手套以避免生物样品污染公共设施。所有实验室用品（如培养皿、手套、离心管等）接触生物样品或试剂后均应放置于生物安全柜附近的生物安全袋中。当袋子装满时，用胶带封口并高压处理。更换新的生物安全袋时，一定要使用双层袋。关于实验室安全规程其他内容，请参考本书第3章。

提取核酸进行PCR检测会用到溴化乙锭和苯酚-氯仿-异戊醇。溴化乙锭是一种强有力的诱变剂和致癌物，苯酚-氯仿是一种有毒物质，必须谨慎使用。制备试剂或凝胶时必须穿好工作服，戴好乳胶手套，同时避免吸入含有溴化乙锭的凝胶。根据化学品安全说明书处理溴化乙锭的废弃物。紫外线下观察时，若无保护罩，则需配带防护眼镜。

有关化学物质、生物危害物品及储备材料的安全处理应参照生物实验室的国家标准或国际标准，严格制定和执行细胞实验室安全管理条例，如美国生物危害物质的详细信息可通过CDC网站（www.cdc.gov/od/biosfty/bmbl5/bmbl5toc.htm）中第五版微生物和生物医药的生物安全（BMBL）查询。

5 培训要求

本SOP培训内容包括：分子生物学实验操作技术。PCR规范性操作（以确保人员安全及样本的完整性）包括PCR样品处理、病毒RNA/DNA提取，PCR试剂制备、PCR试验、凝胶电泳、PCR结果及数据分析。

6 审阅与修订

本SOP每年或定期审阅，如有程序调整要及时增补修订。

7 存档与分发

本SOP由实验室质量管理员归档并根据标准政策进行发放。本规程原始文件应由实验室的文件管理员存档保存，复印本发送给所有禽病诊断研究室的实验操作人员。

8 质量管理

PCR试验需要严格的质量控制。需要有三个独立区域（最好是三个房间）：DNA/RNA提取、PCR/RT-PCR扩增、凝胶成像，应注意避免样品污染。技术人员处理病毒、病毒RNA、离心管和试剂时应戴乳胶手套，穿实验服以避免污染。应使用带有滤芯的移液器吸头，以避免移液器被样品污染。每个PCR反应和凝胶电泳试验都应包括阳性和阴性对照。

通过细胞培养分离病毒进行病毒鉴定时也要进行质量管理。使用ARV的标准毒株和细胞培养液作为阳性和阴性对照。

9 实验方法

9.1 材料与设备

- 生物安全柜。

- 组织匀浆机、组织匀浆机样品袋。
- CO_2培养箱。
- 各型号微量移液枪和相应型号无菌枪头。
- 超低温冰柜（－80～－70℃）。
- 荧光倒置显微镜。
- 低温离心机（转子适于15mL、45mL离心管）。
- RT-PCR仪。
- 无菌镊子和剪刀。
- 无菌离心管，15mL、45mL。
- 细胞/病毒冻存管，1.5～2mL。
- 微型离心机（RNA/DNA提取）。
- 无菌移液吸管，1mL、5mL、10mL。
- 无菌样品试管，12mm×75mm。
- 过滤器，0.22μm、0.45μm。
- 注射器，1mL、5mL。
- 针头，27G×1/2″（外径0.4mm×长15mm）、25G×5/8″（外径0.5mm×长15mm）、20G×1½″（外径0.9mm×长40mm）。
- 玻璃/聚乙烯平皿，直径100mm×厚15mm。
- T-25cm^{2}或T-75cm^{2}细胞瓶，每个样品24h更换一次，一个阴性对照。T-75cm^{2}细胞瓶用于传代。
- 鸡肝上皮瘤（LMH）细胞。
- 细胞基础培养基母液（MEM）。
- 谷氨酰胺（400mmol/L）。
- 庆大霉素（200μg/mL）。
- 胎牛血清（FBS），500mL/瓶，56℃灭活30min。
- 乳胶手套。
- 废品（废弃针头、玻片、刀片等）生物安全容器，生物废品安全袋。

9.2 样品选择

细胞培养液、鸡胚接种后的尿囊液、组织匀浆液、拭子等样品。

9.3 ARV的RNA提取步骤

细胞培养物或拭子样品RNA的提取使用Qiagen核酸提取试剂盒。提取步骤如下：

1）取500μL细胞培养液样品转移至离心管中，标记样品编号。

2）取500μL Qiagen RLT缓冲液（含β-ME）加入到离心管中，涡旋混匀。

3）瞬时离心甩下离心管盖上的液体。加入500μL 70%乙醇，涡旋。5 000r/min离心5min。

4）将上清液转移至新的离心柱中。8 000r/min离心15s。再次离心直至液体全部沉降。

5）加700μL RW1至离心柱中，8 000r/min离心15s，然后将离心柱转移至收集管中。

6）加入500μL RPE至离心柱中，8 000r/min离心15s，弃去收集管中液体。

7）重复用RPE洗离心柱，洗完后把离心柱放入收集管中。

8）全速离心2min后弃去收集管。

9）离心柱转移至新离心管中，加入50μL无菌PCR试验用水，勿触摸离心管壁，孵育1min。10 000r/min离心1min，弃去离心柱。

10）如短期保存1～2d，RNA样品可以放在2~8℃冰箱，长期保存需放在−15℃以下冰柜中。

9.4 ARV引物

ARV检测引物序列见表36-1。

表36-1 ARV检测引物序列

名称	引物序列（5′-3′）	扩增产物长度
P1	AGTATTTGTGAGTACGATTG	1 088bp
P4	GGCGCCACACCTTAGGT	1 088bp

注：①引物参考Kant A等发表的引物序列。
②该引物由睿博兴科生物技术有限公司合成。

9.5 ARV的RT-PCR

1）配制反转录体系和Taq酶体系时，要比实际样品数量多一个。

2）试剂盒存放在−25～−15℃的冰柜中。使用前取出除酶以外的组分。

3）各反应组分解冻后放置在冰盒上。酶（Ampli Taq Gold DNA 聚合酶、MultiScribe逆转录酶和RNA酶抑制剂）存放在冰柜中，使用前再取出。

4）将各组分混合后，轻微涡旋混匀。体系配制完成后，将试剂盒放回−25～−15℃冰柜中。

5）从−70℃冰柜中取出模板RNA。

6）50μL一步法RT-PCR反应体系见表36-2。

7）PCR运行程序：95℃预变性15min，94℃变性30s，50℃退火30s，72℃延伸90s，进行38个循环，72℃延伸5min；4℃反应终止。

8）每管PCR产物取10μL，用1.8%的琼脂糖凝胶进行电泳检测。PCR产物经纯化后送测序。

表36-2　ARV的RT-PCR反应体系

试剂	1份样品容量（μL）	样品总数总容量（μL）
水（PCR试验用水）	25.0	
5×缓冲液	10.0	
dNTP	2.0	
PCR酶混合物	1.0	
上游引物	1.0	
下游引物	1.0	
RNA模板	10.0	
总计	50.0	

10　NGS

10.1　PCR产物纯化和NGS测序

1）准备1.0%的琼脂糖凝胶100mL：于100mL TBE缓冲液（Tris-Borate-EDTA buffer，三硼酸EDTA缓冲液）中加入1.0g琼脂糖（分子生物学试验规格）。微波炉加热煮沸3min，至琼脂糖全部融化后，倒入制胶板槽，并在固定位置放好凝胶孔梳子，室温下静置直至凝胶凝固。

2）每份样品取20μL PCR产物加入到1.0%的琼脂糖凝胶加样孔中，并在另外两个空孔中分别加入同体积的阴性对照和DL2000bp DNA Marker标记。

3）在电泳仪中以135V的电压、180mA的电流进行电泳。

4）电泳结束后，置于凝胶成像仪下观察结果并拍照记录。

5）切取琼脂糖凝胶中的目的条带，置于干净离心管中称重。

6）加入3倍体积的凝胶样品缓冲液（GSB），于55℃水浴溶胶6~10min，每2～3min摇晃混匀。胶块完全融化后，加入相同体积的异丙醇。

7）待融化的凝胶溶液降至室温，加入离心柱中静置1min，10 000r/min离心1min。

保留离心柱，弃离出液。

8）加入650μL清洗缓冲液（WB）于离心柱中，10 000r/min离心1min。保留离心柱，弃离出液。

9）10 000r/min再离心1～2min，去除残留的WB。

10）将离心柱置于一清洁离心管中，开盖静置1min，在柱中央加入30～50μL预热至室温的DNA溶脱缓冲液（EB），室温静置1min。

11）10 000r/min离心1min，离心管内液体是从离心柱溶脱的DNA样品，将洗脱出的DNA于－20℃保存。

12）使用分光光度计测量纯化的PCR产物浓度并稀释至40ng/μL，作为测序模板。

13）PCR产物经纯化后送NGS实验室测序。

10.2 NGS序列拼接（SeqMan拼接reads为contigs）

1）打开.excel文件，将第二列删除掉，选中前三列信息。

2）在桌面新建一个.txt（命名），将3列信息复制到.txt，保存，关闭。

3）用notepad打开，将名字替换（Ctrl+F）为正确格式（选中科之前的名字，作为搜索项，替换为“”）；把名字之后的一列空格（第二列）替换为回车即“\n”“特殊格式”。

4）用替换功能将上下游引物barcodes剪掉（先在.txt文档中分别找到上下游引物序列，粘贴到搜索框，替换为“”），保存到桌面。

5）修改该.txt的后缀为.fas格式。

6）用Seqman打开fas格式文件，点击add sequence，点击Done，再点击assemble。

7）分别双击比对出来的contig，全选（Ctrl+A），复制（Ctrl+C）。

8）在桌面新建一个.txt文件，给予正确命名。打开，并按照fas格式输入>contig1，>contig2，…，不同contig之间空几行（Enter），把在seqman里面复制的序列粘贴到.txt中。

9）把每一个contig分别复制粘贴到.txt文件，并按照正确的顺序给contig编号命名，结束后保存。

10）总共生成3个文件，分别为从.txt改成的fas，seqman文件，和.txt文件（即最后汇总的contig序列）。

11）说明事项：在seqman中，将拼接完成的多条contigs合并为一个.fas格式文件并保存。即首先将全部的contigs选中，再点击顶部菜单栏“contig”-“save consensus”-“single file”，即可保存为.fas格式的单个文件。

11 ARV全基因NGS序列分析

1）打开MegAlign软件，点击File-New新建一个工作文件，再点击File-Enter sequences添加需要比对的序列，此时可选用支持多种格式的文件（.seq;.abi;.pro;.fas等），点击Add可添加多个文件，点击Done导入选中的文件。

2）点Align选择序列比对的算法，其中多序列比对有三种算法：The Jotun Hein method，Clustal V和Clustal W；一般选择Clustal W即可。序列比对的红色区域表示的是相似性最高的区域，蓝色和绿色是同源性较低的区域。

3）利用MEGA7.0软件构建遗传进化树，需要将进行建树的序列保存为fasta格式，并将文件扩展名改为.fasta。

4）点击Align-Edit/builtAlignment，选择创建一个新的比对，点击OK。

5）打开需要比对的.fasta文件，点击Alignment-Align by Clustal W，选择所有序列，所有参数为默认，点击OK。

6）我们看到在未对齐之前，由于序列长度不一，我们需要将序列两端对齐。两端以比对上最短的序列为准，删除其他序列5′和3′多余的部分。

7）然后点Data-Export Alignment-MEG Aformat，选择目标文件夹保存，输入Title，关闭多序列比对窗口，点击NO。

8）点击File，打开已保存的.Meg文件。

9）点击phylogeny，有5个构建进化树的方法，一般选择MaximumLikelihood（最大似然法）Neighbor-Joining（邻接法）和Minimum-Evolution（最小进化法）方法，UPGMA和MaximumParsimony不常用，点YES，运用当前数据。

10）在Test of Phylogeny选择Booststrapmethod；No of Bootstrap replications输入1 000；Mode/Method核酸选择Maximum Composite Likehood，氨基酸序列选择Poisson model；Rates among sites选择Uniformrates；Gaps/Missing Data Treatment选择Complete deletion点击Compute（一般来说，如果选择同一基因序列长度较一致，物种间亲缘关系较近，每种模型构建的进化树差别不会太大）。

11）选择在orginal tree中显示进化树，数字代表bootstrap值＞70以上的进化树具有可信度。工具栏上的不同按钮可以对进化树进行修饰。

12）最后在Image下的Saveas保存，有三种不同的图片格式（.EMF、.PNG和.PDF）。如果还需要用其他软件进行修饰，可保存为.EM格式。

12 NGS测试全基因序列结果比对

ARV临床分离毒株的NGS全基因序列测试结果与标准或参考毒株的全基因序列进

行比对，可以显示ARV全部10个基因段中每个基因段差异程度，如图36-1和彩图19、图36-2和彩图20所示。

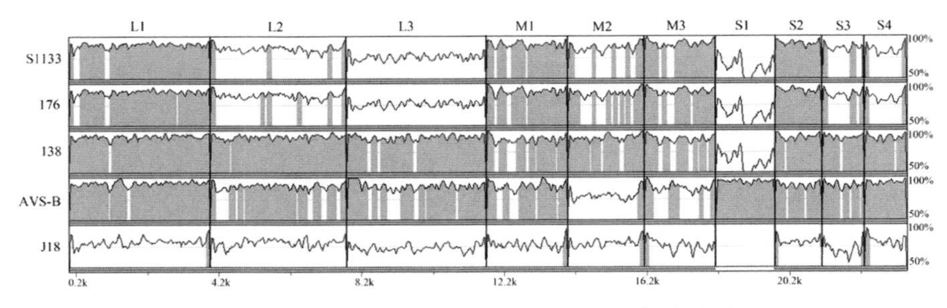

图36-1　全基因组核苷酸比对的mVISTA方法（1）

比较宾夕法尼亚肉鸡ARV株（REO/PA/Broiler/05682/12）与代表性ARV株（S1133、176、138、AVS-B和J18）。调整并指示每个基因组片段的大小。在任何采样点，阴影区域的高度与遗传相关性成正比。颜色编码：灰色区域相关性>90%，白色区域相关性<90%。比例尺显示连接基因组的近似长度。

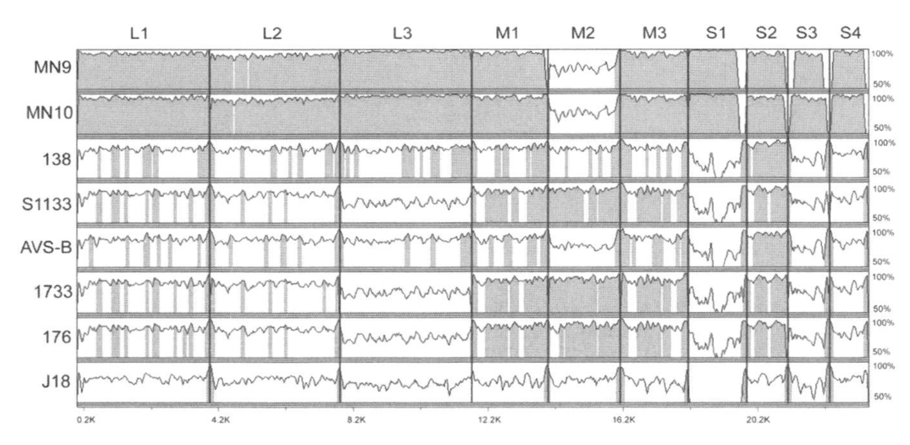

图36-2　全基因组核苷酸比对的mVISTA方法（2）

该图显示了宾夕法尼亚TARV野毒株（Reo/PA/Turkey/22342/13）与GenBank检索到的2株MNTARV（MN9和MN10）以及6株ARV参考株（138、S1133、AVS-B、1733、176和J18）比对的比对结果；灰色区域相似性>90%；白色区域相似性<90%。比例尺显示连接基因组的近似长度。

参考文献

Banyai K, Dandar E, Dorsey K M, et al, 2011. The genomic constellation of a novel avian orthoreovirus strain associated with running stunting syndrome in broilers[J]. Virus Genes (42): 82-89.

Kant A, et al, 2003. Classification of Dutch and German avian reoviruses by sequencing the sigma C protein[J]. Veterinary Research (34): 203-212.

Tang Y, Lu H, 2015. Genomic characterization of a novel avian arthritis orthoreovirus variant by next-generation sequencing[J]. Arch Virol. 160(10): 2629-2632.

Tang Y, Lu H, 2015. Genomic characterization of a broiler reovirus field strain detected in Pennsylvania[J]. Infection, Genetics and Evolution, 31: 177-182.

Tang Y, Lu, H, et al, 2015. Genomic characterization of a turkey reovirus field strain by Next-Generation Sequencing[J]. Infection, Genetics and Evolution. 32: 313-321.

Tang Y, Lin L, Aswathy S, et al, 2016. Detection and characterization of two co-infection variantstrains of avian orthoreovirus (ARV) in young layer chickens usingnext-generation sequencing (NGS)[J]. Scientific Reports, 6: 24519.

第37章 禽痘病毒的分离与鉴定

1 目的

禽痘病毒（Fowl Poxvirus，FPV）能感染鸡、火鸡、家禽或野生鸟类。本章主要阐述FPV的分离与鉴定规程。

2 适用范围

本SOP适用于禽病毒诊断或研究实验室从事禽病毒分离鉴定的技术人员。

3 安全须知

所有与生物样品相关的实验操作必须在生物安全柜中进行。在病理实验室处理生物样品时，必须穿好实验室工作服，戴好乳胶手套。如工作期间需暂停工作接听电话、使用电脑、开门等，须摘下手套以避免生物样品污染公共设施。所有实验室用品（如培养皿、手套、离心管等）接触生物样品或试剂后均应放置于生物安全柜附近的生物安全袋中。当袋子装满时，用胶带封口并高压处理。更换新的生物安全袋时，一定要使用双层袋。关于实验室安全规程其他内容，请参考本书第3章。

有关化学物质、生物危害物品及储备材料的安全处理应参照生物实验室的国家标准或国际标准，严格制定和执行细胞实验室安全管理条例，如美国生物危害物质的详细信息可通过CDC网站（www.cdc.gov/od/biosfty/bmbl5/bmbl5toc.htm）中第五版微生物和生物医药的生物安全（BMBL）查询。

4 培训要求

本SOP需进行的培训包括：鸡胚质检、鸡胚接种与收获、血凝（HA）试验和血凝抑制（HI）试验结果判定，琼脂凝胶免疫扩散（AGID）试验技术及其他实验室常规操作技术。

5 审阅与修订

本SOP每年或定期审阅，如有程序调整要及时增补修订。

6 存档与分发

本SOP由实验室质量管理员归档并根据标准政策进行发放。本规程原始文件应由实验室的文件管理员存档保存，复印本发送给所有禽病诊断研究室的实验操作人员。

7 质量管理

病毒分离和鉴定都需要质量保证。如病毒分离需使用鸡胚，鸡胚接种时用病毒稀释液（VTM）接种2～3枚鸡胚作为阴性对照，NDV作为血凝（HA）试验和血凝抑制（HI）试验阳性对照，常规尿囊液作为HA试验和HI试验阴性对照。鸡胚最好选用无特定病原（SPF）胚。

8 实验方法

8.1 FPV的形态和生物学特性

FPV是双链DNA病毒，属于禽痘病毒科。痘病毒呈砖形，大小为258nm×254nm。具有独特的核衣壳以区分其他痘病毒。

8.2 动物组织样本的选择

结痂的上皮细胞、上呼吸道和结痂的病变组织。

8.3 材料与设备

- 生物安全柜。
- 组织匀浆机、组织匀浆机样品袋。
- 鸡胚孵化器。
- 照蛋器。
- 各型号微量移液枪及相应型号无菌枪头。
- 超低温冰柜（－80～－70℃）。

- 低温离心机（转子适于15mL、45mL离心管）。
- 无菌镊子和剪刀。
- 无菌离心管，15mL、45mL。
- 冻存管，1.5 ~ 2.0mL。
- 无菌样品试管，12mm × 75mm。
- 无菌移液吸管，1mL、5mL、10mL。
- 注射器，1mL、5mL。
- 针头，27G × 1/2″（外径0.4mm × 长15mm）、25G × 5/8″（外径0.5mm × 长15mm）、20G × 1½″（外径0.9mm × 长40mm）。
- 玻璃/聚乙烯平皿，直径100mm × 厚15mm。
- 9 ~ 11d SPF鸡胚，每个样本需5枚胚。
- 病毒稀释液（VTM）。
- 抗生素：青霉素G、链霉素、卡那霉素、庆大霉素、三联混合霉素（如青霉素、链霉素和氨苄西林）。
- 蛋壳打孔锥。
- 胶水、蜡烛（封蛋壳孔）。
- 70%乙醇。
- 锐利废品（废弃针头、玻片、刀片等）生物安全容器，生物废品安全袋。
- 乳胶手套。
- 研钵。
- FPV抗血清、抗原。

8.4 组织样品处理

1）FPV样品按1：5（*W/V*）与VTM稀释，用乳钵研磨或用组织匀浆机高速研磨3min处理组织。之后将样品转移到15mL离心管中，做如下标记：

- 样品编号。
- 疑似待检病毒：如鸡包涵体肝炎病毒、疱疹病毒、呼肠孤病毒。
- 组织样品：如气管、肺、肝、肾、脾、体液等。
- 接种途径：细胞系（如CEK、LMH）或鸡胚。
- 处理日期：年/月/日。

2）如果样品是棉签拭子，则将拭子置于涡旋管中，加入PBS或VTM等病毒缓冲液，通常1 ~ 2个拭子2 ~ 3mL，或3 ~ 5个拭子5mL。拭子管涡旋震荡后取出棉签。

3）按1：10（抗生素：病料样品）加入10× 的抗生素（青霉素、链霉素、卡那霉素、庆大霉素和三联混合霉素），室温下孵育30～60min。4℃、168～377g（1 000～1 500r/min，离心机转子半径15cm）离心30min。用上清液接种鸡胚。

4）**注意事项：**FPV样品不可以过滤，因为痘病毒粒子比较大，过滤可能会除去病毒粒子，因此样品宜用抗生素处理而不过滤。

9 FPV的鸡胚接种与传代

1）使用9～11d的鸡胚，采用绒毛尿囊膜（CAM）途径接种，每份样品接种5枚鸡胚，0.2mL/枚。

2）用VTM接种3～5枚鸡胚作为阴性对照。

3）37℃、湿度80%～90%的培养箱中孵育5～6d。

4）每日照胚，观察鸡胚存活情况。如有死胚，则于4℃冷却至少2h后收获尿囊液（CAF），进行HA试验检测（确定无NDV、AIV）。收获CAM并检查CAM病变。痘病毒可致CAM肿胀增厚、产生病斑结节或出血性病变。观察到CAM病变后，取CAM和VTM按1：10（*W/V*）研磨后进行鸡胚传代。通常将CAM置于生理盐水或解剖显微镜下，能更容易观察到病斑结节。

5）接种5～6d后，将所有活鸡胚置于4℃冷却，收获CAF、CAM并检查CAM病变情况。

10 FPV的鉴定

1）收获的CAF需进行HA试验以排除HA阳性病毒（如NDV、AIV）。

2）将CAM与VTM按1：10稀释，用组织研磨器进行研磨。

3）AGID试验：用CAM组织液和CAF为抗原，用FPV抗血清为抗体，进行AGID试验检测，24～48h内应观察到沉淀线（见AGID操作规程）。

4）病毒包涵体鉴定：将CAM进行组织学H&E染色，光学显微镜观察胞质和胞核内包涵体。

5）病毒形态鉴定：用电镜检测CAM匀浆液，可观察到FPV属特有的形态学特征。

11 结果判定

1）若鸡胚接种后无死亡，鸡胚和CAM无眼观病变且HA阴性，则判定样品为FPV分离阴性。

2）若鸡胚接种后CAM有明显病斑，AGID阳性或显微镜、电镜观察阳性，则判定为FPV阳性。

参考文献

Cottral G E, 1978. Manual of Standardized Methods for Veterinary Microbiology[M]. Ithaca, New York: Cornell University Press.

Swayne D E, Boulianne M, Logue C M, et al, 2020. Diseases of Poultry[M]. 14th Edition. Hoboken, NJ: John Wiley & Sons, Inc.

Williams S M, Dufour-Zavala, Jackwood M W, et al, 2016. A Laboratory Manual for the Isolation, Identification and Characterization of Avian Pathogens[M]. 6th Edition. Jacksonville, Florida: American Association of Avian Pathogens.

第38章 鹦鹉目与非鹦鹉目鸽疱疹病毒的分离与鉴定

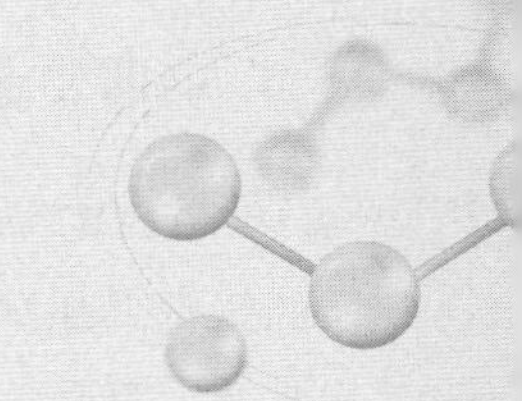

1 目的

鸽疱疹病毒（Pigeon Herpesvirus，PHV）对猎鹰、鸽子、野生鸟类或宠物鸟易感，本SOP阐述鹦鹉目与非鹦鹉目鸟类PHV的分离和鉴定方法，但不包括禽马立克疱疹病毒。

2 适用范围

本SOP适用于禽病毒诊断或研究实验室从事禽病毒分离鉴定的技术人员。

3 安全须知

所有与生物样品相关的实验操作必须在生物安全柜中进行。在病理实验室处理生物样品时，必须穿好实验室工作服，戴好乳胶手套。如工作期间需暂停工作接听电话、使用电脑、开门等，须摘下手套以避免生物样品污染公共设施。所有实验室用品（如培养皿、手套、离心管等）接触生物样品或试剂后均应放置于生物安全柜附近的生物安全袋中。当袋子装满时，用胶带封口并高压处理。更换新的生物安全袋时，一定要使用双层袋。关于实验室安全规程其他内容，请参考本书第3章。

有关化学物质、生物危害物品及储备材料的安全处理应参照生物实验室的国家标准或国际标准，严格制定和执行细胞实验室安全管理条例，如美国生物危害物质的详细信息可通过CDC网站（www.cdc.gov/od/biosfty/bmbl5/bmbl5toc.htm）中第五版微生物和生物医药的生物安全（BMBL）查询。

4 培训要求

本SOP需进行的培训内容包括：熟练掌握孵化前的鸡种蛋质量检查方法、孵化中的正常鸡胚发育状态观察、接种后死亡鸡胚的判定方法和检查程序。掌握鸡胚接种与收获，血凝（HA）试验和血凝抑制（HI）试验结果判定，琼脂凝胶免疫扩散（AGID）试验技术。

5 审阅与修订

本SOP每年或定期审阅，如有程序调整要及时增补修订。

6 存档与分发

本SOP由实验室质量管理员归档并根据标准政策进行发放。本规程原始文件应由实验室的文件管理员存档保存，复印本发送给所有禽病诊断研究室的实验操作人员。

7 质量管理

病毒分离和鉴定都需要质量保证。如病毒分离需使用鸡胚，鸡胚接种时用病毒稀释液（VTM）接种2～3枚鸡胚作为阴性对照，NDV病毒作为血凝（HA）试验和血凝抑制（HI）试验阳性对照，常规尿囊液（CAF）作为HA和HI阴性对照。鸡胚最好选用无特定病原（SPF）胚，无SPF胚时可以选择无AIV/NDV和无其他常规病毒的鸡胚。

8 PHV分离鉴定方法

8.1 PHV的形态学和生物学特征

PHV科已知有19种DNA病毒。该病毒通常以发现者的名字命名。所有的PHV都有“囊膜”，是感染动物机体的必要条件。

8.2 材料与设备

- 生物安全柜。
- 组织匀浆机、组织匀浆机样品袋。
- CO_2培养箱。

- 各型号微量移液枪及相应型号无菌枪头。
- 超低温冰柜（−80 ~ −70℃）。
- 倒置显微镜。
- 低温离心机（转子适于15mL、45mL离心管）。
- 无菌镊子和剪刀。
- 无菌离心管，15mL、45mL。
- 细胞/病毒冻存管，1.5mL、1.8mL、2mL。
- 样品试管，12mm × 75mm。
- 无菌移液吸管，1mL、5mL、10mL。
- 吸管移液器或洗耳球。
- 过滤器，0.22μm、0.45μm。
- 注射器，1mL、5mL。
- 针头，27G × 1/2″（外径0.4mm × 长15mm）、25G × 5/8″（外径0.5mm × 长15mm）、20G × 1½″（外径0.9mm × 长40mm）。
- 玻璃/聚乙烯平皿，直径100mm × 厚15mm。
- SPF鸡胚。
- T-25cm^{2}或T-75cm^{2}的细胞瓶。
- 细胞培养生长液、维持液、基础培养基母液（MEM）、胎牛血清（FBS）。
- 400mmol/L谷氨酰胺。
- 200μg/mL庆大霉素。
- 病毒稀释液（VTM）。
- 70%乙醇。
- 乳胶手套。
- 锐利废品（废弃针头、玻片、刀片等）生物安全容器，生物废品安全袋。

8.3 动物组织样品选择

首选肝脏、脾脏、骨髓、感染的组织器官、咽喉拭子和泄殖腔拭子。

8.4 组织样品处理

1）将组织和VTM按照1：5的比例（*W/V*）放入组织匀浆机样品袋中，在组织匀浆机上高速研磨1 ~ 3min。将上清液转移至15mL离心管中，做如下标记：

- 样品编号。
- 疑似待检病毒：如PHV、ARV、FAV。
- 组织样品：如气管、肺、肝、肾、脾、体液等。

- 接种细胞系或鸡胚：如鸡胚肾（CEK）细胞、鸡肝上皮瘤（LMH）细胞。
- 处理时间：年/月/日。

2）如果是棉签拭子样品，则将拭子置于涡旋管中，加入PBS或VTM等病毒缓冲液，通常1～2个拭子2～3mL；或3～5个拭子5mL。拭子管涡旋震荡后取出棉签。

3）样品于168～377*g*（1 000～1 500r/min，离心机转子半径15cm），4℃离心10min。离心后上清液用0.45μm过滤器过滤。样品过滤后可于4℃冰箱保存（如24～48h内接种），或于超低温冰柜冻存。

8.5 细胞培养分离PHV

1）PHV分离用T-25cm^{2}细胞瓶（或多孔细胞培养瓶/皿，如6、12、24孔）培养LMH细胞、CEF细胞、CEL或CEK细胞。接种前标记细胞瓶，标记内容包括：样品编号、组织类型和接种日期，每瓶接种一个样品。另取一个细胞瓶作为阴性对照。单层细胞长满细胞瓶的75%～90%最宜接毒。

2）弃去细胞生长液。用约1mL的VTM冲洗细胞，去除细胞表面的胎牛血清，然后弃去VTM。

3）每个样品取上清液0.5mL（T-25cm^{2}细胞瓶）或1.5mL（T-75cm^{2}细胞瓶，用于电镜观察）接种细胞。阴性对照用VTM接种。

4）将细胞瓶置于37℃培养箱中吸附30min，加入4.5mL（T-25cm^{2}细胞瓶）或13.5mL（T-75cm^{2}细胞瓶）细胞维持液，适度拧紧瓶盖，置于37℃、5%CO_2培养箱中培养。

5）每日观察细胞病变（CPE），持续观察6d。CPE包括细胞肿胀变圆、折光度改变、某些病毒株会产生合胞体。

8.6 病毒的连续传代和鉴定

1）当接毒后的单层细胞出现CPE 75%～100%时，反复冻融2～3次收取的细胞培养物病毒。拧紧细胞瓶盖，置于−80℃冰柜中，单层细胞面朝下，直至完全冻结。然后取出细胞瓶，于37℃或室温下融化至雪泥状。再放回−80℃冰柜直至完全冻结，重复此过程2～3次。注意不要把细胞瓶长时间放置在室温下。

2）样品传代接种时，取前代细胞培养物，按1:5或1:10用VTM稀释后接种下代细胞。将剩余的细胞悬液移至冻存管中，标明样品编号、组织类型、代次、细胞类型和冻存日期，置于超低温冰柜中保存直至鉴定完成。

3）如接种多孔细胞培养皿（生长24～48h的CEF或其他细胞），第一孔接种VTM

作为阴性对照，其余孔接种稀释的病毒样品。接种前用适量VTM或PBS洗涤各孔，样品（或VTM）接种200μL/孔（6孔皿）。吸附30～40min分钟后，加入2mL细胞维持液。

注意事项： 12孔或24孔细胞培养皿孔接种量按此比例调整。

4）若第二代为阳性，在接种1～2d内会出现CPE，病毒会迅速感染破坏其余单层细胞。此时，收获三孔的病毒液于冻存管中。

5）用丙酮将细胞玻片固定10min（移去玻片细胞板的盒框，留下玻片）。玻片进行免疫荧光抗体（FA）染色以鉴定PHV，必要时另设一块玻片作为阴性对照（参考细胞培养的FA染色程序）。

6）样品在CEF和/或LMH细胞中传一代或者两代，这取决于细胞培养过程中是否出现CPE。如果连续2～3代细胞没有CPE，该样品可停止传代并判定为阴性。若需要继续传代，用每代上清液接种于CEF或LMH进行传代。

注意事项： 每次传代接种，都要将前代细胞瓶反复冻融2～3次，将细胞悬液收集于离心管中并离心，将所有代次的收集细胞液冻存在超低温冰柜中直至鉴定结束。

7）PHV接种CEF/LMH后，CPE应为细胞肿胀变圆、折光度改变。若二代细胞未出现病变，则终止传代，判定为疱疹病毒阴性。

8）一代或两代CEF细胞培养较少出现CPE（1～2+CPE）时，上清液按1：5稀释后再传代。

8.7 PHV检测的其他实验方法

1）有CPE的CEF细胞上清液可通过电镜观察进行形态学鉴定。在T-75cm^{2}细胞瓶中进行病毒传代培养，以便获取足够的病毒供电镜检测鉴定。留存部分上清液直至病毒鉴定完成。

2）肝组织的冷冻样品可以做冷冻超薄切片并进行PHV的直接FA染色鉴定（参见FA程序）。

注意事项： 除非通过直接FA染色（肝脏组织冷冻切片、涂片）或病毒分离等检测确定肝脏组织样品为衣原体阴性，否则不推荐制作肝脏的冷冻切片。

9 结果判定

1）CEF细胞中连续传代两次，无CPE判定为PHV阴性。

2）CEF细胞出现CPE后用FA或电镜观察为阳性时，判定为PHV阳性。

参考文献

Cottral G E, 1978. Manual of Standardized Methods for Veterinary Microbiology[M]. Ithaca, New York: Cornell University Press.

Saif Y M, Fadly A M, Glisson J R, et al, 2008. Diseases of Poultry [M]. 12th Edition. Ames, Iowa: Blackwell Publishing.

Swayne D E, Glisson J, Jackwood M W, et al, 1998. A Laboratory Manual for the Isolation and Identification of Avian Pathogens[M]. 4th Edition. Kennett Square, Pennsylvania: American Association of Avian Pathogens.

Williams S M, Dufour-Zavala, Jackwood M W, et al, 2016. A Laboratory Manual for the Isolation, Identification and Characterization of Avian Pathogens[M]. 6th Edition. Jacksonville, Florida: American Association of Avian Pathogens.

第39章 免疫荧光抗体染色法检测细胞培养鸽疱疹病毒Ⅰ型毒株

1 目的

免疫荧光抗体（Fluorescence Antibody，FA）染色是经过荧光标记的特定病毒抗体捕获病毒抗原的结合反应。因此，应用FA染色法可以直接观察鉴定细胞培养物中的病变细胞（CPE），这是快速检测和鉴定细胞分离病毒的有效方法。本规程阐述应用FA染色法检测鸽类疱疹病毒Ⅰ型毒株（PHV-Ⅰ）。

2 适用范围

本SOP适用于禽病毒诊断或研究实验室从事禽病毒分离鉴定的技术人员。

3 安全须知

所有生物样本的处理均需在生物安全柜中进行。在病毒学实验室处理生物样品时，必须全程穿好实验服，戴乳胶手套。如工作期间需暂停工作接听电话、使用电脑、开门等，须摘下手套以避免生物样品污染公共设施。所有实验室用品（如培养皿、手套、离心管等）接触生物样品或试剂后均应放置于生物安全柜附近的生物安全袋中。当袋子装满时，用胶带封口并高压处理。更换新的生物安全袋时，一定要使用双层袋。关于实验室安全规程其他内容，请参考本书第3章。

有关化学物质、生物危害物品及储备材料的安全处理应参照生物实验室的国家标准或国际标准，严格制定和执行细胞实验室安全管理条例，如美国生物危害物质的详细信息可通过CDC网站（www.cdc.gov/od/biosfty/bmbl5/bmbl5toc.htm）中第五版微生物和生物医药的生物安全（BMBL）查询。

4 培训要求

本SOP培训内容包括：样品处理，鸡胚原代细胞的制备和细胞的传代培养，细胞接毒和病变观察，病变细胞的收获，了解直接FA染色法的原理，熟练掌握冷冻切片的制备和FA染色法，熟悉实验室常规操作技能和无菌技术，具备结果判定以及辨别特异性与非特异性FA染色法的能力。

5 审阅与修订

本SOP每年或定期审阅，如有程序调整要及时增补修订。

6 归档和分发

本SOP由实验室质量管理员归档并根据标准政策进行发放。本规程原始文件应由实验室的文件管理员存档保存，复印本发送给所有禽病诊断研究室的实验操作人员。

7 质量管理

鸡胚成纤维（CEF）细胞或鸡肝上皮瘤（LMH）细胞培养的PHV-Ⅰ病毒作为参考病毒。约70%的培养细胞出现细胞病变（CPE）时进行收获。PHV-Ⅰ感染的CPE细胞作为FA的阳性对照，阴性细胞作为阴性对照。

8 实验方法

8.1 材料与设备

- 生物安全柜。
- 乳胶手套。
- 生物废品安全袋。
- 锐利废品（针头、刀片、玻电等）生物安全容器。
- 组织匀浆机、组织匀浆机样品袋。
- 病毒稀释液（VTM）。
- 无菌移液吸管，1mL、2mL、5mL、10mL。
- 吸管移液器或洗耳球。

- 抗PHV-Ⅰ的FA试剂。
- FA稀释液。
- 洁净玻片（宽25mm×长75mm×厚1mm）、盖玻片。

8.2 CPE的制备

CEF单层细胞培养，接种样品后如观察到CPE细胞，且部分CPE细胞脱落悬浮于培养液中时，应按照以下步骤收获CPE细胞并进行病毒检测：

1）用2mL无菌吸管取1～1.5mL细胞液，装无菌离心管中。

2）800r/min、4℃离心8～10min。

3）吸取离心管中的上清液于原细胞培养瓶中，留存约0.1mL培养液，与离心沉淀细胞混合成细胞悬液。

4）滴加细胞悬液于玻片上，每个样品重复2～3个玻片，每个玻片分1～2个区域，每个区域滴1/2滴。

5）水平摆放CPE细胞玻片，自然风干。

6）然后将玻片置于−20℃预冷的丙酮内固定10min，取出玻片于室温下风干，准备FA染色。

7）**注意事项：**上述1～5步骤要求无菌操作，需在生物安全柜中进行试验操作。

8.3 FA染色程序

1）用玻璃油铅笔在玻片上将病变细胞圈出（勿刮掉CPE细胞）。

2）滴加PHV-Ⅰ酶联荧光抗体（1∶100稀释）于CPE细胞玻片上，水平摆放玻片于FA染色用湿盒内，置37℃温箱孵育30～40min。

3）玻片冲洗：用PBS（8.0g NaCl，0.2g KCl，1.15g Na_2HPO_4，0.2g KH_2PO_4，1 000mL dH_2O）从玻片一边轻轻冲去FA试剂（勿冲掉病变细胞），将玻片置于玻片架上，放到盛有PBS的玻片染缸中（容器底部有磁力搅拌子），低速搅拌8～10min，然后取出玻片于吸水纸上风干。

4）滴加FA玻片缓冲液（50%PBS缓冲液，50%甘油，pH8.4），加上盖玻片。

5）镜检FA染色结果，若在染色后1～2h内观察结果，玻片可暂时于室温存放，否则应将玻片放置于冰箱中。所有FA染色玻片均应该在24h内观察判定结果。

8.4 结果判定

用荧光显微镜检测FA染色结果，CPE细胞呈苹果绿色者，判定为FA染色阳性。无苹果绿色为FA阴性。

参考文献

Lu H G, 2003. New procedures of early detection of avian viruses in cell cultures by fluorescent antibody test and immunoproxidase staining[C]/The 46th Annual AAVLD Meeting, San Diego, California: October 9-16.

Lu H G, Tang T, Dune P A, et al, 2015. Isolation and molecular characterization of newly emerging avian reovirus variants and novel strains in Pennsylvania, USA, 2011-2014[J]. Nature Scientific Reports |5:14727|DOI:10.1038/srep 14727.

第40章 火鸡病毒性肝炎病毒的分离与鉴定

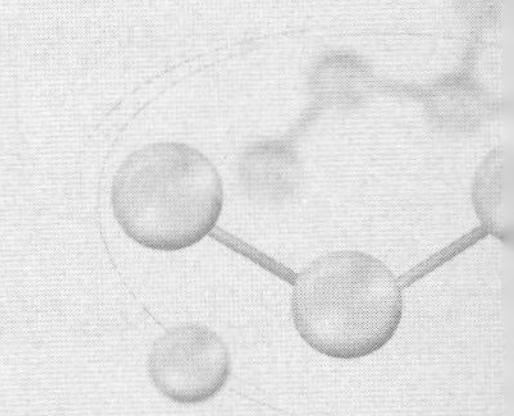

1 目的

分离和鉴定火鸡病毒性肝炎病毒（TurkeyViral HepatitisVirus,TVHV）中的小核糖核酸病毒。

2 适用范围

本SOP适用于禽病毒诊断或研究实验室从事禽病毒分离鉴定的技术人员。

3 安全须知

所有生物样本的处理均需在生物安全柜中进行。在病毒学实验室处理生物样品时，必须全程穿好实验服，戴乳胶手套。关于实验室安全规程请参考本书第3章。

有关化学物质、生物危害物品及储备材料的安全处理应参照生物实验室的国家标准或国际标准，严格制定和执行细胞实验室安全管理条例，如美国生物危害物质的详细信息可通过CDC网站（www.cdc.gov/od/biosfty/bmbl5/bmbl5toc.htm）中第五版微生物和生物医药的生物安全（BMBL）查询。

4 培训要求

本SOP培训内容包括：熟练掌握孵化前的鸡种蛋质量检查方法、孵化中的正常鸡胚发育状态观察、接种后死亡鸡胚的判定方法和检查程序。掌握鸡胚的接种与收获，鸡胚细胞的培养，血凝（HA）和血凝抑制（HI）试验效价滴度的判定及其稀释倍数的计算，电镜实验样品处理，细胞病变（CPE）的识别，熟悉实验室常规操作技能和无菌技术。

5 审阅与修订

本SOP每年或定期审阅，如有程序调整要及时增补修订。

6 归档与分发

本SOP由实验室质量管理员归档并根据标准政策进行发放。本规程原始文件应由实验室的文件管理员存档保存，复印本发送给所有禽病诊断研究室的实验操作人员。

7 质量管理

在病毒分离和鉴定过程中进行质量管理评估。每次接种鸡胚时，用VTM接种2～3个鸡胚作为阴性对照。当用细胞做病毒分离培养时同样需要设1个阴性细胞瓶（T-25cm^2）或孔（使用细胞板时）作为阴性对照。用灭活禽流感病毒（AIV）或新城疫病毒（NDV）和正常的尿囊液（CAF）作为HA和HI试验的阳性对照和阴性对照样品。

TVHV分离试验用鸡胚以无特定病原（SPF）火鸡胚为最好，SPF鸡胚也可以应用。

8 实验方法

8.1 材料与设备

- 生物安全柜。
- 组织匀浆机、组织匀浆机样品袋。
- 样品处理超声波仪。
- 鸡胚孵化器。
- 照蛋器。
- 各型号微量移液枪及相应型号无菌枪头。
- 超低温冰柜（−80～−70℃）。
- 低温离心机（转子适于15mL、45mL离心管）。
- 无菌镊子和剪刀。
- 无菌离心管，15mL、45mL。
- 细胞/病毒冻存管，1.5～2.0mL。
- 无菌试管，12mm×75mm。
- 无菌移液吸管，1mL、5mL、10mL。
- 吸管移液器或洗耳球。

- 过滤器，0.22μm、0.45μm、0.80μm。
- 注射器，1mL、5mL。
- 针头，27G × 1/2″（外径0.4mm × 长15mm）、25G × 5/8″（外径0.5mm × 长15mm）、20G × 1½″（外径0.9mm × 长40mm）。
- 玻璃/聚乙烯平皿，直径100mm × 厚15mm。
- 5 ~ 7d SPF鸡胚，每个样本接种5个鸡胚。
- 6 ~ 8d火鸡胚（ETE），每个样品接种3 ~ 6个胚。
- 病毒稀释液（VTM）。
- 蛋壳打孔锥。
- 胶水或蜡烛（封蛋壳孔）。
- 70%乙醇。
- 组织研磨乳钵。
- 无菌砂粒（二氧化硅）。
- 锐利废品（废弃针头、玻片、刀片等）生物安全容器。
- 生物废品安全袋。
- 乳胶手套。

8.2 TVHV的形态学和生物学特征

TVHV是无囊膜的单链小RNA病毒，直径大小介于24 ~ 30nm之间。病毒粒子具有二十面体的对称性，负染电镜观察时常见其聚集体。

8.3 动物组织样品选择

TVHV检测样品为肝脏、胰腺和肠及肠腔内容物。

8.4 组织样品处理

1）组织样品按1∶5（*W/V*）与VTM稀释，用乳钵研磨，或在研磨袋中加入VTM，用组织匀浆机高速研磨1 ~ 3min。之后将上清液转移到15mL离心管中，做如下标记：

- 样品编号。
- 疑似待检病毒：如TVHV、PHV、ARV。
- 组织样品：如气管、肺、肝、肾、脾、体液等。
- 接种细胞系（如CEK、LMH）或鸡胚。
- 处理时间：年/月/日。

2）如果是棉签拭子样品，则将拭子置于涡旋管中，加入PBS或VTM等病毒缓冲液，通常1 ~ 2个拭子2 ~ 3mL，或3 ~ 5个拭子5mL。拭子管涡旋震荡后取出棉签。

3）样品离心，168～377g（1 000～1 500r/min,离心机转子半径15cm），4℃离心10min。离心后上清液用0.45μm过滤器过滤。样品过滤后可于4℃冰箱保存（如24～48h内接种），或于超低温冰柜冻存。

8.5 TVHV分离程序

1）样品经卵黄囊（YS）途径接种5～7d的鸡胚，每份样品接种5枚，每枚0.2mL（见鸡胚接种规程）；也可以使用6～8d火鸡胚接种。

2）阴性对照接种3～5枚鸡胚或火鸡胚，每枚接种0.2mL的VTM。

3）将接种的鸡胚或火鸡胚置于37℃，相对湿度80%～90%的培养箱中孵育。

4）每天照胚，连续观察10d。记录鸡胚死亡情况，死胚置于4℃冰箱保存。10d后，将剩余活胚置于4℃冰箱过夜（防止鸡胚溶血）。

5）收获鸡胚。打开蛋壳并记录病变，如胚胎出血、发育不良或尿囊膜增厚。在上述情况下，分别保存卵黄囊膜（YSM）和胚胎肝脏。活的和死的鸡胚或火鸡胚卵黄囊膜可以收集在一起，加入少量的VTM作为一个样品，接种传代胚；剩余样品储存在超低温冰柜中用于病毒特性研究。

6）接毒10d后，所有接种鸡胚终止孵化，若鸡胚无死亡且胚体无病变，则不需收获鸡胚样品，也不需要进一步传代。死亡的鸡胚需要进一步研究，可收获YSM用于传代。

8.6 鸡胚卵黄囊膜样品处理和传代

1）为处理YSM样品用于鸡胚传代接种，每份样品需要一套无菌的研钵、研杵和砂粒。

2）用研钵和研杵研磨每份混合YSM样品，再加入少量的砂粒和VTM，直至其呈细粉状质地。

3）将匀浆倒入15mL离心管中，168～377g（1 000～1 500r/min,离心机转子半径15cm）离心15min。

4）取上清液，按照1:5比例用VTM稀释并涡旋混匀，168～377g离心15min。

5）接种之前过滤上清液。为了便于过滤，首先将上清液超声处理30s以破碎病毒聚集体，然后用0.8μm过滤器过滤，再用0.45μm过滤器过滤，最后通过0.22μm过滤器（仅允许小核糖核酸病毒通过）过滤。

6）如上重复鸡胚接种。将病毒收获物标记为第2代。

7）收获前冷藏鸡胚。记录死亡和胚胎病变。如果接种的二代鸡胚没有死亡和病变，则终止鸡胚传代接种，该样品判为病毒分离阴性。

8）如果鸡胚出现死亡或病变，则将收获YSM分别保存。

9）使用电子显微镜（EM）做病毒鉴定，对YSM收获物进行病毒形态学鉴定。

注意事项：电子显微镜检测之前，勿冷冻YSM收获物。

8.7 TVHV的其他检测方法

1）电子显微镜实验可采用4%磷钨酸负染法直接对肠内容物、全肠或粪便匀浆样品进行检测。

2）用收获的YSM组织匀浆接种CEK细胞或其他敏感细胞进行传代，观察CPE细胞和电镜检测。

9 结果判定

1）TVHV感染鸡胚可能出现出血和发育迟缓。收获非细菌污染或非接种损伤（非24h内死亡）引起的病变死亡鸡胚的YSM样品，用于病毒传代。

2）小RNA病毒主要在YSM细胞中增殖。小RNA病毒能感染胚体的肝脏，但眼观难以判定肝脏病变。因此，应对胚胎的肝脏和胰脏进行组织病理学镜检。如果鸡胚有细菌感染或发生坏死，肝脏则不宜做病理学检查。

3）收获首次接种的鸡胚尿囊液（CAF），用于Ⅰ、Ⅱ、Ⅲ型副黏病毒的HA测试。

4）如果通过电子显微镜观察到YSM或肝脏中有病毒粒子，则样品鉴定为TVHV小RNA病毒阳性。

参考文献

Cottral G E, 1978. Manual of Standardized Methods for Veterinary Microbiology[M]. Ithaca, New York: Cornell University Press.

Klein P N, Patricia N, et al, 1991. Experimental Transmission of Turkey Viral Hepatitis to Day-Old Poults and Identification of Associated Viral Particles Resembling Picornaviruses[J]. Avian Dis (35):115-125.

Swayne D E, Boulianne M, Logue C M, et al, 2020. Diseases of Poultry[M]. 14th Edition. Hoboken, NJ: John Wiley & Sons, Inc.

Williams S M, Dufour-Zavala, Jackwood M W, et al, 2016. A Laboratory Manual for the Isolation, Identification and Characterization of Avian Pathogens[M]. 6th Edition. Jacksonville, Florida: American Association of Avian Pathogens.

第41章 禽衣原体的分离与鉴定

1 目的

从临床样品中分离和鉴定禽衣原体（Avian Chlamydia，ACMD）。

2 适用范围

本SOP适用于禽病毒诊断或研究实验室从事禽病毒分离鉴定的技术人员。

3 安全须知

所有与生物样品相关的实验操作必须在生物安全柜中进行。在病理实验室处理生物样品时，必须穿好实验室工作服，戴好乳胶手套。如工作期间需暂停工作接听电话、使用电脑、开门等，须摘下手套以避免生物样品污染公共设施。所有实验室用品（如培养皿、手套、离心管等）接触生物样品或试剂后均应放置于生物安全柜附近的生物安全袋中。当袋子装满时，用胶带封口并高压处理。更换新的生物安全袋时，一定要使用双层袋。

当处理可能含有衣原体的组织时，要佩戴面罩。处理哺乳动物组织的有关人员要接种狂犬病疫苗，且抗体滴度要达到有效保护效价滴度。

有关化学物质、生物危害物品及储备材料的安全处理应参照生物实验室的国家标准或国际标准，严格制定和执行细胞实验室安全管理条例，如美国生物危害物质的详细信息可通过CDC网站（www.cdc.gov/od/biosfty/bmbl5/bmbl5toc.htm）中第五版微生物和生物医药的生物安全（BMBL）查询。

4 培训要求

本SOP训内容包括：熟练掌握孵化前的鸡种蛋质量检查方法、孵化中的正常鸡胚发育状态观察、接种后死亡鸡胚的判定方法和检查程序。掌握鸡胚的接种与收获，血凝（HA）和血凝抑制（HI）试验操作和效价滴度判定及其稀释倍数的计算，琼脂凝胶免疫扩散（AGID）试验、直接和间接免疫荧光抗体（FA/IFA）染色，熟悉实验室常规操作技能和无菌技术，具备识别细胞病变（CPE）的能力。

5 审阅与修订

本SOP每年或定期审阅，如有程序调整要及时增补修订。

6 存档和分发

本SOP由实验室质量管理员归档并根据标准政策进行发放。本规程原始文件应由实验室的文件管理员存档保存，复印本发送给所有禽病诊断研究室的实验操作人员。

7 质量管理

在ACMD分离和鉴定过程中需进行质量管理。每次接种鸡胚时，应当用病毒稀释液（VTM）接种2～3个鸡胚作为阴性对照。对于HA和HI试验，应使用禽流感病毒（AIV）和/或新城疫病毒（NDV）的标准毒株和正常的尿囊液（CAF）作为阳性和阴性对照。需用无特定病原（SPF）的鸡胚进行衣原体分离。

应用细胞培养分离鉴定ACMD时，可以使用ACMD感染的鸡胚尿囊液（CAF）或绒毛尿囊膜（CAM）作为接种用标准毒株或阳性对照，接种VTM或阴性尿囊液作为阴性对照。

8 实验方法

8.1 材料与设备

- 生物安全柜。
- 组织匀浆机、组织匀浆机样品袋。
- 吸管移液器。
- 无菌移液吸管，5mL、10mL、15mL。
- 各型号微量移液枪及相应型号无菌枪头。
- 组织包埋剂（O.C.T.，胶状，冷冻成固体）。

- 组织包埋盒（长25mm×宽20mm×深15mm）。
- 倒置显微镜。
- 无菌镊子和剪刀。
- 低温离心机（转子适于15mL、45mL离心管）。
- 无菌离心管，15mL、45mL。
- 衣原体稀释/保存液（CTM），CTM配方见第45章。
- 培养24～48h的长满75%～90%单层细胞（玻片槽细胞培养，或内放盖玻片的玻璃平皿）。
- 洁净无菌盖玻片、玻璃平皿。
- 鼠肌纤维细胞（McCoyB，ATCC，CRL-1696）。
- 乳胶手套、口罩。
- 生物废品安全袋。
- 锐利废品（针头、刀片、玻片等）生物安全容器。
- 天平。
- 抗ACMD的免病荧光抗体（FA）试剂，FA稀释液。

8.2 ACMD的形态学和生物学特性

1）ACMD分裂期分三个阶段：
- 阶段（a）：具有高密度和直径为0.3～0.35μm（感染性细胞游离形式）的初级体（EB）。
- 阶段（b）：体积大，直径为0.5～1.3μm（包含在细胞质中、无感染性）的网状体（RB）。
- 阶段（c）：在RB中心的黑色中心核（非感染形式）的中间体。

2）ACMD是细胞内寄生，在细胞系中进行二分裂增殖。

3）用于ACMD分离的细胞系亚型对其敏感性存在较大差异。

4）ACMD对人有感染性，因此在处理ACMD疑似临床病例时必须采取适当的防护措施。

8.3 疑似ACMD感染样品的处理

1）因机体死后自溶作用极易灭活很多病毒，故应在感染的早期阶段或死后迅速收集样品。

2）应将组织和拭子置于CTM（不含抗生素的VTM）中。

3）样品应放在密封的容器或袋子中以防泄漏，放入带有冰袋的泡沫运输容器中。

4）应避免冻结样品，以防改变组织的超微结构或降低ACMD的感染性。

5）样品容器应使用防水笔清晰标记以下信息：动物的种类及编号、采集日期和样品类型（如肾脏、脾脏等组织）。

6）完整记录，要求的检测项目和其他相关信息应与样品一起运送。

7）尽快将样品运送到实验室。

8.4 首选动物组织样品

1）肺、肝、脾、气室或粪便/肠组织。

2）**注意事项：**在运送前或运送期间不要冷冻样品标本，以防破坏ACMD的感染性。

8.5 组织样品处理

1）在研磨袋中加入CTM，其中组织∶CTM为1∶10（*W/V*）。

2）用组织匀浆机高速研磨1～3min处理组织混合液。

3）将上清液转移到15mL离心管中，做如下标记：

- 样品编号。
- 疑似待检病毒：如鸡ACDM、PHV、ARV。
- 组织样品：如气管、肺、肝、肾、脾、体液等。
- 接种细胞系或鸡胚：如鼠肌纤维细胞（McCoyB），鸡胚卵黄囊（YS）途径接种。
- 处理日期：年/月/日。

4）如果是拭子样品，将拭子置于涡旋管中，加入3mL CTM，涡旋混匀后除去棉签。

5）样品离心：168～377*g*（1 000～1 500r/min，离心机转子半径15cm），4℃离心样品10min，然后储存在冰箱中直至接种。

6）**注意事项：**切勿过滤样品，因为滤器会去除聚集的病原体。勿冻结样品，因为无冷冻保存剂会降低ACMD的感染性。

9 ACMD检测

9.1 组织涂片或触片的免疫荧光抗体（FA）检测

1）涂片或触片制备：采集疑似感染禽的肝脏、气室和脾脏组织，于切面做触片或涂片，每份样品至少做2～3张玻片，组织玻片于室温下风干后，在−20℃冷甲醇中固定15min。从甲醇中取出风干。

2）FA染色检测（参见FA程序）。

3）对于阳性结果，EB的数量应大于25，在感染细胞的细胞质中应该见到特异性荧光包涵体（RB）。

4）涂片的自发荧光为黄褐色，表示不存在ACMD。

9.2 细胞培养分离ACMD

1）鼠肌纤维细胞（McCoyB）是ACMD的最敏感细胞，用铅笔标记经24h培养的McCoy细胞瓶或四孔槽式细胞培养板（玻片），标记如下内容：样品编号、样品类型、细胞类型和接种日期，每个样品使用一张玻片。

2）用CTM冲洗细胞，除去胎牛血清，弃去CTM。

3）每个四孔细胞培养板的第一个孔加入0.1mL的CTM作为阴性对照。其他三个孔中加入0.1mL样品。

4）将培养板置于37℃潮湿的CO_2培养箱中30min，使病原体吸附到细胞上。

5）吸附后，每个孔中加入0.7～1mL细胞维持液，并放回培养箱。

6）每天观察有无CPE，检测有无细胞毒性或细菌污染，连续培养观察5d。

7）如果有细菌污染或细胞毒性，用CTM稀释原样品，即1：（10～20）（*V/V*），并重新接种新的玻片。

注意事项：切勿过滤ACMD样品！

8）接种5d后，将所有玻片在－20℃冷甲醇中固定，使用ACMD特异性单克隆或多克隆FA进行染色（参见第18章）。

9）培养物可能没有明显的CPE，但是可以依据胞质中存在明亮的苹果绿色荧光而判断为ACMD阳性。此外，也会观察到星状明亮的苹果绿色圆球体附着在感染的细胞中或独立存在于细胞外。

9.3 连续细胞传代接种分离ACMD

1）样品在特定情况下（如在人体接触）应传代培养来进行ACMD分离。

2）冷甲醇固定前，保存接种的McCoy细胞玻片的上清液用于传代。

3）如上述接种衣原体玻片（标记为第二代）。

4）将样品离心接种到细胞上是ACMD增殖的常用方法，但该方法容易污染环境，进而容易感染处理样品的技术人员，不建议使用。

9.4 鸡胚接种分离ACMD

1）将制备的组织匀浆接种到5～7d鸡胚的卵黄囊中，0.2mL/枚，可以分离ACMD。

2）含有ACMD的样品通常在接种后3～4d出现鸡胚死亡。

3）将死胚中提取的卵黄囊膜（YSM）做冷冻切片，FA染色检测ACMD。

4）将卵黄囊膜玻片在－20℃冷甲醇中固定10min。

5）从甲醇中取出晾干。

6）对玻片进行FA染色检测（参见FA程序）。

7）CAF或YSM的收获物可用于鸡胚传代培养。

10 结果判定

1）ACMD诊断以细胞培养阳性或鸡胚分离阳性为标准。

2）临床组织样品涂片的直接FA检测仅供参考。

3）病变组织FA鉴定阳性可判定为ACMD阳性，从组织中分离到ACMD可判定为阳性；其他检测结果仅供参考，需要进一步检测进行确诊。

4）因为ACMD危害公共健康，所以ACMD确诊病例需要向公共卫生机构报告。

5）阳性ACMD分离株应送往有关部门用PCR或衣原体单克隆抗体进行血清分型。

参考文献

Barron A L, 1988. Microbiology of Chlamydia[M]. Boca Raton, Florida: CRC Press.

David E S, Glisson J R, Jackwood M W, et al, 1998. A Laboratory Manual for the Isolation and Identification of Avian Pathogens[M]. 4th Edition. Kennett Square, Pennsylvania: American Association of Avian Pathogens.

Stor J, 1971. Chlamydia and Chlamydia-induced Diseases[M]. Springfield, Illinois: Charles C Thomas Publisher.

Swayne D E, Boulianne M, Logue C M, et al, 2020. Diseases of Poultry[M]. 14th Edition. Hoboken, NJ: John Wiley & Sons, Inc.

Williams S M, Dufour-Zavala, Jackwood M W, et al, 2016. A Laboratory Manual for the Isolation, Identification and Characterization of Avian Pathogens[M]. 6th Edition. Jacksonville, Florida: American Association of Avian Pathogens.

第42章 禽脑脊髓炎病毒的分离与鉴定

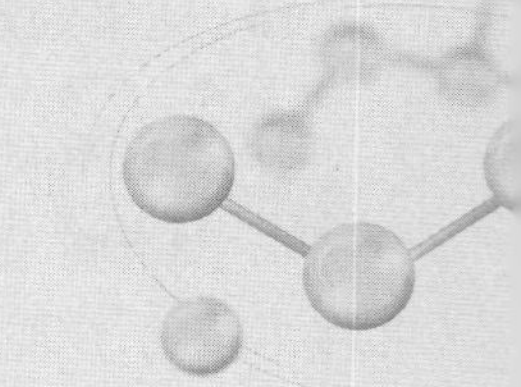

1 目的

本章阐述鹌鹑和火鸡的禽脑脊髓炎病毒（Avian Encephalomyelitis Virus，AEV）的分离和鉴定方法。AEV主要感染雏鸡、火鸡、野鸡和鹌鹑等。

2 适用范围

本SOP适用于禽病毒诊断或研究实验室从事禽病毒分离鉴定的技术人员。

3 安全须知

所有生物样本的处理均需在生物安全柜中进行。在病毒学实验室处理生物样品时，必须全程穿好实验服，戴乳胶手套。关于实验室安全规程请参考本书第3章。

有关化学物质、生物危害物品及储备材料的安全处理应参照生物实验室的国家标准或国际标准，严格制定和执行细胞实验室安全管理条例，如美国生物危害物质的详细信息可通过CDC网站（www.cdc.gov/od/biosfty/bmbl5/bmbl5toc.htm）中第五版微生物和生物医药的生物安全（BMBL）查询。

4 培训要求

本SOP培训内容包括：熟练掌握孵化前的鸡种蛋质量检查方法、孵化中的正常鸡胚发育状态观察、接种后死亡鸡胚的判定方法和检查程序。掌握鸡胚的接种与收获，血凝（HA）和血凝抑制（HI）试验效价滴度判定及其稀释倍数的计算，琼脂凝胶免疫扩散（AGID）试验、直接和间接免疫荧光抗体（FA/IFA）试验，熟练掌握实验室常规操作技能和无菌技术，具备识别细胞病变（CPE）的能力。

5 审阅与修订

本SOP每年或定期审阅，如有程序调整要及时增补修订。

6 存档与分发

本SOP由实验室质量管理员归档并根据标准政策进行发放。本规程原始文件应由实验室的文件管理员存档保存，复印本发送给所有禽病诊断研究室的实验操作人员。

7 质量管理

在病毒分离和鉴定过程中需进行质量管理。每次接种鸡胚时，应当用病毒稀释液（VTM）接种2～3个鸡胚作为阴性对照。对于HA和HI试验，应使用禽流感病毒（AIV）和/或新城疫病毒（NDV）的标准毒株和正常的尿囊液（CAF）作为阳性和阴性对照。

无特定病原（SPF）鸡胚是禽病毒分离的首选材料，如无SPF鸡胚，可用无AIV、NDV和无其他常见禽病毒病原体的鸡胚代替。

8 实验方法

8.1 材料与设备

- 生物安全柜。
- 超低温冰柜（−80～−70℃）。
- −20℃冰柜、4℃冰箱。
- 鸡胚孵化器。
- 照蛋器。
- HB 2号铅笔。
- 70%乙醇。
- 蛋壳打孔锥。
- 无菌镊子和剪刀。
- 注射器，1mL、5mL。
- 针头，27G×1/2″（外径0.4mm×长15mm）、25G×5/8″（外径0.5mm×长15mm）、20G×1½″（外径0.9mm×长40mm）。
- 玻璃/聚乙烯平皿，直径100mm×厚15mm。

- 无菌离心管，15mL、45mL。
- 无菌样品试管，5 ~ 10mL。
- 组织包埋剂（O.C.T.，胶状，冷冻成固体）。
- 组织包埋盒（长25mm × 宽20mm × 深15mm）。
- 乳胶手套。
- 锐利废品（废弃针头、玻片、刀片等）生物安全容器。
- 生物废品安全袋。
- 胶水、蜡烛（封蛋壳孔）。
- 透明胶带。
- SPF鸡胚。
- 组织匀浆机、组织匀浆机样品袋。
- 病毒稀释液（VTM）。
- 无菌移液吸管，1mL、5mL、10mL。
- 吸管移液器或洗耳球。
- 抗AEV的FA试剂，FA稀释液。

8.2 AEV的形态学和生物学特性

AEV属于小RNA病毒科。通过电子显微镜观察，其病毒颗粒直径20 ~ 30nm。

8.3 动物组织样品选择

禽脑组织是分离AEV的最佳组织。

8.4 组织样品处理

针对AEV的诊断试验，病例脑组织应进行以下处理：

1）使用FA染色的脑涂片和/或冷冻切片检测AEV：

a. 制作脑组织切片，使用切割面进行涂片，风干，然后用−20℃冷丙酮固定10min，风干后进行FA染色。

b. 将脑组织切块与包埋剂一起嵌入包埋盒，在−15℃以下冷冻，制作冷冻切片，进行FA染色。

2）脑匀浆用于AEV分离和/或PCR检测：

a. 在研磨袋中加入VTM，用组织匀浆机高速研磨1 ~ 3min，研碎脑组织，其中组织: VTM比例为1 : 5（*W/V*）。之后将脑组织液转移到15mL离心管中，做如下标记：

  - 样品编号：脑。
  - AEV疑似待检样品。

- 接种细胞系：LMH细胞、CEK细胞或鸡胚。
- 处理日期：年/月/日。

b. 脑组织液于4℃，168 ~ 377*g*（1 000 ~ 1 500r/min，离心机转子半径15cm）离心10min。

c. 取离心后上清液，用于鸡胚或细胞接种。

d. 如样品处理后于24 ~ 48h内接种，则样品可在冰箱内暂时保存；否则于−80℃冻存至接种。如果样品疑似被细菌污染，则应通过0.45μm过滤器过滤。

8.5 鸡胚卵黄囊（YS）接种分离AEV

1）通过鸡胚卵黄囊途径接种6 ~ 7d鸡胚，10 ~ 12枚/份样品，接种量0.2mL/枚（见鸡胚接种程序）。这是AEV分离最敏感的途径。

2）接种后第6 ~ 7d后，取出4 ~ 5个接种的鸡胚，在4℃冰箱中冷藏至少4h或过夜，然后收获尿囊液、卵黄囊膜和胚胎脑组织。

3）处理YSM和胚胎脑组织的一半，进行冷冻切片和FA染色（参见以下AEV鉴定测试的FA测试）。

4）**注意事项：**切记保存另一半YSM和胚胎脑组织（加少许VTM）作为疑似AEV，用于后续鸡胚的传代或AEV分离毒株（若为病毒阳性）。

5）鸡胚尿囊液样品用于HA试验检测，以确定无AIV或NDV。后续的鸡胚传代接种鸡胚也需收集尿囊液进行HA检测。

6）将其余接种的鸡胚继续孵化出雏鸡，用于观察孵出雏鸡是否表现AEV感染的神经症状。

8.6 鸡肝上皮瘤（LMH）细胞培养分离AEV

1）准备LMH细胞培养的T-12.5cm^{2}或T-25cm^{2}细胞瓶，24 ~ 48h瓶内长满单层LMH。

2）标记每个细胞瓶的样品编号、样本类型和接种日期，每个样本接种一个细胞瓶。另设一个阴性对照瓶。

注意事项：单层细胞密度达到75% ~ 90%时最宜接毒。

3）弃去LMH细胞瓶中的生长液，用约1.0mL VTM冲洗细胞层以除去细胞液中的胎牛血清。弃去VTM。

4）每个样品上清液接种0.3mL（T-12.5cm^{2}细胞瓶）或0.5mL（T-25cm^{2}细胞瓶）。阴性对照瓶接种等量的VTM。

5）接种后，将细胞瓶置于37℃培养箱中，吸附30min，每隔5min轻轻晃动一次，确保接种物覆盖单层细胞。每个细胞培养瓶补加2.5mL（T-12.5cm^{2}细胞瓶）或4.5mL（T-25cm^{2}细胞瓶）LMH维持培养液。适当拧紧细胞瓶盖，于37℃、

5%CO_2温箱中培养。

6）每代接种后细胞培养持续5～6d为宜，每天观察、记录细胞病变（CPE）。

7）**注意事项：**原始病料的某些病毒对于初次细胞传代可能会因敏感性不够而不引起细胞病变。因此，应用细胞培养分离病毒，通常需要2～3代的传代培养才能判定结果。另外，临床样品可首先接种鸡胚，然后收获鸡胚样品再接种细胞。

9 AEV分离鉴定方法

9.1 细胞培养的CPE检测

1）如果样品接种的LMH经培养后产生CPE，可以收获少许CPE细胞用于检测病毒。从细胞培养瓶中取出约1mL含有CPE的细胞培养液样品，以1 000r/min或168*g*（直径为15cm的离心机）离心10min，上清液可返回细胞培养瓶继续培养细胞。

2）重悬离心沉淀的细胞，滴加细胞悬液于洁净玻片，风干固定，滴加荧光标记的AEV抗血清进行FA染色，荧光显微镜观察FA染色结果，AEV感染的CPE细胞呈现苹果绿色。

3）当细胞单层感染75%～100%时终止培养，冻融2～3次后收获。将密封好的细胞培养瓶置于超低温冰柜中，直到液体被冻结。从冰柜中取出解冻、融化。再放回冰柜冻结。重复此过程2～3次即可。

注意事项：不要让解冻的细胞培养瓶长时间置于室温下。

4）收获细胞悬液移至15mL离心管（约10mL）和1.8～2.0mL冻存管（种毒储存），并标记好样品编号、组织类型、代次、细胞类型和冻存日期。将冻存管置－80℃冰柜中保存，直到获得电镜观察结果。

5）电镜（EM）鉴定，将含有7～10mL细胞培养物的离心管送至电镜实验室进行病毒检测和病毒形态学鉴定。如果样品的电镜鉴定为AEV阳性，则可将其标记并放置在相同来源的禽类病毒库中。如果电镜结果为阴性，则需要对CPE阳性细胞培养物进行进一步的鉴定。

6）FA染色鉴定，如果AEV样品或分离毒株接种LMH细胞培养后产生CPE，则收获CPE样品，应用AEV荧光抗体进行CPE细胞的FA染色，经荧光显微镜检测而确定是否为AEV感染。

9.2 AEV连续细胞传代

1）如果在LMH细胞培养的第一次传代后没有观察到CPE，需要按照上面的步骤反复冻融细胞瓶2～3次后，接种下代LMH细胞培养。

2）按照上述9.1的分离步骤接种于24～48h培养的单层LMH细胞。

3）9.1的2或3步骤中如果出现CPE，则收获CPE样品，进行FA染色鉴定。

4）如果细胞培养2～3个代次后没有CPE，则可以终止病毒分离试验，并报告病例为AEV阴性。

9.3 AEV的FA染色鉴定

1）AEV的FA试验步骤（详见第43章，AEV的FA染色SOP）。

2）AEV的试验标本包括鸟脑组织、鸡胚绒毛尿囊膜（CAM）、胚胎脑和CPE细胞。

3）CAM可以使用PBS清洗，然后把CAM放在吸水纸上吸除多余液体。

4）将CAM与组织包埋剂（Tissue-Tek O.C.T.）按1:1（*V/V*）混匀，然后将其放入组织包埋盒（Tissue-Tek），置－20℃或－80℃冰柜冷冻。

5）使用O.C.T.将病鸡脑组织和胚胎脑组织包埋，置－20℃或－80℃冰柜冷冻。

6）冷冻切片：从冰柜中取出O.C.T.包埋冻存的组织样品，按4μm厚度进行冷冻切片，切下的薄片贴附于洁净玻片上，每份样品制备至少2套组织玻片，供免疫荧光抗体染色和保留（重复免疫荧光抗体染色）。

7）组织玻片在室温下风干后，将玻片浸入－20℃的冷丙酮液中固定10min。然后移出玻片，室温下风干或晾干。

8）用玻璃油笔在玻片上圈出组织轮廓（注意不要损坏组织切片）。

9）滴加抗AEV的免疫荧光抗体，使之覆盖圈内组织切片为宜。水平摆放免疫荧光抗体玻片于密闭的湿盒内，置于37℃温箱中孵育40min。

10）免疫荧光抗体玻片冲洗：使用PBS缓冲液（8.0g NaCl，0.2g KCl，1.15g Na_2HPO_4，0.2g KH_2PO_4，1 000mL dH_2O）轻柔冲洗免疫荧光抗体染色玻片3次，或浸泡免疫荧光抗体玻片于玻片冲洗器皿中10min，然后取出玻片在室温下晾干。

11）滴加免疫荧光抗体玻片缓冲液（50%PBS，50%甘油，pH8.4），加盖玻片后在荧光显微镜下镜检。

12）免疫荧光抗体染色玻片需摆放在玻片夹内避光、冰箱中冷藏，应于24h内镜检并判定结果为宜。

13）免疫荧光抗体染色阳性：感染AEV抗原的细胞（CAM、脑细胞、CPE细胞）着染绿苹果色。无着色则为免疫荧光抗体染色阴性。

9.4 电子显微镜检测

收获CPE细胞培养液（最少7～10mL），样品按电子显微镜检测程序处理，通过电子显微镜检测病毒形态而鉴定AEV或其他病毒颗粒。

9.5 反转录聚合酶链式反应（RT-PCR）检测AEV

感染AEV临床病例的禽脑组织、AEV样品接种感染鸡胚脑组织、细胞培养的病变细胞，均可通过RT-PCR进行AEV的检测与鉴定。

参考文献

Calnek B W, Bernes H J, Bead C W, et al,1991. Diseases of Poultry[M]. 9th Edition. Ames, Iowa: Iowa State University Press.

David E S, Glisson J R, Jackwood M W, et al, 1998. A Laboratory Manual for the Isolation and Identification of Avian Pathogens[M]. 4th Edition. Kennett Square, Pennsylvania: American Association of Avian Pathogens.

Williams S M, Dufour-Zavala, Jackwood M W, et al, 2016. A Laboratory Manual for the Isolation, Identification and Characterization of Avian Pathogens[M]. 6th Edition. Jacksonville, Florida: American Association of Avian Pathogens.

第43章 免疫荧光抗体染色法检测禽脑脊髓炎病毒

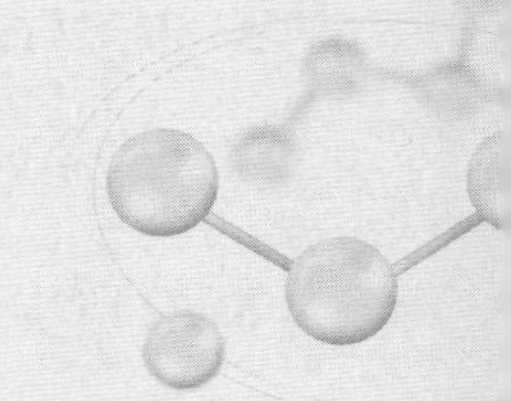

1 目的

禽脑脊髓炎病毒（Avian Encephalomyelitis Virus，AEV）主要感染雏鸡、野鸡、鹌鹑、火鸡。本SOP阐述从家禽脑组织、鸡胚卵黄囊、鸡胚脑组织以及病变细胞中分离鉴定AEV的实验方法和操作规程。

2 适用范围

本SOP适用于所有从事禽病毒分离鉴定的技术人员。

3 安全须知

任何与生物样品相关的工作必须在生物安全柜中进行。在病毒学实验室工作的人员需穿好实验服、戴好乳胶手套。关于实验室安全规程请参考本书第3章。

有关化学物质、生物危害物品及储备材料的安全处理应参照生物实验室的国家标准或国际标准，严格制定和执行细胞实验室安全管理条例，如美国生物危害物质的详细信息可通过CDC网站（www.cdc.gov/od/biosfty/bmbl5/bmbl5toc.htm）中第五版微生物和生物医药的生物安全（BMBL）查询。

4 培训要求

本SOP的培训内容包括：鸡胚的接种与收获，绒毛尿囊膜（YSM）和其他生物组织冷冻切片的免疫荧光检测，理解并掌握免疫荧光试验技术，熟悉实验室基本操作技能和无菌技术，具备结果判定以及辨别非特异性染色的能力。

5 审阅与修订

本SOP每年或定期审阅，如有程序调整要及时增补修订。

6 存档与分发

本SOP由实验室质量管理员归档并根据标准政策进行发放。本规程原始文件应由实验室的文件管理员存档保存，复印本发送给所有禽病诊断研究室的实验操作人员。

7 质量管理

标准毒株或AEV分离株可以通过鸡胚卵黄囊（YS）接种，在接种5～7d后收获卵黄囊膜（YSM）和尿囊液（CAF），用于免疫荧光抗体（FA）阳性对照。未接毒的鸡胚YSM作为阴性对照。

8 实验方法

8.1 材料与设备

- 生物安全柜。
- 组织匀浆机、组织匀浆机样品袋。
- CO_2培养箱。
- 移液器。
- 超低温冰柜（−80～−70℃）。
- 倒置显微镜。
- 低温离心机（转子适于15mL、45mL离心管）。
- 无菌镊子和剪刀。
- 无菌样品试管，5～10mL。
- 无菌离心管，15mL、45mL。
- 细胞/病毒冻存管，1.5～2.0mL。
- 无菌样品管，12mm×75mm。
- 无菌移液吸管，1mL、5mL、10mL。
- 吸管移液器。
- 过滤器，0.22μm、0.45μm。
- 注射器，1mL、5mL。

- SPF鸡胚。
- 抗AEV的FA试剂，FA稀释液。
- 组织包埋剂（O.C.T.，胶状，冷冻成固体）。
- 组织包埋盒（长25mm × 宽20mm × 深15mm）。
- T-25cm^{2}或T-75cm^{2}的细胞瓶。
- 鸡胚成纤维（CEF）细胞或鸡肝上皮瘤（LMH）细胞。
- 细胞培养生长液、维持液、基础培养基母液（MEM）、胎牛血清（FBS）。
- 400mmol/L谷氨酰胺。
- 200μg/mL庆大霉素。
- 病毒稀释液（VTM）。
- 70%乙醇。
- 乳胶手套。
- 锐利废品（废弃针头玻片、刀片等）生物安全容器。
- 生物废品安全袋。

8.2 动物组织样品选择

用AEV标准毒株和/或分离毒株（来源于病鸡脑组织）接种鸡胚后收获的YSM、鸡胚脑组织，AEV感染的鸡脑组织。

8.3 FA染色方法步骤

1）FA可用于检测AEV感染的禽脑组织、卵黄囊膜、鸡胚脑组织，以及样品接种细胞培养后的CPE细胞。

2）AEV经卵黄囊接种鸡胚，收获卵黄囊膜制作冷冻切片是FA染色检测AEV的有效方法。收获卵黄囊膜时可用PBS冲洗，然后用镊子将卵黄囊膜放在纸巾上吸除表面液体。

3）卵黄囊膜样品的处理：将卵黄囊膜样品与组织包埋剂1:1混合，放入组织包埋盒中，置−20℃或−80℃冰柜中冷冻。待冷冻切片。

4）脑组织样品的处理：将禽脑组织或鸡胚脑组织切开、切块，取脑块放入组织包埋盒中，再加组织包埋剂包埋脑块组织，置−20℃或−80℃冰柜中冷冻。待冷冻切片。另外，可直接制作脑组织涂片或触片。

5）冷冻切片准备：取出完全冷冻的卵黄囊膜冻块和脑组织冻块，用组织包埋剂黏合冻块于特制金属托平面（切片机专用，切片时安装至刀片架对应位置），置−20℃或−80℃冰柜中冷冻。

6）冷冻切片：切片厚度设定4μm为宜。将切下的薄片用小毛笔拾起后敷贴于玻片上。每份样品应制作多个组织玻片，以便重复FA染色和保存备用。

注意事项： 冷冻切片和切片机操作需经过专门培训。

7）CPE细胞涂片：收获适量细胞培养皿或培养瓶中的CPE细胞液，1 000r/min离心10min。上清液返回细胞瓶，留存0.1～0.2mL悬浮沉淀的CPE细胞，滴加细胞悬液于玻片，完成CPE细胞涂片。

8）盖玻片细胞：将无菌盖玻片摆放于玻璃平皿内，制备玻璃平皿细胞培养。接种病毒后细胞感染，当观察到CPE细胞达50%时，即可取出盖玻片，放置于洁净玻片上，即为“盖玻片细胞玻片”。

9）丙酮固定：上述6、7、8步骤制备的冷冻切片和细胞玻片，于室温下风干后，放入−20℃冷丙酮中固定10min，取出晾干。

10）用FA玻璃油笔圈出组织/涂抹细胞轮廓（注意不要损坏组织部分）。

11）滴加抗AEV的FA荧光抗体，使之覆盖圈内组织切片或细胞涂片为宜。水平摆放FA玻片于密闭的湿盒内，置于37℃温箱中孵育40min。

12）FA玻片冲洗：使用PBS缓冲液（8.0g NaCl，0.2g KCl，1.15g Na_2HPO_4，0.2g KH_2PO_4，1 000mL dH_2O）轻柔冲洗FA染色玻片3次，或浸泡FA玻片于玻片冲洗器皿中10min，取出玻片，室温下风干。

13）滴加FA玻片缓冲液（50%PBS，50%甘油，pH8.4），加盖玻片后镜检。

14）FA染色玻片需摆放在玻片夹内避光冷藏，应于24h内镜检、判定结果为宜。

15）FA染色阳性：感染AEV抗原的细胞（CAM、脑细胞、CPE细胞）着染绿苹果色。

8.4 结果判定

卵黄囊膜、脑组织切片、CPE细胞等，如果FA镜检呈现苹果绿色荧光，则FA阳性，判定为AEV感染。

参考文献

Calnek B W, Bernes H J, Bead C W, et al, 1991. Diseases of Poultry[M]. 9th Edition. Ames, Iowa: Iowa State University Press.

David E S, Glisson J R, Jackwood M W, et al, 1998. A Laboratory Manual for the Isolation and Identification of Avian Pathogens[M]. 4th Edition. Kennett

Square, Pennsylvania: American Association of Avian Pathogens.
Williams S M, Dufour-Zavala, Jackwood M W, et al, 2016. A Laboratory Manual for the Isolation, Identification and Characterization of Avian Pathogens[M]. 6th Edition. Jacksonville, Florida: American Association of Avian Pathogens.

第44章 免疫荧光抗体染色法检测细胞培养中的病毒感染细胞病变

1 目的

将疑似病毒样品利用接种细胞进行培养是常用的病毒分离方法。样品接种单层细胞培养后，通过每日镜检观察细胞是否出现病毒感染所致的细胞病变（CPE），从而判断病毒分离情况。当单层细胞中出现CPE或者某些CPE细胞已游离于培养液中时，可以收获CPE细胞用于荧光免疫抗体（FA）染色，从而实现快速检测和鉴定病毒的目的。

2 适用范围

本SOP适用于所有从事禽病毒分离鉴定的技术人员。

3 安全须知

所有送检样品的制备和鸡胚接种需要在生物安全柜中进行操作。实验室工作人员都要穿好实验室工作服，在处理生物样品或与生物样品相关的所有工作时要戴好乳胶手套，且必须在生物安全柜内进行。如工作期间需暂停工作接听电话、使用电脑、开门等时，须摘下手套以避免生物样品污染公共设施。所有接触过病毒样品的实验器材（如培养皿、手套、离心管等）都必须使用双层生物安全袋包装密封。当生物安全袋装满以后，用胶带封口后，进行高压灭菌。将用过的移液管放到盛有消毒液的烧杯中，浸泡后的消毒液可弃于双层生物安全袋中。实验结束后，将所有试验材料从生物安全柜中取出，用70%乙醇擦拭消毒生物安全柜，打开紫外灯进行过夜消毒，注意第二天要及时关闭紫外灯。

有关化学物质、生物危害物品及储备材料的安全处理应参照生物实验室的国家标准或国际标准，严格制定和执行细胞实验室安全管理条例，如美国生物危害物质的详细信息可通过CDC网站（www.cdc.gov/od/biosfty/bmbl5/bmbl5toc.htm）中第五版微生物和生物医药的生物安全（BMBL）查询。

4 培训要求

本SOP的培训内容包括：细胞培养，镜检观察，病毒接种与收获，细胞玻片制作，免疫荧光抗体染色，了解并掌握免疫荧光抗体染色，熟悉实验室常规操作技能和无菌技术，具备结果判定以及辨别特异和非特异性FA染色的能力。

5 审阅与修订

本SOP每年或定期审阅，如有程序调整要及时增补修订。

6 存档与分发

本SOP由实验室质量管理员归档并根据标准政策进行发放。本规程原始文件应由实验室的文件管理员存档保存，复印本发送给所有禽病诊断研究室的实验操作人员。

7 质量管理

标准细胞病毒株或细胞分离毒株接种其易感染的细胞进行培养，收获接种后产生的CPE细胞制作CPE细胞玻片，用于FA染色的阳性对照。未接毒的相同细胞作为阴性对照。

8 FA染色CPE的实验方法

8.1 材料与设备

- 生物安全柜。
- 组织匀浆机、组织匀浆机样品袋。
- CO_2培养箱。
- 各型号微量移液枪和相应型号无菌枪头。
- 超低温冰柜（−80～−70℃）。
- 倒置显微镜。
- 低温离心机（转子适于15mL、45mL离心管）。

- 无菌离心管，15mL、45mL。
- 细胞/病毒冻存管，1.5mL、1.8mL、2mL。
- 无菌样品试管，12mm × 75mm。
- 无菌移液吸管，1mL、5mL、10mL。
- 过滤器，0.22μm、0.45μm。
- T-25cm^2或T-75cm^2细胞瓶。
- 鸡胚成纤维（CEF）细胞或鸡肝上皮瘤（LMH）细胞。
- 细胞培养生长液、维持液、基础培养基母液（MEM）、胎牛血清（FBS）。
- 400mmol/L谷氨酰胺。
- 200μg/mL庆大霉素。
- 病毒稀释液（VTM）。
- 抗AEV的FA试剂。
- 抗ARV的FA试剂。
- 抗PHV的FA试剂。
- 抗ILTV的FA试剂。
- FA稀释液。
- 70%乙醇。
- 乳胶手套。
- 锐利废品（废弃针头、玻片、刀片等）生物安全容器盒。
- 生物废品安全袋。

8.2 FA染色CPE细胞步骤

1）收获CPE细胞，用移液吸管吸取约1mL含有CPE细胞的培养液，放入无菌离心管中，800 ~ 1 000r/min，4℃离心8 ~ 10min。

2）准备CPE细胞悬液，离心后上清液放回原细胞培养瓶中；留存0.1 ~ 0.2mL细胞培养液在离心管里，与沉淀细胞混合成细胞悬液。

3）CPE细胞玻片：滴加细胞悬液于洁净玻片上，每份样品做2 ~ 3个细胞玻片，每个玻片可分两个区域，每个区域滴1/2滴细胞悬液，同时涂抹成适当大小的圆形区域。

注意事项：每张细胞玻片的两个区域里，可以是同一样品（如测试FA染液的两个稀释浓度）或是两个不同的样品（如同一FA染液测试同一病毒）。细胞玻片置于室温下晾干。

4）细胞玻片固定：将细胞玻片置于−20℃冷丙酮中固定10min。然后于室温下晾干，准备进行FA染色。

5）FA染色：用玻璃油笔画出玻片上细胞涂片的区域轮廓，滴加荧光标记的抗禽特异病毒抗体，如抗呼肠弧病毒FA（1∶100稀释）检测呼肠弧病毒；抗疱疹病毒FA（1∶60稀释）检测疱疹病毒。

6）FA染色反应：水平摆放FA染色玻片于湿盒内，置37℃温箱内孵育40min。

7）FA玻片冲洗：用PBS轻柔冲洗玻片2～3次，每次1～2min；或摆放FA玻片于洗玻片器皿中，加满PBS，在磁力搅拌器上慢速清洗8～10min。然后取出玻片，立放在吸水纸上吸除残留的PBS洗液。

8）滴加FA玻片缓冲液（50%PBS缓冲液，50%甘油，pH8.4），加盖玻片镜检。

注意事项：上述步骤需要无菌操作。

9）FA染色玻片需摆放在玻片夹内避光冷藏，应于24h内镜检、判定结果为宜。

8.3 FA染色结果判定

FA染色阳性：如镜检有病变的细胞呈现绿苹果色，则判定该样品为FA染色检测阳性。如病变细胞无荧光染色，则为该FA染色检测阴性。

第45章 禽病毒实验室常规试剂配制表、注射器针头规格表、离心转速（r/min）与离心力（g）转换表

表45-1 禽病毒实验室常规试剂总目录

序号	表号	试剂名称
1	45-1	禽病毒实验室常规试剂总目录
2	45-2	0.85%生理盐水配制（容量400mL）
3	45-3	0.5%鸡红细胞配制
4	45-4	磷酸盐缓冲液（PBS）的配制（容量1L）
5	45-5	磷酸盐缓冲液（PBS）的配制（容量12L）
6	45-6	R–生理盐水的配制（容量1L）
7	45-7	R–生理盐水的配制（容量12L）
8	45-8	病毒稀释液（VTM）的配制（容量500mL）
9	45-9	衣原体转运稀释液（CTM）的配制（容量500mL）
10	45-10	细胞培养液（含2%FBS）
11	45-11	细胞培养液（含10%FBS）
12	45-12	LMH细胞培养液（含10%FBS）
13	45-13	不含钙镁离子缓冲液（无Ca^{2+}和Mg^{2+}的Dulbecco's BSS）
14	45-14	FA染色盖玻片缓冲液
15	45-15	荧光标记IgG（二抗），IFA染色浓度（1∶500）
16	45-16	IBV组群单克隆抗体（M，S2），IFA染色浓度（1∶500）
17	45-17	IBV Mass、Conn、Ark单克隆抗体，IFA染色浓度（1∶500）
18	45-18	注射器针头规格的英制型号G（Gauge）与公制型号（mm）对照表
19	45-19	离心机转速（r/min）与离心机转子半径R（cm）相对应的离心力（RCF或g）换算/转换表

表45-2　0.85%生理盐水配制（容量400mL）

试剂成分	1．NaCl（分析纯）	3.4g
	2．去离子水	400mL
配制步骤	1．将NaCl完全溶解于去离子水中。	
	2．配制完成后，标记配制时间、容量、配制人员及有效期。	
	3．0.85%生理盐水室温放置，保存期应不超过1年为宜。	

表45-3　0.5%鸡红细胞配制

试剂成分	1．鸡翅静脉采血2～3mL（SPF鸡或无NDV/AIV健康鸡）。
	2．阿氏液5～7mL，放入15mL离心管，鸡新鲜血液与阿氏液混匀。
配制步骤	1．加生理盐水至离心管与红细胞混匀，900r/min离心10min。
	2．弃去上清液，加生理盐水混匀离心，再洗红细胞2次。
	3．清洗3次后弃掉上清液，用生理盐水配制10%的红细胞储存。
	4．0.5%红细胞配制：①0.5mL 10%红细胞；②9.5mL生理盐水。
	5．配制完成后，标记配制日期和配制人。
	6．0.5%红细胞放置在3～5℃冰箱，可保存至少1周。

表45-4　磷酸盐缓冲液（PBS）的配制（容量1L）

试剂成分	1．KCl	0.2g	2．KH_2PO_4	0.2g
	3．Na_2HPO_4	1.15g	4．NaCl	8.0g
	5．去离子水	1.0L		
配制步骤	1．将以上试剂加入到盛有500 mL去离子水的1 000mL容量瓶。			
	2．待全部试剂完全溶解后，加去离子水至1 000mL最终容量。			
	3．调节pH至7.0，标记pH、配制日期、容量和配制人。			
	4．PBS室温保存，试剂澄清即可使用。			

表45-5　磷酸盐缓冲液（PBS）的配制（容量12L）

试剂成分	1．KCl	2.4g	2．KH_2PO_4	2.4g
	3．Na_2HPO_4	13.8g	4．NaCl	96g
	5．去离子水	12L		
配制步骤	1．将以上试剂加入到6L去离子水中完全溶解。			
	2．定容至12L；调节pH至7.0。			
	3．配制完成后标记pH、配制日期、容量、配制人。			
	4．PBS室温保存，试剂澄清即可使用。			

表45-6　R-生理盐水的配制（容量1L）

试剂成分	1．$NaH_2PO_4·H_2O$	0.05g	2．KCl	0.2g
	3．$Na_3C_6H_5O_7·2H_2O$	1.0g	4．$NaHCO_3$	1.0g
	5．葡萄糖	1.0g	6．NaCl	8.0g
	7．无菌去离子水	1.0L		
配制步骤	1．将以上试剂加入到500mL去离子水中完全溶解。 2．定容至1 000mL。 3．调节pH至7.0。 4．配制完成后标记pH、配制日期、容量、配制人。 5．该试剂室温保存，试剂澄清即可使用。			

表45-7　R-生理盐水的配制（容量12L）

试剂成分	1．$NaH_2PO_4·H_2O$	0.6g	2．KCl	2.4g
	3．$Na_3C_6H_5O_7·2H_2O$	12.0g	4．$NaHCO_3$	12.0g
	5．葡萄糖	12.0g	6．NaCl	96.0g
	7．无菌去离子水	12.0L		
配制步骤	1．将以上试剂加入到6 L去离子水中完全溶解。 2．定容至12L。 3．调节pH至7.0。 4．配制完成后标记pH、配制日期、容量、配制人。 5．该试剂室温保存，试剂澄清即可使用。			

表45-8　病毒稀释液（VTM）的配制（容量500mL）

试剂成分	1．MEM	500mL	2．1mol/L Hepes缓冲液储存液	7.5mL
	3．庆大霉素（10mg/mL）	10mL	4．卡那霉素（10 000μL/mL）	2.5mL
	5．PSA（混合抗生素）	5 mL	6．马血清	5mL
配制步骤	1．试剂配制需在生物安全柜中进行。 2．将试剂加入到500mL的MEM瓶中，混匀。 3．配制完成后标记pH、配制日期、容量、配制人。 4．将VTM置于4℃冰箱中保存，保存期同MEM有效期。			

表45-9　衣原体转运稀释液（CTM）的配制（容量500mL）

试剂成分	1. MEM	500mL	2. FBS	50mL
	3. L-谷氨酰胺	5mL	4. 葡萄糖	6mL
配制步骤	1. 试剂配制需在生物安全柜中进行。 2. 将试剂加入到500mL的MEM瓶中，混匀。 3. 配制完成后标记pH、配制日期、配制人。 4. 将CTM置于4℃冰箱中保存，保存期同MEM有效期。			

表45-10　细胞培养液（含2%FBS）

试剂成分	1. MEM	475mL	2. 胎牛血清	10mL
	3. L-谷氨酰胺	5mL	4. 混合抗生素（PSA）	5mL
	5. 庆大霉素	2.5mL	6. 卡那霉素	2.5mL
配制步骤	1. 配制过程应在生物安全柜中进行。 2. 将各试剂加入MEM瓶中，搅拌混匀。 3. 标记配制时间、体积、配制人及有效期。 4. 培养液置于4℃保存，保存期同MEM有效期。			

表45-11　细胞培养液（含10% FBS）

试剂成分	1. MEM	435mL	2. 胎牛血清	50mL
	3. L-谷氨酰胺	5mL	4. 混合抗生素（PSA）	5mL
	5. 庆大霉素	2.5mL	6. 卡那霉素	2.5mL
配制步骤	1. 配制过程应在生物安全柜中进行。 2. 将各试剂加入MEM瓶中，搅拌混匀。 3. 标记配制时间、体积、配制人及有效期。 4. 培养液置于4℃保存，保存期同MEM有效期。			

表45-12　LMH细胞培养液（含10% FBS）

试剂成分	1. F12	221.25mL	2. DMEM	221.25mL
	3. 胎牛血清	50mL	4. 混合抗生素（PSA）	5mL
	5. 庆大霉素	2.5mL		
配制步骤	1. 配制完成后标记配制日期、容量、配制人、有效期。 2. 在F12和DMEM上标记相同日期。			

表45-13　不含钙镁离子缓冲液（无Ga^{2+}和Mg^{2+}的Dulbecco's BSS）

试剂成分	1．去离子水	1 000mL	2．NaCl	8.0g
	3．KCl	0.2g	4．KH_2PO_4	0.2g
	5．$Na_2HPO_4 \cdot 2H_2O$	0.14g		
配制步骤	1．将各试剂加入到500mL去离子水完全溶解。			
	2．定容至1 000mL。			
	3．标记配制日期、体积、配制人及有效期。			
	4．该试剂室温放置可保存1年（液体澄清即可使用）。			

表45-14　FA染色盖玻片缓冲液

试剂成分	1．PBS	25mL
	2．FA缓冲液	25mL
	3．甘油	50mL
配制步骤	1．将上述试剂混匀。	
	2．配制完成后标记配制日期、体积、配制人及有效期。	
	3．该试剂室温下可放置1年。	

表45-15　荧光标记IgG（二抗），IFA染色浓度（1:500）

试剂成分	1．山羊抗鼠IgG抗体	10μL
	2．FA缓冲液	5mL
配制步骤	1．将以上试剂配制成1：100的稀释液。	
	2．配制完成后标记配制日期、容量、配制人。	
	3．冷冻条件下贮存，使用时取少量放置在4℃冰箱中。	
	4．4℃冰箱中保存6个月，注意标记好有效期。	

表45-16　IBV组群单克隆抗体（M，S2），IFA染色浓度（1:500）

试剂成分	1．M群单克隆抗体	20μL
	2．S2单克隆抗体	20μL
	3．FA缓冲液	20mL
配制步骤	1．将20μL M抗体加入到10mL FA缓冲液中，做1:500稀释。	
	2．将20μL S2抗体加入到10mL FA缓冲液中，做1:500稀释。	
	3．配制完成后，标记配制日期、体积、配制人、有效期。	
	4．单克隆抗体冻存为宜。于4℃冰箱中保存6个月。	
	5．每次试验前，基于用量，将M群和S2单克隆抗体稀释液按1:1混匀。	
	6．用于Dot-ELISA和IFA试验。	

表45-17　IBV Mass、Conn、Ark单克隆抗体，IFA染色浓度（1:500）

试剂	1．Mass，Conn，Ark单克隆抗体	20μL
成分	1．FA缓冲液	10mL
配制步骤	1．将20μL抗体加入到10 mL FA缓冲液中，做1∶500稀释。 2．配制完成后标记配制日期、体积、配制人、有效期。 3．单克隆抗体冻存为宜。于4℃冰箱中保存6个月。 4．Mass、Conn和Ark单抗，可分别用于IFA试验，进行IBV的相应血清型分型鉴定。	

表45-18　注射器针头规格的英制型号G（Gauge）与公制型号（mm）对照表

针头型号（G）	针头管外直径（mm）	针头内腔直径（mm）	针头管壁厚度（mm）	存留容积（μL/cm）
34	0.159	0.051	0.051	0.052
33	0.210	0.108	0.051	0.233
32	0.235	0.108	0.064	0.233
31	0.261	0.133	0.064	0.353
30	0.312	0.159	0.076	0.504
29	0.337	0.184	0.076	0.675
28	0.362	0.184	0.089	0.675
27	0.413	0.210	0.102	0.876
26s	0.474	0.127	0.178	0.322
26	0.464	0.260	0.102	1.349
25s	0.515	0.153	0.178	0.464
25	0.515	0.260	0.127	1.349
24	0.566	0.311	0.127	1.93
23s	0.642	0.116	0.267	0.268
23	0.642	0.337	0.152	2.266
22s	0.718	0.168	0.279	0.563
22	0.718	0.413	0.152	3.403
21	0.819	0.514	0.152	5.271
20	0.908	0.603	0.152	7.255
19	1.067	0.686	0.191	9.389
18	1.270	0.838	0.216	14.011
17	1.473	1.067	0.203	22.715
16	1.651	1.194	0.229	28.444
15	1.829	1.372	0.229	37.529
14	2.109	1.600	0.254	51.076
13	2.413	1.804	0.305	64.895
12	2.769	2.159	0.305	93
11	3.048	2.388	0.330	113.728
10	3.404	2.693	0.356	144.641

https://www.hamiltoncompany.com/laboratory-products/needles-knowledge/needle-gauge-chart

表45-19　离心机转速（r/min）与离心机转子半径R（cm）相对应的离心力（RCF或*g*）换算/转换表

转速（r/min）	不同离心机转子半径R(cm)相对应的离心力(*g*)											
	4	5	6	7	8	9	10	11	12	13	14	15
1 000	45	56	67	78	89	101	112	123	134	145	157	168
1 500	101	126	151	176	201	226	252	277	302	327	352	377
2 000	179	224	268	313	358	402	447	492	537	581	626	671
3 000	402	503	504	704	805	906	1 008	1 107	1 207	1 308	1 409	1 509
3 500	548	685	822	959	1 096	1 233	1 370	1 507	1 643	1 760	1 917	2 054
4 000	716	694	1 073	1 252	1 431	1 610	1 789	1 968	2 147	2 325	2 504	2 683
4 500	906	1 132	1 358	1 585	1 811	2 038	2 284	2 490	2 717	2 943	3 170	3 396
5 000	1 118	1 398	1 677	1 957	2 236	2 516	2 795	3 075	3 354	3 634	3 913	4 193
5 500	1 353	1 691	2 029	2 367	2 706	3 044	3 382	3 720	4 058	4 397	4 735	5 073
6 000	1 610	2 012	2 415	2 817	3 220	3 622	4 028	4 427	4 830	5 232	5 635	6 037
6 500	1 889	2 362	2 834	3 308	3 779	4 251	4 724	5 196	5 668	6 141	6 613	7 085
7 000	2 191	2 739	3 287	3 835	4 383	4 930	5 478	6 026	6 574	7 122	7 669	8 217
7 500	2 516	3 144	3 373	4 402	5 031	5 660	6 289	6 918	7 547	8 175	8 804	9 433
8 000	2 862	3 578	4 293	5 009	5 724	6 440	7 155	7 871	8 586	9 302	10 017	10 733
8 500	3 231	4 039	4 847	5 654	6 462	7 270	8 078	8 885	9 693	10 501	11 309	12 116
9 000	3 622	4 528	5 433	6 339	7 245	8150	9 056	9 961	10 867	11 773	12 678	13 584
9 500	4 036	5 045	6 054	7 063	8 072	9 081	10 090	11 099	12 108	13117	14126	15135
10 000	4 472	5 590	6 708	7 826	8 944	10 062	11 180	12 298	13 416	14 534	15 652	16 770
10 500	4 930	6 163	7 396	8 628	9 861	11 093	12 326	13 559	14 791	16 024	17 256	18 489
11 000	5 411	6 764	8 117	9 669	10 822	12 175	13528	14 881	16 233	17 586	18 939	20 292
11 500	5 914	7 393	8 871	10 350	11 828	13 307	14 786	16 264	17 743	19 221	20 700	22 178
12 000	6 440	8 050	9 660	11 226	12 879	14 489	16 099	17 709	19 319	20 929	22 539	24 149
13 000	7 558	9 447	11 337	13 226	15 115	17 005	18 894	20 784	22 673	24 562	26 452	28 341
13 500	8 150	10 188	12 225	14 263	16 300	18 338	20 376	22 413	24 451	26 488	28 526	30 563
14 000	8 965	10 956	13 148	15 339	17 530	19 722	21 913	24 104	26 286	28 487	30 678	32 869

http://tools.thermofisher.com/content/sfs/brochures/TR0040-Centrifuge-speed.pdf

计算公式 *g*=（1.118 × 10-5）R S2。

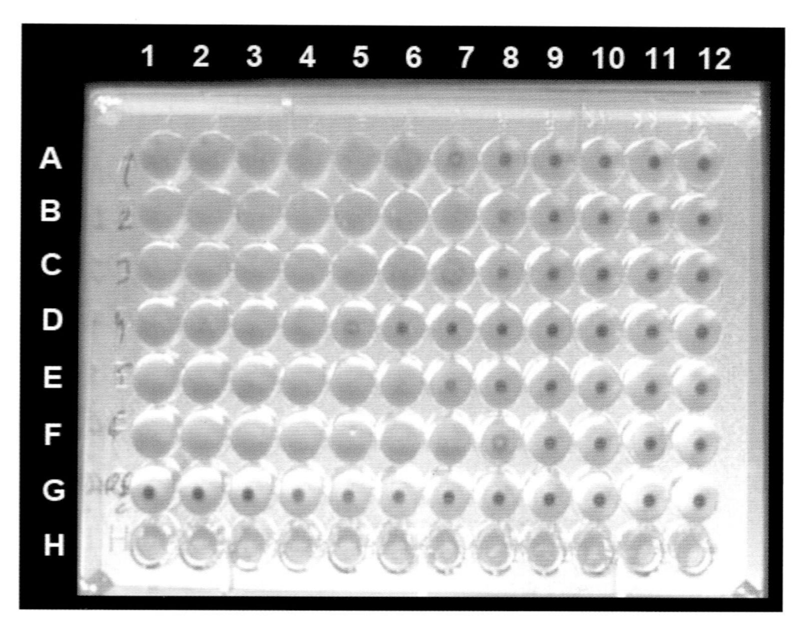

彩图 1　HA 试验结果

A ~ F 行的 6 份样品 HA 检测阳性（+），HA 效价滴度分别为 2^6、2^7、2^7、2^4、2^6、2^7。G 行为 PBS 阴性对照，HA 检测阴性（—）。

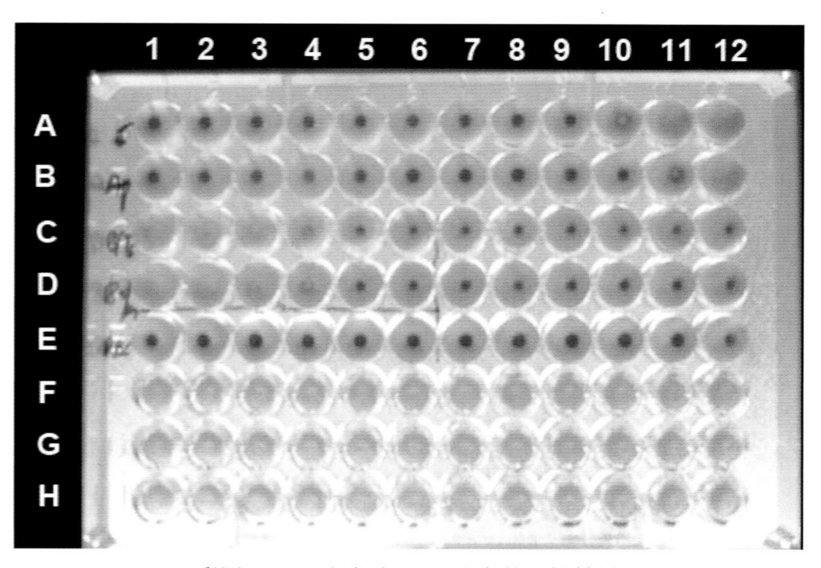

彩图 2　HI 试验对 NDV 鉴定的阳性结果

A 行是 NDV 阳性对照，HI 阳性 2^1 ~ 2^9；B 行是检测样品，HI 阳性 2^1 ~ 2^{10}；C 行是 8 个 HAU 的检测样品回滴检验；D 行是 8 个 HAU 的 NDV 回滴检验。

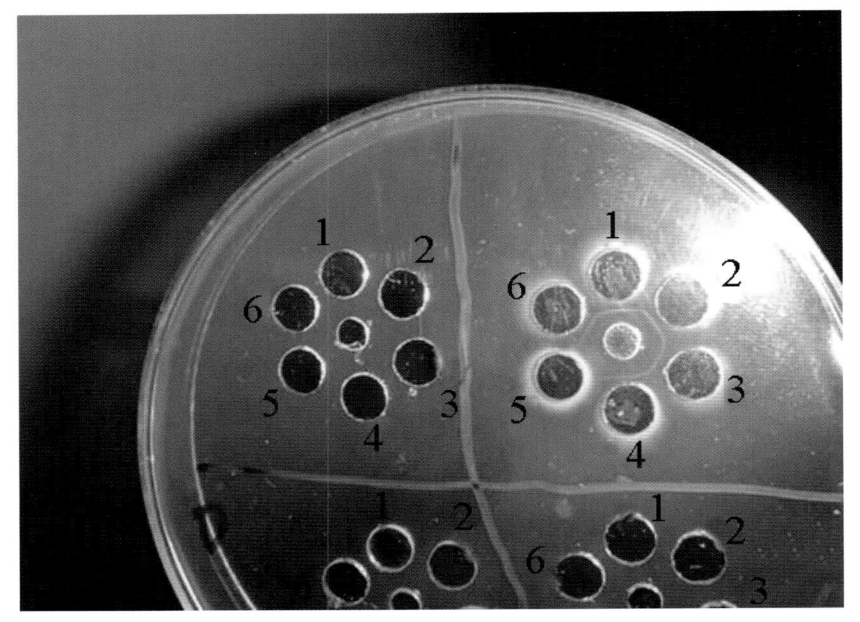

彩图 3　AGID 检测 FAV 的试验结果

第 2、4、6 孔是 FAV 阳性抗原（+）对照；第 1、3 孔是检测样品 FAV（+）；第 5 孔为检测样品（—）；中间孔是 FAV 阳性血清。

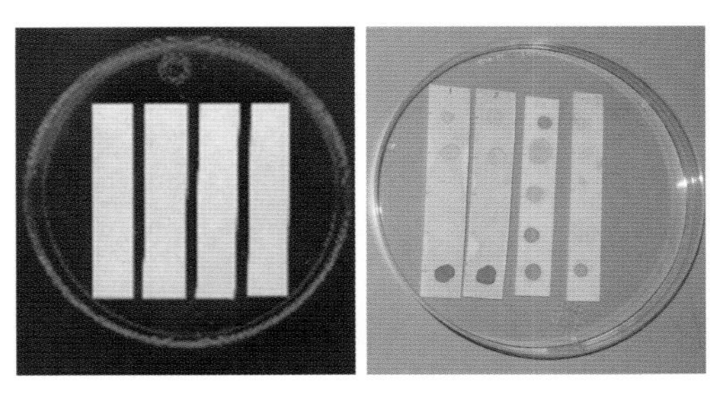

彩图 4　Dot-ELISA 显色反应

彩图 5　AIV Dot-ELISA 试验结果

左：AIV 组单克隆抗体检测各 H 型 AIV；

右：H7 单克隆抗体只检测 H7 型 AIV。

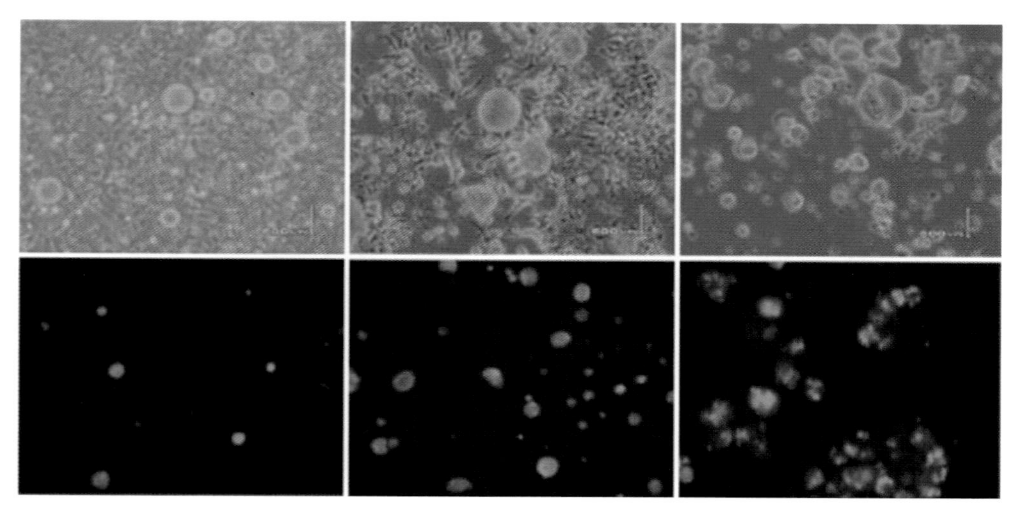

彩图 6　ARV 感染 LMH 细胞培养所产生的气球样病变细胞（上行）和应用 ARV 免疫荧光抗体的 FA 染色阳性结果（下行）

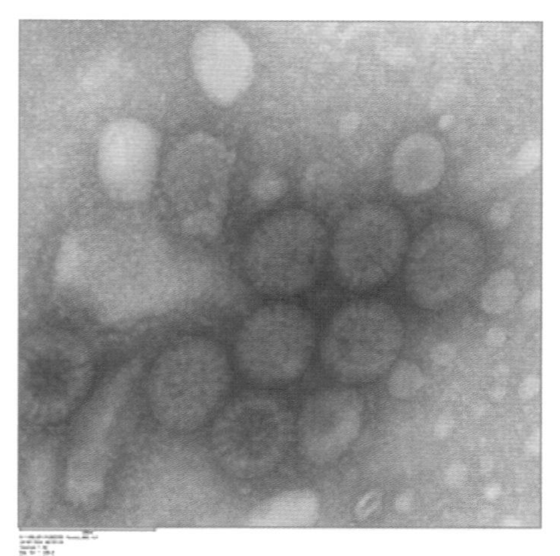

彩图 7　电镜观察 ARV 分离毒株（Reo/PA/Broiler/04455/13）呈颗粒状外形（呈二十面体对称）

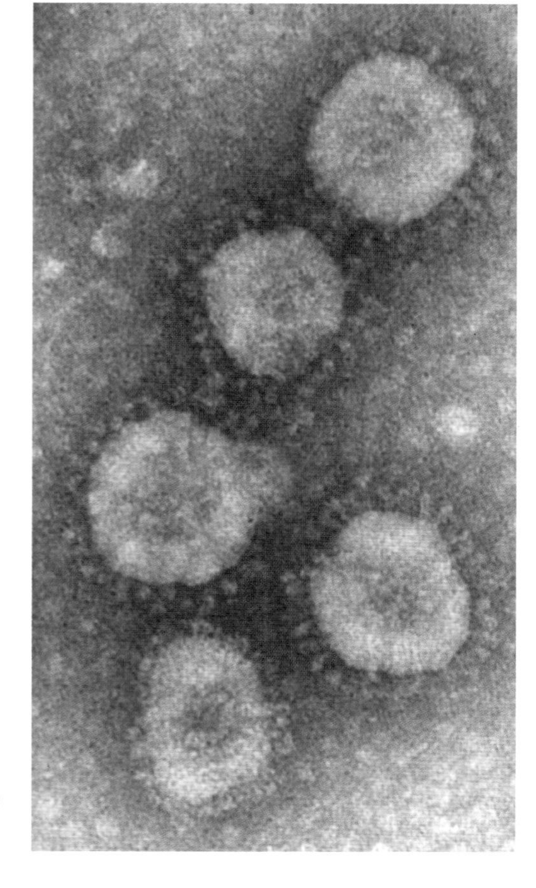

彩图 8　电镜观察 IBV（IBV/PA/171/99）肾型分离毒株呈冠状病毒颗粒形态

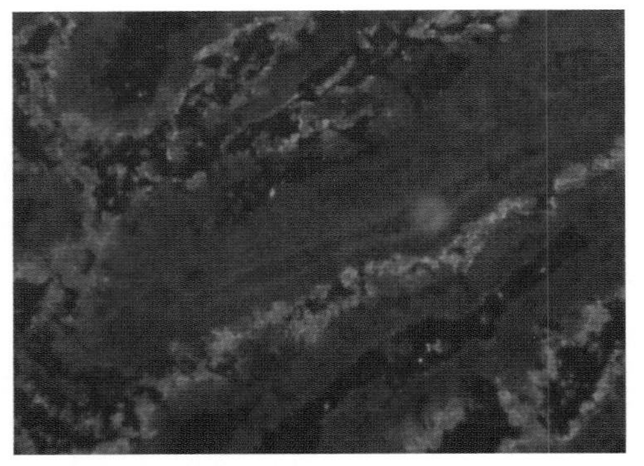

彩图 9　鸡胚感染 IBV 的 CAM 切片 IFA 阳性（+）检测结果

应用 IBV 组群单克隆抗体的 IFA 染色。

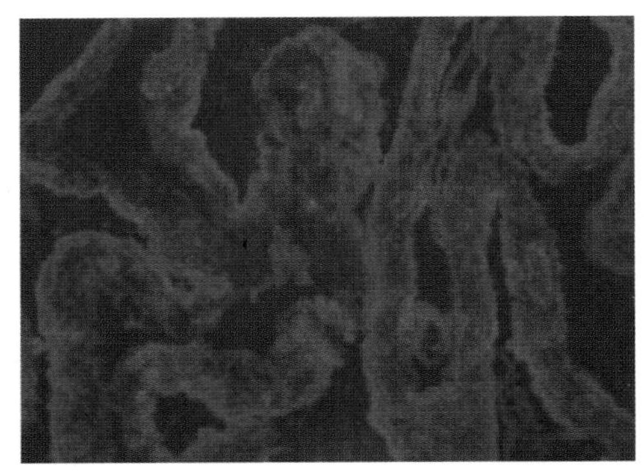

彩图 10　阴性对照鸡胚的 CAM 切片 IFA 检测阴性（—）检测结果

应用 IBV 组群单克隆抗体的 IFA 染色。

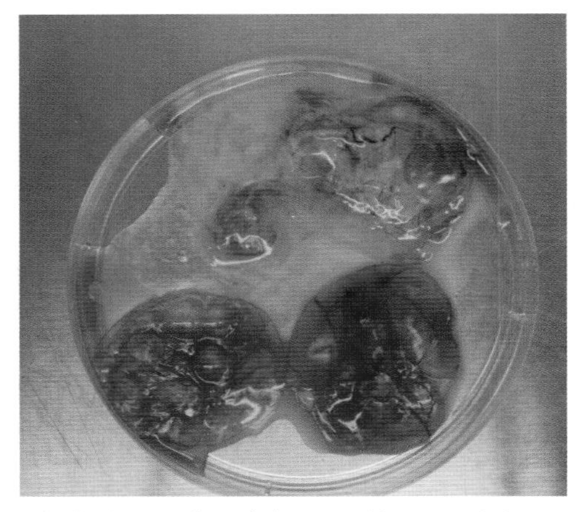

彩图 11　鸡胚感染 ILTV 的 CAM 病变

水肿增厚（平皿内下方的两个 CAM）、不透明白色空斑（平皿内上方的 CAM）。

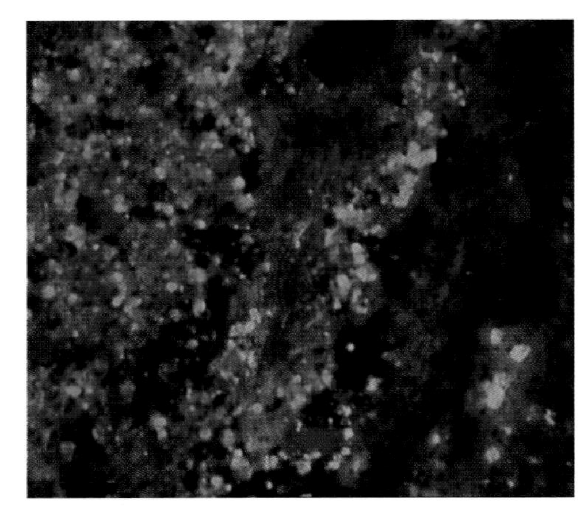

彩图 12　鸡胚感染 ILTV 的 CAM 切片 FA 检测强阳性（+++）。应用 ILTV 免疫荧光抗体的 FA 染色

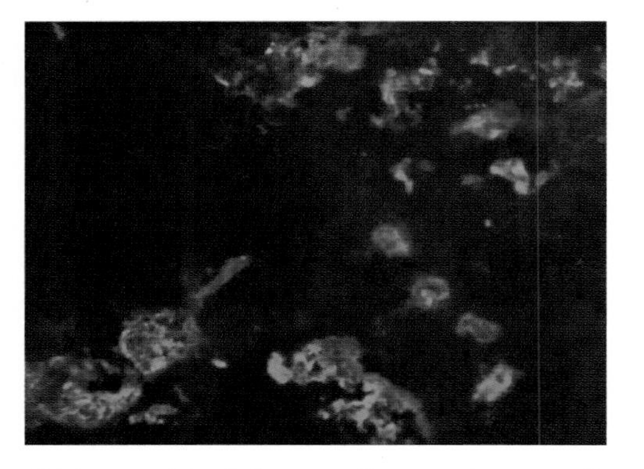

彩图 13　鸡胚感染 ILTV 的 CAM 切片 FA 检测阳性（+）

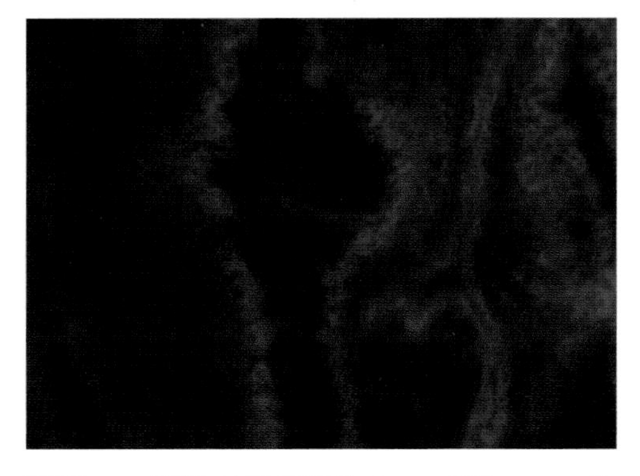

彩图 14　阴性对照鸡胚的 CAM 切片，FA 检测阴性（—）

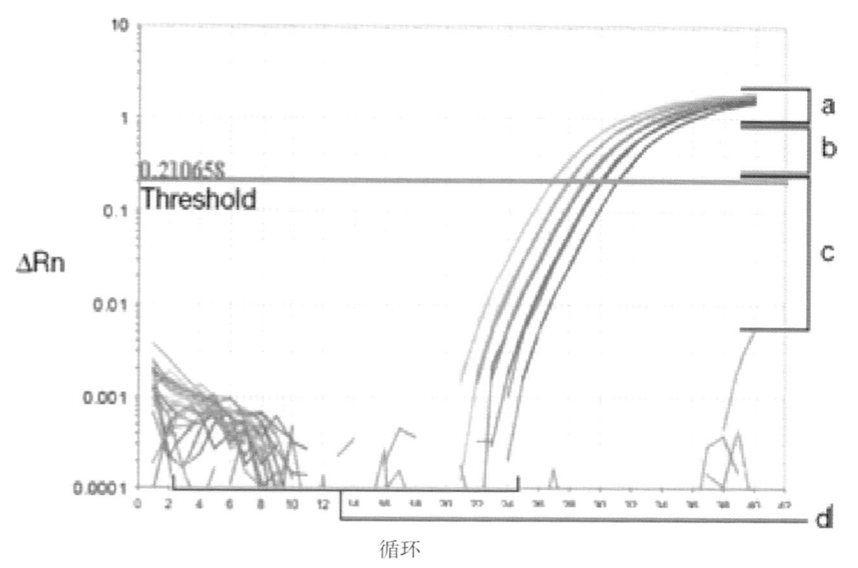

彩图 15　实时荧光 PCR 曲线数据分析

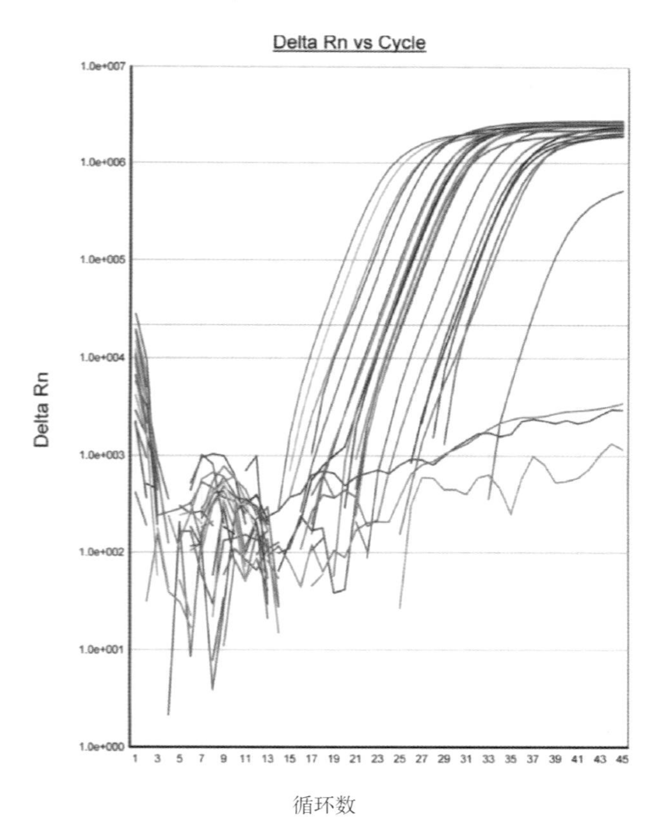

彩图 16　实时荧光 PCR 检查 FAV -Ⅰ数据曲线分析结果

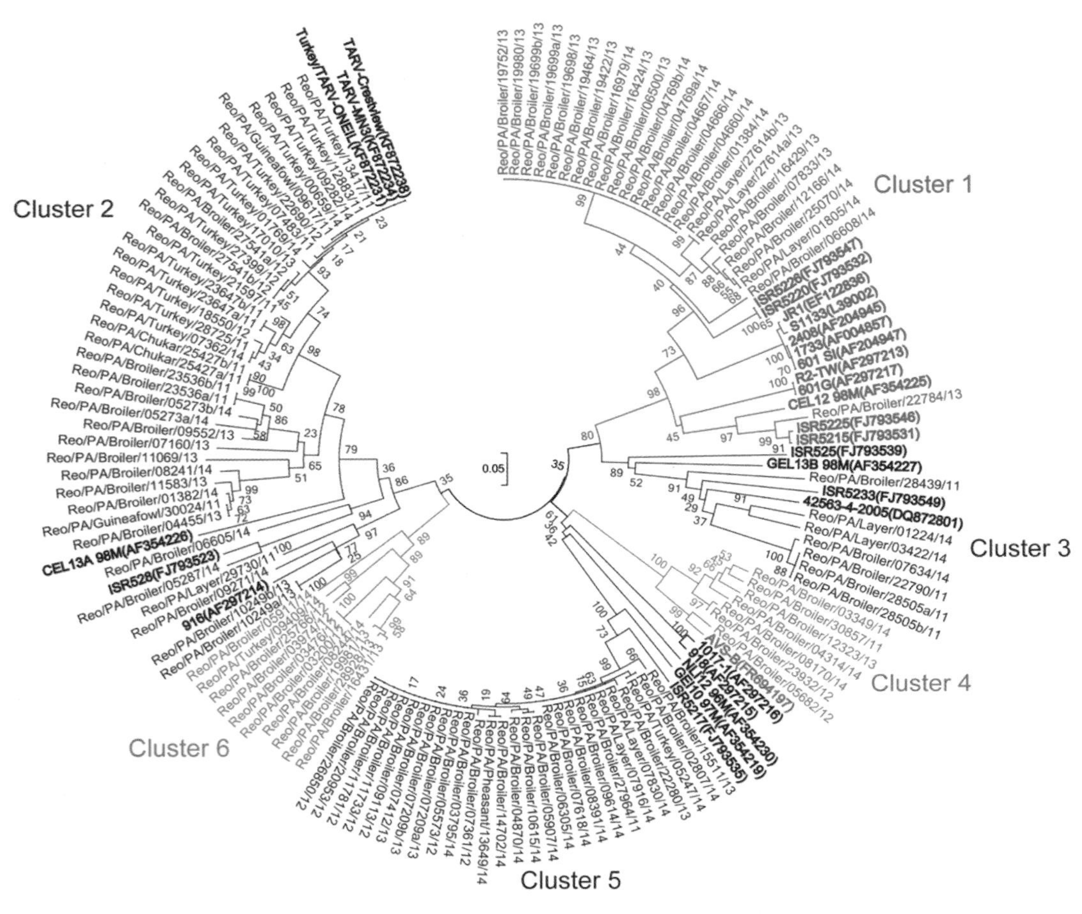

彩图 17　ARV 临床分离毒株的 δC 基因序列分析和基因型确定

该示例是由美国宾夕法尼亚州立大学吕化广教授的禽病毒室科研组建立的 ARV6 个 δC 基因型，由唐熠博士在博士后研究期间完成。通过比对 114 例 ARV 临床分离毒株的 δC 基因序列分析而建立的 ARV6 个 δC 基因型。